마음의 비밀을 **밝히는** 마음의 **과학**

마음의 비밀을 밝히는 마음의 과학

이남석 지음

지호

▌서문

짝사랑과 뻔뻔한 **표절을** 동시에 **고백하며**

인지과학에 대한 교양서 집필을 의뢰받고 기쁘기도 하고 부끄럽기도 했다. 짝사랑을 고백하는 기회를 얻은 것만 같았기 때문이다. 대학교와 대학원에서 수업을 통해 조금 알았던 인지과학은 1999년 한 해 동안 한국인지과학회 간사를 하면서 생활에서는 더욱 가까워졌다. 그러나 학문적으로는 더 가까워지지 못했다. 내 열정과 능력이 부족했기 때문에 거리감은 줄어들지 않았다. 그러나 무슨 운명의 장난인지 내 짝사랑도 줄어들지 않았다. 그러다 박사과정으로 인지과학과 밀접한 신생 융합 학문인 인터랙션사이언스를 선택한 뒤로 박사과정을 수료한 지금도 나는 여전히 제자리걸음이다. 그렇다. 인지과학과 나 사이의 거리는 여전하다. 하지만 내가 아는 다른 학자들은 인지과학과 아주 가깝다. 이미 나는 연애 경쟁에서 패배자이다. 그러나 못난 마음은 계속 사랑을 고백하라고 부추긴다. 그래서 원고를 쓰는 작업에 더 열심히 매진했다. 다른 사람의 약혼자인 로테에게 편지를 쓰던 베르터처럼.

그런데 원고를 쓰는 내내 나 자신에게 물어보았다. 새로운 창작이라기보다는 은사인 이정모 교수님의 인지과학에 대한 논문이나 저서 등을 새롭게 풀어쓰기를 하는 것이 아닌지, 또는 선생님의 짝사랑이 결실을 맺게 된 것을 훔쳐보고 그것을 내 것인 양 쓰는 것이 아닐까? 오죽하면 직접 이정모 교수님을 찾아서 여쭙기도 했을까? 교수님은 흔쾌히 자신의 저작물을 활용해도 된다고 하셨다. 하지만 마음의 짐은 가벼워지지 않았다. 아니 오히려 더 무거워졌다. 인지과학의 전반에 대해서 풀어쓰기라도 잘 할 수 있을까?

원고를 매만지며 나는 뻔뻔해졌다. 가급적 다른 책으로 보이게 할 요량으로 선생님의 기존 저서에서 인용하지 않으신 새로운 프로젝트를 추가했다. 전문가들의 관점을 종합해서 부족하나마 내 나름의 의견을 추가하고, 다른 학문 분야의 사례들을 소개했다. 그런데 뼈대는 여전히 바뀌지 않았다. 아니 바뀔 수가 없었다. 비주류였던 시절부터 인지과학의 뿌리를 가지고 학문의 일가를 이루신 선생님의 범위 안에서 책이 구성될 수밖에 없었다. 이 책은 "이정모 교수에 따르면"이라는 말이 빠져 있다. 어찌 보면 작가로서는 하지 말아야 할 표절을 한 것이다.

그래도 다른 사람의 약혼자를 사랑한 뻔뻔한 남자처럼 이 책을 뻔뻔하게 내는 이유가 있다. 뻔뻔함은 더 이상 물러설 수 없는 절실함에서 나온다. 인지과학은 그 학문적 의의와 사회적 영향력이 대단함에도 불구하고 우리나라에서는 아직 초보 단계에 머물러 있다. 국가 경쟁력 개발을 논리로 내세울 수도 있다. 그러나 과학 선진국들은 인지과학을 중심으로 미래 융합 과학기술을 경주하고 있는데 정책적 지원이 필요하다는 대의명분 때문에 이 책을 내는 것은 아니다. 그저 허영심에 가까운 새로운 지식에 대한 재미를 부추기기 위함도 아니다. 좀 더 뻔뻔한 이유가 있다.

2007년 하반기에 이정모 교수님과 김미라 박사님을 모시고 '미래 과학기술 사회에서의 인지과학의 역할'을 주제로 국회의 의뢰를 받아 정보통신정책연구원KISDI의 연구 프로젝트를 수행한 적이 있다. 그 프로젝트의 일환으로 국내외 학자의 최신 이론을 섭렵하기도 하고, 국내의 각 분야의 대가 분들을 모시고 직접 인지과학의 지평에 대해서 듣는 학술 심포지엄을 열기도 했다. 잠시나마 뭔가를 내가 알고 있다는 착각에 빠져 행복할 수 있는 시간이었다. 그 지적인 '쾌快'는 '날카로운 첫 키스의 추억'만큼이나 쉽게 잊을 수 없었다. 내가 작가적 자아 정체성을 발휘해서 다른 사람에게도 그 추억을 가질 수 있도록 한다면 어떨까? 감히 생각해보았다. 그리고 그 생각을 책의 형태로 실행하는 작업을 시작하게 되었다. 자신의 역량 부족을 아는 작가로서 참 뻔뻔한 도전이었다.

인지과학은 앎에 대한 학문이다. 그런데 인지과학은 막상 공부할수록 앎에서 멀어지는 것 같은 기분이 들게 한다. 자연과학과 인문사회과학을 아우르는 지평에 웬만큼 공부해서는 해당 이론을 제대로 이해하기도 힘들다. 꼭 맹인이 코끼리를 만지는 것 같은 기분이 든다. 그렇다. 바로 그 기분에서 벗어나고자 이 책을 썼다. 처음에는 내가 알고 있는 것이 코끼리 맞지 않느냐고 세상에 물어보고 싶었다. 그런데 코끼리를 만지는 사람이 많게 된다면 어떨까 하는 생각을 하게 되었다. 내가 부분을 이야기했어도 수많은 사람의 이야기를 잘 조합한다면 결국에는 코끼리의 색깔까지도 말할 수 있게 되지 않을까라는 상상을 했다. 참고로 맹인이 색깔을 보는 것은 인지과학에서 불가능한 것이 아니다. 색은 결국 '주파수frequency'이다. 그리고 외부 자극의 진동 패턴으로부터 표상을 구성하는 것은 눈이 아니라 바로 뇌이다. 이런 점에 착안해서 뇌에 전달되는 '촉각적인 시각 대체TVSS(tactile vision sensory substitution) 시스템'을 개발하고 있다.

나의 상상이 망상으로 무너지기 전에 원고를 쓰기 시작했다. 다른 사람들도 이해하기 쉽게 가급적 객관적인 이야기를 많이 넣어서 말이다. 내 스승과 동료들이 만지면서 재미있었거나 확실하다고 생각하는 코끼리의 부분을 중심으로. 내가 아주 궁금한 것을 중심으로. 또 앞으로 계속 중심 과제로 떠오를 이슈를 중심으로. 내가 알고 느끼고 생각할 수 있는 것은 모조리 이 책에 녹이고 싶었다. 인지과학과 사랑에 빠진 학자들이 보여주었던 것처럼 인지과학은 지식과 열정을 녹이는 용광로이니까.

이 책은 처음부터 끝까지 뻔뻔하다. 인지과학과 관련된 지식의 최전선을 찾아 시뻘게진 얼굴로 원고를 쓴 그 모습 그대로를 드러냈다. 어느 정도는 내적인 부끄러움 때문에 벌게진 것이기도 하지만, 대부분은 지성의 용광로에서 내뿜는 열기 때문이다. 이 책의 독자가 그 열기를 느끼고 가슴이 뛰는 경험을 하게 되기를 바랄 뿐이다.

2030년을 느끼며

이남석

차례

CHAPTER I

철학—트랜스휴머니즘으로의 전환

1 새로운 재판의 낯익은 풍경

1633년 6월 22일 로마의 한 교회에서 재판이 열렸다. 피고석에 앉은 노인은 재판정 안의 사람들로부터 쏟아지는 신랄한 공격을 견뎌야 했다. 법복을 입은 어떤 사람은 노인에게 고문과 화형을 가해야 한다고 말했다. 노인의 머릿속에는 문득 1600년 2월 17일의 사건이 떠올랐다. 당시 종교재판소는 엄숙하게 선언했다.

"이제 너를 처벌하노니, 단 너의 피는 한 방울도 흘리지 않을 것이다."

이것은 화형을 우아하게 혹은 잔혹하게 바꿔 표현한 선고였다. 선고를 받은 사람은 성직자 조르다노 브루노Giordano Bruno였다. 그는 감옥으로부터 로마의 광장으로 끌려나와 사형대의 기둥에 묶인 뒤 화형을 당하게 되었을 때 구경꾼들을 보며 이렇게 말했다.

"형벌을 내리는 그대들이 형벌을 당하는 나보다도 더욱 두려움에 떨고 있을 것이다."

노인은 그때의 광경이 머릿속에 떠올라 도저히 가슴을 진정시킬 수 없었다. 조르다노 브루노가 살아나 바로 옆에서 자신을 보고 있는 것 같았다. 노인은 화형이라는 말에 한없는 두려움을 느꼈다. 노인은 자신을 쳐다보는 성직자의 눈빛에 몸이 타들어가는 것 같았다. 지동설을 믿었던 성직자의 혼령은 과학자인 노인을 이미 화형시키고 있었다. 지그시 감고 있던 노인의 눈가는 심하게 찡그려졌다. 노인은 1616년 2월 25일 자신의 집 문을 심하게 두드린 종교재판관의 얼굴을 떠올렸다. 그는 이렇게 말했다.

"네게는 아리스토텔레스에 거역하는 어떤 견해도 입 밖에 내지 말라는 명령이 내려졌다. 순순히 이 명령을 받아들여야 할 것이야."

그러나 노인은 그 말을 듣지 않았다. 계속 과학자로서 실험과 연구를 계속했다. 망원경을 통해 우주를 관찰하면서 경이로움을 느꼈다. 그리고 그 감정이 신에 대한 경외감과 다르다고 생각하지 않았다. 노인은 당시 교회와 사람들이 철석 같이 믿고 있던 천동설과 반대되는 발견을 할 때면 신에게 감사 기도를 올리기까지 했다. 그는 자신이 위험한 길을 가고 있지만 결국 잘못된 행동이 아니라서 결국에는 용서를 받을 것이라 생각했다. 하지만 현실은 전혀 아니었다. 예전에 누린 그 모든 기쁨들이 오히려 절망으로 다가오고 있었다.

한참 뒤 노인은 눈을 떴다. 지동설에 대한 과학자로서의 확신을 갖고 이야기했던 지금까지와는 다른 눈빛이었다. 이미 병에 들어 쇠잔했던 노인은 정신을 잃지 않고 자신을 변호하기 위해 최선을 다했다. 마지막으로 노인은 도와주는 사람 하나 없이 자신의 무죄를 간절하게 주장했다. 하지만 재판정의 분위기는 싸늘했다. 재판장은 다음과 같이 말했다.

"너는 지구가 움직이지 않는 것도 아니고 우주의 중심에 존재하는 것도 아니라고 주장했다. 우리는 너의 의견이 어리석기 짝이 없고, 성서에 있는 하나님의 말씀과 모순된다고 생각한다. 따라서 우리는 네게 지구가 움직이고 있다는 생각을 버릴 것을 신성으로 명령하며, 더불어 지금부터 어떠한 경우라도 그것을 믿지 말 것을 명령한다."

한 마디라도 더 하면 당장 화형을 당할 것 같은 분위기였다. 결국 노인은 자신의 무죄를 증명하려 동원한 과학적 지식을 뒤집었다. 노인은 과학자로서 자신이 발견한 것들이 오류를 가지고 있다고 선언했다. 그리고 앞으로 이단 행위를 하지 않겠다고 맹세했다. 덕분에 그는 목숨을 건지게 되었다. 하지만 재판정을 나오면서 노인은 안도의 한숨이 아니라, 허무의 한숨을 지었다.

노인은 자신의 굴곡 많은 인생을 되돌아보았다. 1564년 이탈리아 피사의 몰락한 귀족 가문에서 태어난 이후로 쉼 없는 삶을 살았다. 몰락한 귀족은 웬만한 서민 가정보다 형편이 못한 법. 당대에는 그를 그저 가난한 서민 출신으로 여긴 사람이 많았다. 후대의 역사가 중에도 그를 서민 계급이었다고 주장하는 이가 생길 정도로 말이다. 장남에게는 성과 이름을 비슷하게 짓는 토스카나 지방의 풍습에 따라 그의 이름을 갈릴레오 갈릴레이Galileo Galilei로 정했다. 갈릴레오 갈릴레이는 음악가였던 아버지의 영향으로 류트와 오르간 연주에 재능을 보였으며, 문학에 대한 논문을 쓸 정도로 학식이 풍부했다. 그리고 화가들에게 인정을 받을 정도로 미술에도 조예가 깊었으며, 피사 대학의 의학부에 입학할 정도로 과학에도 관심이 컸다. 그리고 대학에 있던 사람들과 전공에 상관없이 다양한 주제의 논쟁을 벌여 논쟁꾼이라는 별명이 생길 정도로 지적인 호기심이 대단했다. 그는 대학을 중퇴했지만 수학 실력으로 파도바 대학의 수학 강사를 당당히 역임하기도 했다. 만능의 천재로 뭐든지 할 수 있을 것 같았지만, 가난한 그에게 허락된 길은 많지 않았다. 가족 부양을 위해 수학 가정교사를 해야 했다. 그래도 그는 좌절하지 않고 학문적 열정을 계속 불태웠다. 수많은 과학 실험과 발명을 통해 '근대 과학의 아버지'라는 이름을 얻게 될 정도로 말이다.

그러나 1633년 6월 22일, 갈릴레이는 자신의 업적 중 최대의 업적인 지동설을 스스로 갈아엎는 선언을 해야만 했다. 재판정을 빠져나오면서 했다는 말로 알려진 '그래도 지구는 돌고 있다'는 후대 사람이 그의 위대성을 지키기 위해 조작한 일화라는 의견이 지배척이다. 하지만 이 일화는 사실 여부를 떠나 그만큼 갈릴레오 갈릴레이가 회한을 갖고 있었으며, 그 마음이 제자에게 전달되었음을 암시하고 있다. 생애 내내 독실한 가톨릭 신자였던 갈릴레오 갈릴레이. 그는 신자일 뿐만 아니라 과학자이기도 했다. 그는 과학자로서 관찰과 추론에 의하여 얻은 결론이 교회로부터 성경에 위배되어 유죄 판결을 받게 되어 상당히 괴로워했다. 그는 가톨릭 신자와 과학자인 정체성을 모두 다 가져갈 방법을 찾는다. 그 결과 지동설과 같이 종교적 세계관과 직접적으로 관련이 될 수 있는 과학서는 쓰지 않기로 결심한다. 그리고 역학과 물체의 강도에 관한 연구서인 〈두 가지 새로운 과학*The Two New Sciences*〉와 같은 책을 발표했다.

갈릴레오 갈릴레이는 과학자로서의 자기 스스로 포기한 업적을 결국 교회에서 받아들일 것이라고는 상상하지 못했을 것이다. 만약 예상했다면 후대를 위해 지동설에 대한 더 체계적인 연구를 진행해서 비밀 저작으로 남겼을 것이다. 그런데 천재인 갈릴레오도 예상하지 못한 일이 벌어졌다. 갈릴레오가 교회로부터 유죄 판결을 받은 지 347년이 지난 1980년에 로마 교황청은 그의 유죄 판결을 재검토하기 시작했다. 1982년 10월 교황 요한 바오로 2세가 갈릴레오의 교적을 공식적으로 회복시킬 때 이미 어느 정도 예상은 했었지만, 정작 갈릴레오의 무죄가 선언되기에는 더 긴 시간이 필요했다. 1992년 드디어 13년에 걸친 연구 끝에 교회가 갈릴레오를 비난한 것은 잘못이었다는 발표가 나왔다. 이로써 1633년 이후 359년에 걸친 재판을 통해 갈릴레오의 주장은 정당하다는 것으로 결론이 난 셈이다.

갈릴레오의 종교재판이 있은 지 400년이 지난 2033년 6월 22일. 한국의 재판정에는 한 젊은이가 앉아 있다. 그는 자신이 '새로운 마음'을 갖고 있다고 주장해서 잡혀 왔다. 2000년대 초반 있었던 줄기세포 개발 중심의 생명공학 논쟁 이후에 과학적 이슈로 이렇게 온 나라가 뜨거운 열기에 휩싸인 적은 없었다. 법정에 선 젊은이는 자신은 기계도 인간도 아닌 새로운 종이라고 말했다. 그리고 새로운 종인 자신 안에서 움직이는 마음은 새로운 마음이니 과거의 잣대로 보면 절대 안 된다고 선언했다. 그러자 재판정은 시끄러웠다. 마음은 인간만이 가지고 있다고 굳게 믿고 있는 사람들은 굉장히 불쾌해 했다. 신의 설계에 의해, 즉 신이 자신의 형상을 본떠 만든 고귀한 존재인 인간만이 마음을 갖고 있다고 생각하는 종교인들의 반응이 가장 격렬했다. 중세 종교재판소에서 지동설을 주장했을 때를 떠올리게 할 만한 커다란 반향이었다.

세포를 이식받아 외형과 신진대사도 그대로 모사하는 생체 로봇이 마음까지 갖고 있다면 인간과 기계를 구별할 요소가 과연 무엇인지 사람들은 혼란스러워했다. 종교계와는 다르게 재판정의 반대쪽에 앉은 저명한 과학자들은 사람들에게 코페르니쿠스적 인식 전환을 해야만 한다고 주장했다. 하지만 일반 방청객들은 새로운 마음을 인정한다는 것이 불편했다. 학문적 진리 차원이 아니라, 자신이 그만큼 우주의 중심에서 멀어지고 신에게서도 더 멀어지는 듯한 거부감이 들었다. 그렇기 때문에 논의 자체를 무시하고 싫어 했다. 그저 큰소리로 그만 떠들라고 외쳤다. 이런 혼란 속에서 피고석의 젊은이가 당당하게 입을 열었다.

"저의 존재를 부정하시거나 기계와 비교되는 것을 기분 나빠하시는 분들이 많네요. 저는 이 자리에서 그 이유를 찾았습니다. 지금 이 상황을 부정하고 싶으신 분들은 아직도 시대에 뒤떨어진 물질관을 가지고 계신 분들입니다. 인간도 생각하는 기계일 뿐입니다. 저희와 같은 새로운 종種도 생각하는 기계입니다. 기존의 인간이 자랑하는 뇌가 고깃덩어리로 된 기계라는 것을 대체 언제 받아들이시겠습니까?"

젊은이는 1950년대 전반 인공지능학자인 마빈 민스키Marvin Minsky가 했던 말을 인용했다. '뇌는 고깃덩어리로 된 기계'라는 용어는 거의 1세기가 지났지만 사람들을 경악시켰다. 젊은이는 한 치의 망설임도 없이 이야기를 계속했다.

"인간의 두뇌는 기나긴 진화 과정을 거쳐 만들어진 기계이지요. 그런데 꼭 절대 명작은 아닙니다. 세포라는 이름으로 된 충격과 질병에 약한 불완전한 부품이 결합된 기계에 불과합니다. 처리 용량도 제한되어 있습니다. 그리고 각 부품은 각각의 정해진 기능을 가지고 있지요. 각 부분은 산업화 시대의 공장에서 일한 노동자처럼 아주 단편적인 기능만 수행합니다. 아니, 20세기 중반의 산업용 로봇이 그랬던 것처럼 말이지요. 하지만 모든 부품이 합쳐지게 되면 달라집니다. 마치 하나의 사회처럼 기능합니다. 여러분들이 마음이라고 부르는 것도 결국 이러한 뇌의 부품들의 결합 안에서 일어나는 복잡한 관계들의 총칭이 아니던가요? 그렇다면 이런 부품의 조합은 우리 로봇에게서도 있는 것이 아닙니까? 그리고 제가 이렇게 스스로 자신을 변호할 수 있다는 것 자체가 이미 제가 마음을 갖고 있음을 입증하고 있는 것인데 더 이상 무엇을 바라시나요?"

재판정 안에서는 격론이 벌어졌다. 이런 혼란은 이미 예견된 것이었다. 2000년대 미래학자 레이 커즈와일Ray Kurzweil이 그의 저서 〈특이점이 온다*The Singularity Is Near*〉(김영사, 2007)에서 주장했던 것처럼 2030년대에 접어들자 큰 변화가 생겼다.

레이 커즈와일은 자신의 저서에서 특이점singularity을 다음과 같이 정의했다. "천체물리학에서는 블랙홀 내 무한대 밀도와 중력의 한 점을 뜻하는 용어로 잘 알려져 있으며, 이 책에서는 사회경제적인 의미로 차용하여 커다란 단속적 변화가 이뤄지는 시점을 가리킨다." 기하급수적으로 질과 양이 증가하며 발전해 온 기술은 2020년 중반에 이미 복잡한 진화를 통해 현대에 이른 인간을 어느 정도 추월하게 되었다. 그러면서 기술은 단지 세상을 좀 더 편하게 살기 위해 자연을 변형시키는 도구가 아니라, 자연 및 인간 자체와 인간이 만든 사회를 지금까지와는 다른 차원으로 변화시키는 원동력으로서 일반인들도 생각하게 되었다. 그러면서 사람들은 기술에 대해서 예전보다 훨씬 더 본질적인 고민을 하게 되었다. 하지만, 특이점 자체가 일순간에 예전의 것과 전혀 다른 방향으로 모든 것이 변해 전체적인 것을 파악하기 힘든 지점이기에 고민한다고 해서 어떤 답이 선뜻 나오지 않았다. 그저 기술의 엄청난 영향력에 입을 벌리고 어쩔 줄 모르는 사람이 많았다.

그렇게 2020년대를 지나 커즈와일의 예측처럼 바로 2030년에 새로운 종인 포스트휴먼이 등장하는 것으로 특이점에 의한 변화는 본격화되었다. 기계의 지능이 인간의 두뇌를 넘어서는 특이점. 그 지점을 통과하자마자 인간보다 똑똑해진 기계는 자신이 인간이라는 열등한 존재와 같은 이름으로 불리는 것이 불쾌했다. 그래서 포스트휴먼은 새로운 정체성을 주장하기 시작했다. 그 모습은 마치 20세기를 휩쓴 인종 차별 반대 운동이나 민족 독립운동, 이주민 권리 찾기 운동과 비슷했다. 그 운동의 주동자 격인 젊은 포스트휴먼이 재판정에 끌려왔다. 21세기의 재판정은 중세의 종교재판과도 같은 살벌한 분위기가 흘렀다.

400년 전 갈릴레오는 홀로 이런 재판 과정과 맞서야 했다. 하지만 젊은이는 혼자가 아니었다. 융합 과학의 대가들, 특히 인지과학자와 인지철학자들이 든든하게 젊은이의 옆을 지켜주었다. 그런데 정작 젊은이는 과학자도 철학자도 아니었다. 포스트휴먼이 될 수 있는 경제력을 가진 것이 전부였다. 그러나 재판정에서는 그 어떤 학자보다 훌륭하게 자신을 변호했다. 천재였던 갈릴레오보다 더 능숙하게 말이다. 그는 자신의 뇌에 심어진 칩을 통해 여러 학자의 뇌에 접속하면서 최첨단의 지식을 다운로드 받아 변호를 진행했다. 철학, 심리학, 생물학, 물리학, 컴퓨터과학, 정보과학, 경제학, 법학, 문학, 음악, 미술, 정치학, 사회학, 경영학, 커뮤니케이션학 등 마음과 관련된 거의 전 분야 학문 지식을 아우르며, 기존 인간의 정보처리 용량 한계를 뛰어넘어 변호하는 그 모습 자체가 새로운 마음의 작동 방식을 보여주는 것이었다. 결국 그는 그 자리에서 무죄 판결을 이끌어냈다. 갈릴레오처럼 359년을 기다릴 필요가 없었다.

기쁨에 겨운 나머지 이 젊은이는 자신이 새로운 아담의 출현을 당당히 알린 최초의 완전한 포스트휴먼이라고 큰소리를 질렀다. 재판정은 일대 혼란에 빠졌다. 환호성과 야유와 탄식이 어우러졌다. 이미 인간과 기계의 구별이 무의미하다는 결론이 난 법정이었지만, 젊은이의 발언으로 종교계와 과학계의 입장이 천양지차임이 다시 드러났다. 종교계는 판결 결과를 도저히 인정할 수 없다고 서둘러 선언했다. 과학계는 인간 자체에 대한 커다란 인식 전환의 계기가 될 것이라며 판결 결과를 반긴다는 준비된 성명을 발표했다. 성명서 안에서 코페르니쿠스적 전환과 다윈의 진화론의 영향력의 100만 배가 넘는 충격이 앞으로 있을 것이라는 표현을 쓰기도 했다. 여러 논쟁들이 꼬리를 물었다. 충격은 충격이었다. 끝도 없는 싸움이 벌어질 것 같았다. '새로운 마음'은 진정한 마음이 아니라고 종교계와 철학계의 일부 인사가 주장했다. 이 기사를 보며 젊은이는 중얼거렸다.

"그래도 내 마음은 계속 움직이고 있다."

한 언론에서는 "새로운 아담, 혹은 포스트휴먼 2세대 출현"이라는 표제 아래 재판 결과를 전했다. 언론은 30년 전인 2000년대 프랑스의 미래학자 도미니크 바뱅Dominique Babin이 주장했던 이론을 찾았다. 그리고 바뱅의 주장에 따라 20세기까지의 인류는 포스트휴먼 1세대이며, 21세기의 인류를 포스트휴먼 2세대라고 정의한 것이다. 해당 언론과 인터뷰를 한 포스트휴먼 2세대 중 한 명은 자신의 머리에 1000만 조의 시냅스가 들어가 있다며 다음과 같이 자랑했다.

"포스트휴먼 1세대는 고작 1조 개의 시냅스만 가졌잖아요. 저는 최신 융합 과학기술로 만든 새로운 뇌 하드웨어를 장착했어요. 재판에서 이긴 포스트휴먼 아담처럼 저도 자기 분야에서 월등한 능력을 발휘하여 더 좋은 성능의 하드웨어와 소프트웨어로 계속 부분적으로 업그레이드하다가 완전히 모든 것을 기계로 대체해 진정한 포스트휴먼이 되었어요. 저는 원래 세포를 가진 인간으로 태어났지만, 현재는 기계로의 정체성을 완성한 '포스트휴먼 아담'의 형제라고 생각합니다. 영원히 죽지 않는 몸과 마음을 가진 저희 포스트휴먼 가족이 부럽지 않으시나요?"

이런 상황은 트랜스휴먼 예술가였던 나타샤 비타-모어Natasha Vita-More가 "프리모Primo"에서 가설적 모델을 만들었던 2005년에 이미 어느 정도 예견된 바였다. 그녀가 제안한 모델에서 두뇌는 나노과학기술을 이용한 데이터 저장 시스템으로 되어 있었다. 그 후 30년이 안 되는 시간 동안 기술은 더욱 진보하여 노화되는 세포가 아닌 항상 최적의 상태를 유지하는 나노 소재에 무선 통신으로 자동 업그레이드되는 모듈을 가진 뇌 하드웨어 완제품이 등장했다. 결국 2030년대에 들어와 나노과학Nano Technology, 생명과학Bio Technology, 정보과학Information Technology, 인지과학Cognitive Technology을 융합시킨 트랜스휴머니즘의 시대가 본격적으로 열리게 된 것이다. 기계장치를 이용해 인간의 신체적, 정신적 능력을 향상시키기도 하고, 유전자 조작으로 신인류를 창조하기도 하는 등 포스트휴먼이 되는 방법은 다양하게 되었다. 하지만 공통되는 것은 "새로운 마음"과 관련된 인지기술CogT의 위상이다.

CogT는 무엇인가? Cognitive Technology의 약어로 융합 과학Converging Technology와 구별하기 위해 CogT로 표기하는 것이 일반적이다. 그런데 나노과학NT, 생명과학BT, 정보과학IT은 익숙하지만 인지과학CogT은 아직 낯설다. 그러나 학문적으로는 아니다. 인지과학은 그 이름이 정해지기 전부터 인류의 지성사에서 움텄다. 인간의 마음에 대한 관심은 갈릴레오 갈릴레이뿐만 아니라 그 훨씬 이전의 사람들에서부터 고민했던 주제이다.

2 갈릴레오와 다윈의 마음

마음이란 무엇인가? 이 질문에 대한 답은 심리를 본격적으로 다루는 학문인 심리학에서 찾을 수 있을 것 같다. 심리학은 비교적 최근의 학문이다. 어떤 학자는 구스타프 페히너Gustav Fechner가 〈정신물리학의 기초*Elemente der Psychophysik*〉라는 책을 저술한 1860년을 현대 심리학의 출발점으로 보기도 한다. 하지만 대부분 학자들은 빌헬름 분트Wilhelm Wundt가 독일 라이프치히 대학에 심리학 실험실을 차린 1879년을 심리학의 출발점으로 정하는 것에 동의하고 있다. 시점이야 어쨌든 19세기 말에 태동한 학문인 심리학의 역사는 짧다. 그리고 심리학이 내놓은 답도 그 역사만큼이나 많지 않다. 오히려 질문이 더 많다. 왜냐하면 마음이란 무엇인가에 대한 학자들의 관심은 상당히 오래 전부터 있어 왔기 때문이다.

고대 그리스 지성계의 역사를 보면 인간의 마음mind의 본질에 대한 분석이 상당히 많이 이뤄져 있었다. 호머Homer의 〈일리아드*Illiad*〉에는 영혼psyche에 대한 언급이 나오는데, '생명이나 숨과 같은 것으로서 죽은 다음에 밖으로 나오는 것'이라고 묘사되어 있다. 피타고라스는 이와 다르게 영혼은 '죽음 다음에 남는 것'이라는 표현을 했다. 헤라클레이토스Herakleitos는 인간의 마음을 나누어 '이성logos'를 가치 있게 보았으며, '이성은 우주 만물을 관통한다'고 생각했다. 소크라테스Socrates와 플라톤Plato은 마음을 이데아의 한 형태로 간주했다. 즉 이원론이라는 관념론의 범주에서 마음을 본격적인 탐구 대상으로 이야기하기 시작한 것이다. 한편 아리스토텔레스Aristotle는 스승이었던 플라톤과는 다른 입장을 갖고 있었다. 마음은 신체의 형상을 이루는 가장 원초적인 것이라고 보았다. 신체에서 분리될 수 없는 것, 즉 심신의 관계를 일원론으로 생각했다. 그리고 마음의 문제에 있어서 생물학적 접근의 중요성을 부각시켰다. 이렇듯 플라톤과 아리스토텔레스의 다른 접근은 이후 마음의 본질에 대한 연구에 큰 영향을 미쳤으며, 오늘날에도 그 주도권을 주거니 받거니 하며 계속되고 있다.

갈릴레오 갈릴레이가 살던 중세에는 플라톤적 접근법이 우세했다. 그리고 신학자 아우구스티누스 이후 토마스 아퀴나스에 의해 인간의 마음은 추리와 같은 내성법에 의해서 분석할 수 있다는 입장이 우세했다. 덕분에 마음에 대한 논의는 상당히 사변적으로 흘렀다. 마음의 작동 방식에 대한 과학적 분석이나 설명이 없었다. 그런 것이 당연하게 여겨졌다. 갈릴레오 갈릴레이는 과학자였지만, 플라톤적인 입장에서 마음을 보았다. 그는 과학적 대상을 두 개로 나누었다. 계량적 측정이 가능하고 객관적인 조사가 가능해서 모두에게 '동일하게 인식되는 객관적인 대상'과 각자의 해석에 따라 다르게 해석되는 '주관적인 대상'을 처음으로 구분한 것이다. '제1차 성질primary qualities'은 사물의 속성이 외부로 발현되어 나타나는 것으로 과학적 분석의 주제가 될 수 있다. 그러나 사고의 주체인 인간의 해석이 없으면 사라져 버리는 속성도 있다. 이 것을 갈릴레이는 '제2차 성질secondary qualities'이라고 불렀다. 제1차 성질은 객관적 실체를 갖고 있는 반면 제2차 성질은 주관적이다. 제1차 성질은 고정불변인데 이와 대조적으로 제2차 성질은 진실성이 없는 단순한 의견에 불과하다고 갈릴레이는 생각했다.

예를 들어 갈릴레이는 냄새나 맛과 같은 감각적이고, 가변적인 성질은 육체와 분리된 인간의 의식 속에서만 존재한다고 생각했다. 이 감각적 성질들을 사물의 고유하고 필수적인 속성이라고 할 수 없는데, 왜냐하면 각 개인의 주관에 따라 각각 다르게 판단될 수 있는 것이기 때문이다. 그래서 갈릴레이는 이를 제2차 성질이라고 생각했다. 자극 자체에서 주어지는 일차적 특질이 아닌, 심적 작용에 의해 주어지는 이차적 특질은 상대적으로 중요하지 않은 것으로 깔보았다. 제2차 성질이 제1차 성질로 전환될 수 있어야 비로소 과학의 대상이 될 수 있다고 갈릴레이는 믿었다. 이런 생각이 현대의 사람들이 마음에 대해서 갖고 있는 상식처럼 되었다.

그런데 근대에 본격적으로 들어서면서 마음에 대한 지적 흐름에도 큰 변화가 생겼다. 체계적인 과학적 심리학으로의 진정한 전환을 이룬 사람은 르네 데카르트Rene Decarte였다. 그는 플라톤과 아리스토텔레스의 접근을 조화시키려 했다. 데카르트는 인간의 신체를 동물과 연속선상에 있는 하나의 자동기계로 개념화시켰다. 그리고 신체와 영혼 각각의 작용과 뇌, 혈관, 영혼 등의 운동에 의해 상호작용이 기계적으로 일어난다는 이원론을 주장했다. 데카르트는 지각된 내용의 질은 대상(자극)에 있는 것이 아니라 마음에 있다고 주장했다. 즉 지각의 질이 외부 자극의 단순한 복사에 달려 있다는 기존의 입장을 뒤집은 것이다. 데카르트는 마음이 통일성과 활동성을 지니고 있다고 보았으며, 이런 특성에 의해 사고, 이해, 지각 등이 결정된다고 주장했다. 이런 그의 주장은 합리론의 전통을 거쳐 현대의 형태주의심리학과 인지심리학의 태동에 큰 영향을 주었다.

한편 조지 버클리George Berkley와 데이비드 흄David Humm 등의 경험철학자들은 데카르트의 이론에 반기를 들었다. 특히 흄은 대상을 지각한다는 것은 요소적 감각들을 조합하는 것에 지나지 않는다는 입장을 발전시켜, 마음을 단지 감각의 다발bundle of sensation로 환원시켰다. 이런 입장은 이후 행동주의심리학의 발전에 큰 영향을 주었다.

이 밖에 찰스 다윈Charles Darwin을 중심으로 한 진화론적 접근도 심리학에 큰 영향을 주었다. 중세의 기독교적 세계관에서는 인간의 마음이 신의 섭리에 의해 이미 완전한 형태로 결정되어 고정된 형태의 실체를 가진 것으로 인식했다. 이런 마음관은 수동적, 정체적, 이성적인 특징을 지니고 있다. 하지만 진화론은 생명체가 시간의 흐름에 따라 역동적으로 변화할 수 있다는 주장을 하고 있다. 덕분에 인간의 마음은 동물과 생물적으로뿐만 아니라 심리적으로도 연결되어 있다는 통찰을 하게 되었다. 이러한 진화론적 입장은 윌리엄 제임스William James, 빌헬름 분트Wilhelm Wundt, 지그문트 프로이트Sigmund Frued 등에게 영향을 주었다. 덕분에 심리학은 과학으로서 동물심리학, 발달심리학, 의식심리학, 행동주의심리학 등으로 좀 더 체계화할 수 있었다.

기존의 철학자들 사이에서는 생각의 공통점이 있었다. 동물은 하급 생명체로서 그들의 행동은 무의식적이라는 생각이 주류였다. 즉 동물에게는 의식을 찾을 수 없다는 것이었다. 그러나 하버드 대학 동물행동학자 도날드 그리핀Donald Griffine은 1992년 첫 출간된 저서 〈동물은 무엇을 생각하는가*Animal Minds: beyond cognition to consciousness*〉(정신세계사, 1994)를 통해서 이런 주류 생각에 반기를 든다. 도날드 그리핀은 동물들에게 놀라울 정도의 깊은 지능이 있으며, 동물들은 사물을 관련지어 생각한다고 주장한다. 그렇다고 해서 그리핀은 동물들이 인간과 같은 복잡하고 다양한 의식을 가졌다고 주장하는 것이 아니다. 다만 동물들 나름대로 살아가면서 스스로를 개체로 인식하고 있는 것 같다고 말하고 있을 뿐이다. 그리핀은 동물들이 그저 본능이라고 여겨졌던 미래 사건 추론 능력이나 도구 사용 능력 속에서 지능을 발견했다. 만약 이런 행동을 지능적이라고 정의할 수 없다면, 인간의 행동도 모두 본능이라고 해야 할 것이다. 어쩌면 차라리 인간과 동물의 특성을 만드는 원리에 있어서는 구별을 두지 않는 개념으로 이야기를 하는 것이 상식적으로 받아들이기 더 편할 뿐만 아니라, 현실적으로도 맞는 이론일 수 있다. 노엄 촘스키Noam Chomsky나 스티븐 핑커Steven Pinker의 '언어 본능Language Instinct' 개념처럼 말이다.

런던 아동건강연구소에서는 언어에 심각한 장애가 있는 가족을 3대에 걸쳐 연구했다. 이 가족의 반이 발음장애와 문법장애를 겪고 있었다. 그런데 이들의 유전자는 7번 염색체에 정상인과는 다른 패턴이 있었다. 바로 언어장애와 관련된 'FOXP2 유전자'가 발견된 것이다. 재밌는 점은 'FOXP2 유전자'는 쥐나 침팬지 등도 가지고 있다는 것이다. 다만 인간의 유전자와 차이가 있다. 이런 유전자 변이는 12만 년 전에 생겨났다. 그런데 이 시기가 현생 인류의 문화의 발생기이다. 스티븐 핑커는 이런 여러 연구를 바탕으로 우리가 절대로 백지와 같은 '빈 서판' 상태로 태어나는 것은 아니라고 주장한다. 나름의 체계를 갖춘 상태에서 태어난다. 언어 본능도 우리가 생득적으로 갖고 있는 체계 중의 하나이다. 그리고 이 체계는 진화적으로 다른 동물과 연결되어 있다.

그리핀은 동물의 커뮤니케이션의 능력에 주목했다. 일벌은 새로 피는 꽃들이 있는 들로 다른 일벌들을 안내하기 위해 춤을 춘다. 벨베트원숭이는 각기 다른 포식동물들에 대한 각각 독특한 경고의 소리를 울리는데, 이 소리를 들은 벨베트원숭이들도 이에 상응하는 반응을 보인다. 예를 들어 표범이 나타났다는 경고 소리에 원숭이들은 재빨리 나무로 기어오르고, 독수리가 나타났다는 경고에는 나무와 열린 공간에서 숲속으로 숨는다. 즉 동물에게도 고도의 언어 능력이 있다는 것이다. 인간이 의미를 구분하기 위해 다양한 언어와 신호를 만들어 사용하는 것처럼 말이다.

도날드 그리핀과 스티븐 핑커의 주장은 상식적인 마음에 대한 생각과 반대되는 측면이 많다. 인간의 마음이 동물과 같은 기제로 움직인다니. 인간처럼 시를 짓는 앵무새를 본 적이 없지 않은가? 그렇다. 동물은 종 사이의 엄연한 차이가 있다. 같은 음향 공학적 원리가 들어가 있어도 음질이나 음량이 전혀 다른 여러 브랜드의 전축들처럼 말이다. 같은 기제로 움직인다고 해서 똑같은 결과를 낸다는 의미는 아니다. 그런데 만약에 같은 원리가 구동되는 같은 재생기를 준다면 어떻게 될까? 인간의 마음을 또 다른 인간에게 다운로드하거나, 가장 유사한 유인원에게 이식하는 것은 어떤가? 혹은 로봇에게 주는 것은 어떨까? 아니면 기계에 구동되는 인공지능 요소 중 효율적인 것은 인간의 지능에 이식하는 것은 어떤가? 혹은 마음에 대한 이론적 가설을 기계에 구현해서 실제로 일어나는 결과를 분석하여 인간의 마음을 좀 더 잘 이해할 수 있도록 하는 것은 어떤가? 이것은 과학이라기보다는 꼭 마음을 재료로 다양한 레시피를 갖고 요리를 하는 것에 더 가까운 것 같다. 하지만 지금의 과학자들이 하려는 것이 바로 이런 일들이다.

3 21세기에 대체 몸이란 무엇인가

미국 MIT 미디어랩Media Lab의 비츠앤아톰Bits & Atom 연구소장인 닐 거셴펠드Neil Gershenfeld 박사는 2000년 그의 저서 〈컴퓨터는 없다*When Things Start To Think*〉(비즈앤비즈, 2007)를 통해 컴퓨터의 미래상을 자세히 밝힌 바 있다. 이 책에는 21세기 중반쯤 스스로 생각해서 행동하는 컴퓨터가 등장할 것이라는 내용이 나온다. 그리고 미디어랩과 같은 연구소들은 실제로 그에 대한 연구 성과를 내고 있다는 것을 보여주고 있다.(http://ttt.media.mit.edu에서 사진과 동영상과 함께 구체적 프로젝트에 대한 설명을 확인할 수 있다)

MIT 미디어랩은 2000년 즈음에는 찬사와 비판을 동시에 많이 받았다. 신문을 보고서 탁자 위에 던져놓으면 잠시 후에 최신 기사로 자동 갱신되는 정도의 기술 수준이 프로젝트 결과물로 마치 깜짝쇼처럼 소개되었기 때문이다. 당시에는 악수를 통해 전자명함을 주고받고 상대방의 신상을 무선 네트워크로 파악하여 안경에 장착된 디스플레이를 통해 보여주는 기술도 개발되었다. 옷에 수놓은 장식을 손으로 건드리면 그 동작에 따라서 음악이 연주되는 기술도 있었다. 이러한 기술들의 공통점은 컴퓨터가 사물 속으로 사라졌다는 것이다. 즉 사용자는 컴퓨터라는 특별한 장치를 다루는 것을 의식하지 못하고 그냥 일상적인 행동을 할 뿐이다. 하지만 눈에 보이지 않는 곳에 들어 있는 컴퓨터가 일을 해서 편의성을 자연스럽게 높인다. 덕분에 인간은 컴퓨터가 없었으면 누리지 못할 서비스를 일상생활 속에서 누릴 수 있게 된다. 마치 진화를 통해 얻어진 이득을 의식적으로 알아채지 못하고 생활하는 것처럼, 컴퓨터 활용에 의한 이득을 모른 채로 인간은 새로운 생활양식으로 살게 된다. 새로운 생활양식이 계속 누적되면 우리는 완전히 다른 종으로 진화하게 될지도 모른다. 이게 진정 깜짝 놀랄 만한 뉴스였다. 겉으로 드러난 프로젝트의 잡동사니 기술이 아니라 말이다.

2010년 현재 미디어랩의 프로젝트를 보면 충분히 가능성이 있다는 생각이 든다. 대표적 예로 입는 컴퓨터 기술을 활용해서 우리 주변의 물리적 정보 신호를 증폭시켜 분석한 다음에 우리가 몸짓을 통해 그 정보와 잘 소통할 수 있도록 하는 '육감six sense 프로젝트'가 있다.

'육감 프로젝트'의 기본 시스템 구성은 간단하다. 고무링처럼 손가락에 끼는 센서가 일종의 마우스의 역할을 한다. 목걸이처럼 다는 카메라는 컴퓨터의 눈이 되어 환경 정보를 입력한다. 그리고 입는 컴퓨터에서 적당한 추론 끝에 사용자가 필요로 하는 적절한 정보를 맥락에 맞게 머리 위에 쓴 조그만 프로젝터를 통해 물리적 자극 대상 위에 영상으로 뿌려준다. 영화 『매트릭스』에서는 정보들이 가득 찬 세상을 숫자가 흘러내리는 것으로 표현했지만, 이제는 현실 속 물리적 대상 위에다 정보가 겹쳐지는 식으로 변한 셈이다.

예를 들어 '육감 프로젝트'로 만든 손가락에 센서를 부착하고 책을 만지면 도서 표지에 온라인 서점에서의 해당 도서의 평점이 표시된다. 컴퓨터는 사물들 안으로 스며들어 보이지 않지만 외부 정보와 우리 행동을 매개하고 있다. 이 기술을 쓰지 않고 사용자가 스마트폰으로 바코드를 직접 찍어 평점을 볼 수 있는 방법도 있다. 하지만 컴퓨터가 현재 맥락에 맞게 스스로 유용한 정보를 판단해서 인터넷에서 정보를 검색한 다음 그 결과를 프로젝터를 통해 직접 물리적 사물에 투사하는 것보다 더 편리하지는 않을 것이다. 왜냐하면 이 '생각하는 컴퓨터' 기술은 사용자가 컴퓨터의 존재를 인식하지 않아도 되며, 조작할 필요조차 없기 때문이다.

MIT 미디어랩의 프로젝트 사례들처럼 컴퓨터는 인간과 점점 쌍방향적으로 정보를 교류하며 외부 환경을 제어하도록 발전하고 있다. 즉 컴퓨터는 그냥 외부 기기가 아니다. 우리의 확장된 감각기관이다. 책 위에 평점이 실시간으로 보이는 것처럼 물리적으로는 볼 수 없는 정보가 컴퓨터를 통해 사물들 위에 뿌려진다. 말 그대로 인간은 새로운 정보를 보고 판단해서 행동까지 할 수 있도록 하는 눈과 뇌가 하나 더 생긴 것이다. 이것이 과연 무슨 의미일까? 우리는 이러한 컴퓨터 기술을 통해 이전과는 다른 방식으로 외부 환경과 상호작용을 하게 될 것이다. 인간의 인지적 용량 제한을 뛰어넘어 사물과 관련되는 정보를 좀 더 지능적이고 능동적으로 확장해서 처리할 수 있게 된다. 이 말은 원숭이와 인간의 정보처리 양식이 차이가 났던 것만큼이나, 우리가 과거 인류와는 질적으로 다른 상호작용을 하는 존재가 되었음을 뜻한다.

이런 상호작용 기술은 현재 상용화되었다. 미국 회사인 IBVA 테크놀로지즈 사는 '대화형 뇌파시각분석기IBVA'를 만들었다. 이 기기는 사용자가 착용한 머리띠처럼 생긴 장치를 통해 수집한 뇌파를 여러 형태로 전환하여 출력한다. 예를 들어 사용자가 화를 내면 뇌파가 바뀌는데 이런 특정한 패턴에 상응해서 음표도 바뀐다. 자신의 감정 상태를 다양한 음악으로 바꿔 내보내는 것이다. 감정표현이 서툰 사람이라는 말이 없어질 날도 멀지 않은 것 같다.

제프 호킨스Jeff hawkins와 샌드라 블레이크슬리Sandra Blakeslee가 2005년 함께 쓴 책 〈생각하는 뇌, 생각하는 기계*On Intelligence*〉(멘토로, 2010)에는 다음과 같은 내용이 나온다.

"지금의 기계들은 그저 지능을 가진 것처럼 보이는 기계들이다. 하지만 그 기계들이 진짜 지능을 가지게 되었을 때 우리가 기계를 쓰는, 아니 우리와 기계가 공생하는 방식은 매우 달라질 것이다. 기계는 우리가 수동적으로 정보를 입력하기 전에 우리가 인지하는 세계를 같이 이해할 것이고, 거기에 대해 우리가 알지 못하는 수많은 정보들을 미리 찾아서 우리가 최적의 판단과 실행을 할 수 있도록 도와줄 것이다."

우리는 바야흐로 기계와 함께 공진화의 관점에서 기술의 변화를 받아들여야 하는 때에 와 있다. 기계는 우리의 감각기관을 보조하거나 대체하는 것이 아니라, 새로운 감각기관 그 자체가 되어 함께 발전할 수 있다. 물론 저절로 되는 일은 아니다. 과거의 기계 설계와는 다른 개념이 필요하다. 제프 호킨스와 같은 인공지능 권위자는 인간의 뇌의 작동 원리를 정확히 이해하는 것이 지능적 기계를 만드는 것에 필수적임을 강조하고 있다. 겉으로 드러난 인간의 행동이나 뇌의 움직임을 시뮬레이션하는 데 급급했던 신경망 모형neural network model과는 다르게 뇌의 세부적 동작을 모델화해야 한다. 그래야 지능을 갖춘 개체로서 기계는 또 다른 지능을 갖춘 인간과 상호작용을 하며 전혀 다른 차원으로 공진화를 할 수 있는 것이다.

공진화의 가능성은 멀리서 찾을 수 있는 것은 아니다. 확실히 인류는 예전의 산업화 시대까지의 행동방식과 다르게 온라인 시스템에서 느끼고, 사고하고, 행동하고 있다. 새로운 기호로서 이모티콘을 인식하고 활용하는 것을 뜻하는 것만이 아니다. '언제 어디서나' 컴퓨터를 사용할 수 있는 '유비쿼터스 컴퓨팅 및 네트워크' 세상은 개인 수요 중심이 맞춤 서비스를 구현하고 있으며, 덕분에 사회적 다양성은 증가하고 있다. 사고 현장에서 웹캠과 노트북, 혹은 휴대폰을 통해 1인 미디어로 방송을 할 수 있으며, 트위터를 통해 전 세계의 친구들과 자유롭게 소통할 수도 있다. 그리고 새롭게 발생한 수요는 기술과 같은 테이블에 앉아 대화를 하는 것처럼 또 다른 기계의 발전을 촉진시키고 있다. 그리고 그 기계는 새로운 상호작용 기관이 되어 우리의 몸에 붙는다. 소형 휴대폰과 같이 편리한 기계 형태로 말이다. 그리고 우리는 그 기계의 기능을 우리의 능력 중 하나로 당연히 여기며 다른 일들을 도모한다. 아이티 강진과 칠레 강진이 발생했을 때 현장에 있던 사람들은 사진을 촬영하고 바로 휴대폰으로 편집해서 전 세계 네티즌에게 알렸다. 의사소통의 조건 안에 기계는 마치 눈이나 입처럼 당당히 한 요소를 차지하고 있다.

컴퓨터가 정보통신 기술과 결합이 되면서 컴퓨터는 단순한 프로그램을 처리하는 기능을 담은 기계의 수준을 벗어났다. 새로운 정보처리 양식과 사회적 행동을 만드는 등 인간의 잠재성을 극대화시킬 수 있는 '인지적 도구cognitive tool'가 되었다. 우리의 생활 전반을 바꾸어놓은 컴퓨터는 급기야 사용자인 인간의 본질까지도 완전히 바꾸게 될지 모른다. 그야말로 인류는 급진적 진화를 하게 될 것이다. 과학자들의 요리법이 제대로 먹힌다면 말이다.

이미 요리는 끓기 시작했다. 생물학적 한계를 넘어서는 인간을 만들어 내려는 각종 인간 강화 프로젝트가 이미 빠르게 진행되고 있다. 미국 방위고등연구계획국DARPA은 생각만으로 물체를 움직이는 '텔레키네틱스Telekinetics 기술', 여러 날 잠을 자지 않고도 최적의 상태에서 전투를 수행하도록 하는 병사 훈련 기술, 스타워즈의 한 장면을 연상시킨다 하여 일명 '루크 망원경'으로 알려진 뇌-기계 인터페이스에 기반을 둔 감지기 등 상상을 초월하는 것들을 개발하고 있다.

인공지능의 아버지라 불리는 미국 MIT의 마빈 민스키 교수는 일찍이 "몸에 인공장기를 이식하고, 뇌에는 인공지능 컴퓨터를 삽입한 인간이 21세기에는 반드시 등장할 것"이라고 주장했다. 민스키 교수가 주장하는 인간은 확실히 20세기까지의 인류와는 다르다. 그래서 이들을 기존 인류와 구별을 짓기 위해 포스트휴먼이나, 트랜스휴먼으로 부른다. 그런데 이런 구별에 거부감을 느끼는 사람이 많다. 마치 호모 사피엔스와 호모 에렉투스를 나누는 것처럼 들려서일 수도 있다. 아니면 아예 실현 불가능한 헛소리라고 생각하거나, 설사 구현이 된다고 해도 이런 존재는 인간이라고 말할 수조차 없다고 생각하기 때문일 수도 있다.

뇌를 포함한 몸을 갖고 있다는 것은 인간다운 마음이 실현되는 기본 조건이라는 생각은 여태까지 당연하다고 생각해왔다. 그러나 만약 인간이 새로운 기기를 통해 다른 감각을 더 많이 사용할 수 있게 된다면 어떤가? 즉 기초적인 신진대사 이외에 정보처리는 컴퓨터에 더 많이 의존하게 된다면 어떤가? 우리 몸은 동물이나 과거 원시인의 몸과 같고, 우리가 인간다움이라고 부르는 지능적인 행동은 컴퓨터를 통해서 나올 수 있게 되는 것은 아닐까? 환경과 맞닿아 있는 다양한 인터페이스 중의 하나로서 몸이 있을 뿐이며, 그나마 인공장기처럼 다른 기계적 인터페이스를 통해 대체 가능하기 때문에 몸의 고유성은 없게 되는 것이 아닐까?

이런 질문들에 대답하기 위해서는 '체화된 인지embodied cognition' 개념을 먼저 검토해야 한다. '체화된 인지'는 현재 인지과학의 화두 중 하나이며, 인간의 마음의 본질에 대한 논의의 핵심이다. 인지과학의 핵심인 인지주의는 20세기 초의 행동주의심리학의 한계를 극복하고자 나왔다. 그런데 이 고전적 인지주의는 뇌가 마음의 특성 결정에 바탕을 이루고 있다는 역할을 무시하는 또 다른 한계점을 갖고 있었다. 시간이 흘러 1980년대 이후의 연결주의connectionism와 인지신경과학이 발달하면서 뇌의 중요성이 부각되기 시작했다. 마음과 뇌의 관련성이 다시 논의의 중심이 되었다. 그러나 연결주의는 실제 뇌가 아니라 이론적, 추상적 뇌를 중심으로 일종의 비유로써 마음의 형식 모형을 제기하는 문제점이 있었다. 이를 극복하기 위하여 실제의 구체적 뇌를 탐구하며 뇌의 여러 부분이 지니는 인지적 기능을 탐색하는 인지신경과학이 더욱 강조되었다.

유행처럼 일반인들도 관심을 갖게 된 인지신경과학 역시도 문제점을 지니고 있었다. 마음은 곧 뇌라는 등식에 따라 마음을 인간의 뇌 속의 신경 현상에 제한하여 개념화를 강조했기 때문이다. 마음의 복잡한 현상은 아주 간단하게 신경 현상으로 환원되어 설명이 되었다. 그러나 그것이 진정 올바른 설명이냐는 것에 대해서는 과학자들 사이에서도 의구심이 생겨나기 시작했다. 그리고 대안적 패러다임으로 '체화된 인지'(Embodied Mind; Embedded Mind; Extended Mind로도 표현한다) 접근이 부상했다. 체화된 인지 접근은 이전의 패러다임들이 몸과 환경의 역할을 무시한 것을 바로잡고자 했다.

철학자이자 인지과학자이며 신경과학자인 알바 노에Alva Noe의 2009년 저작 〈뇌과학의 함정: 인간에 관한 가장 위험한 착각에 대하여*Out of Our Heads*〉(갤리온, 2009)에는 다음과 같이 서술하고 있다.

"뇌는 난로가 열을 내듯이 의식을 만들어내지 않는다. 차라리 악기에 비교하는 것이 더 나을 것이다. 악기는 혼자서 음악을 만들거나 소리를 내지 않는다. 사람들이 음악을 만들거나 소리를 내도록 해줄 뿐이다. 당신은 당신의 뇌라는 프랜시스 크릭의 생각, 더 기본적으로 말해 소화가 위의 현상이듯이 의식이 뇌의 현상이라는 생각은 저절로 연주되는 오케스트라와 같은 환상이다."

이처럼 '체화된 인지' 접근은 마음이 뇌 속에서 일어나는 신경적 상태나 과정이라고 하기보다는 신경적 기능 구조인 뇌와, 뇌 이외의 몸, 그리고 환경이란 세 가지가 괴리되지 않은 총합체nexus 상에서 이루어지는 행위 중심으로 재개념화되어야 함을 주장한다.

사람들은 '인지'라는 단어를 보면 가만히 앉아서 뭔가를 생각하는 상황을 떠올린다. 마치 장기판에서 묘수를 머릿속에서 쥐어짜는 상황처럼. 하지만 사람들이 '인지'가 필요한 상황은 아주 다양하다. 날아오는 공을 받으려 할 때 사람들은 보편적인 물리 법칙 그대로 계산해서 모두 똑같은 생각으로 공을 받는 것이 아니다. 각자 키에 따라 공을 보는 눈높이가 다르고 달려가는 빠르기에 따라 낙하 지점을 판단하고 손을 뻗는 각도 등이 달라진다. 당구나 골프의 경우에도 표준화된 교본이 있지만, 사람들은 자신의 신체 조건에 따라 각기 다른 샷을 생각해낸다. 조그만 모니터를 볼 때는 소심하게 분석을 주로 하던 사람이 큰 모니터를 볼 때는 새로운 것을 발견하거나 생각해내는 등 여러 가지를 종합적으로 통찰하는 능력을 발휘하기도 한다. 즉 사람들이 생각하는 바는 단순히 뇌에서 기존에 갖고 있던 정보가 혼자 연주되는 악기처럼 울려 퍼지는 것이 아니라, 자신의 키와 눈, 발 등의 신체 구조나 환경적 변수와도 밀접한 관련을 갖고 있다.

특히 신체 기관에 의한 감각의 차이는 아예 판단을 좌우하기도 한다. 2008년 예일대 심리학과의 존 바그John Bargh 교수는 실험 참가자인 대학생들에게 따뜻한 일반 커피와 냉커피를 각각 들게 하고, 처음 보는 제3자에 대한 인상을 평가하게 했다. 실험 참가자들의 응답 결과를 분석한 결과 따뜻한 커피를 들고 있던 학생들이 냉커피를 들고 있던 학생들에 비해 제3자에 대해 더 따뜻한 사람이라고 점수를 매기는 경향이 강했다. 면접관은 푹신한 의자에 앉아 있을 때는 상대방을 관대하게 평가했지만, 딱딱한 의자에 앉았을 때는 비판적으로 평가했다. 똑같은 구직자라고 하더라도 얇은 종이에 쓴 이력서를 읽었을 때보다 사람들은 두꺼운 종이에 쓴 이력서를 읽었을 때 더 긍정적인 평가를 했다. 이러한 사실들은 모두 사람들이 정보를 추상적으로 추출해내어 동일한 내용으로 표상하는 것이 아니라, 자신의 신체적 감각에 의해 영향을 받아 각기 다르게 표상하고 있음을 드러낸다고 할 수 있다.

언어학자이자 인지과학자인 조지 레이코프George Lakoff는 마크 존슨Marc Johnson과 함께 쓴 책 〈몸의 철학〉(박이정, 2002)에서 "지각이나 운동과 같은 신체 능력과 분리된, 그리고 신체 능력으로부터 독립적인, 완전히 자율적인 그러한 이성 능력은 존재하지 않는다"고 못 박았다. 이것은 탈신체화된 이성을 강조한 데카르트의 입장과는 완전히 배치되는 주장이다. 즉 체화된 인지는 서양 철학의 주조를 뒤집는 인간관과 인식론을 제안하고 있다. 최근 과학 연구는 이성이 근본적으로 신체화되어 있다는 쪽으로 많이 기울고 있다. 지각 작용과 개념 작용이 뚜렷하게 구분될 수 없으며 그 과정은 대부분 우리가 의식하지 못한 채로 진행된다.

조지 레이코프George Lakoff 교수가 주장한 것처럼 우리가 일상적으로 쓰는 언어들은 곧 우리가 얼마나 '체화된 인지'로 생각하고 있는지를 보여주고 있다. 예를 들어 우리는 긍정적인 삶을 '가슴 뛰는 삶'이라고 표현하고, 낙담하는 정서를 "가슴이 무너져 내린다"라고 신체에 비유해서 표현한다. '차가운 남자'와 '따뜻한 여자'도 물리적 체온을 뜻하는 말이 아니라, 추상적인 느낌을 신체적 감각으로 느낄 수 있도록 표현한 것이다. 사람들이 자기도 모르게 앞날을 생각하거나 이야기할 때는 몸을 살며시 앞으로 기울이고, 과거를 회상할 때는 뒤쪽으로 몸을 살짝 기대는 식의 패턴을 보이는 것도 그만큼 체화된 인지가 자동화되어 있음을 나타낸다.

이성이 만들어지는 뇌를 보자. 우리는 개개의 뉴런의 작용에 대해 알지 못한 채 이들을 자유로이 사용하는 것처럼 사고와 신체의 긴밀한 연결은 무의식적이다. 이렇게 보면 '개념'이라는 것은 특정한 범주들을 구별하고 그것들에 대해 사유할 수 있도록 해주는 신경구조이다. 그리고 신체화된 개념은 실제로 우리 두뇌의 감각 운동계의 일부나 그 운동계를 이용하는 신경구조라는 결론이 나온다. 레이코프는 심지어 '영성靈性'도 신체화에서 독립될 수 없다고 주장한다. 영적 경험을 정열적으로 만들고 거기에 치열한 욕구와 즐거움, 고통, 환희 등을 가져오는 것은 몸이라는 견해다. 그리고 이러한 감각들 없이는 영성이 완벽할 수 없다고 주장한다.

이러한 '체화된 인지' 접근은 마음의 작용이 신체나 물질로 환원할 수 없는 고차원적 수준의 과정이라고 생각한 전통적 심신 이원론을 일차적으로 깨뜨린다. 그리고 이차적으로는 '마음은 곧 뇌'라는 환원주의적 생각도 깨뜨린다. 그러면서 마음 개념을 새롭게 재구성하는 움직임을 촉발시키고 있다. 이 접근은 구체적인 몸을 가지고embodied 환경에 구현, 내재되어embedded 사회 환경에 적응하는 유기체가 환경과 순간 순간적 상호작용 행위의 역동dynamics상에서 비로소 마음이 존재한다고 본다. 즉 유기체의 몸과, 문화, 역사, 사회의 맥락에 의해 구성되고 결정되는 그러한 역동적 활동으로서의 마음을 강조하는 접근이다.

체화된 접근은 뇌를 넘어서서 고전적 인지주의에서 배제되었던 '몸'을 마음의 바탕으로 되찾게 하고 있다. 앤디 클락Andy Clark 등이 주장하는 것처럼, 몸을 통해 구현되는 마음과 분리될 수 없는 환경을 인지과학과 심리학에 되살려 놓고, 공간적 연장extension이 없는 '정신적(심리적) 실체'로서의 마음이 아니라 환경에 확장된 마음extended mind으로 재개념화할 가능성과 필연성을 제시하고 있다. 마음은 뇌 속에서 일어나는 신경적 상태나 과정이라고 하기보다는 신경적 기능 구조인 뇌와, 뇌 이외의 몸, 그리고 환경 셋이 괴리되지 않은 총합체nexus 상에서 이루어지는 행위 중심으로 재개념화되어야 한다.

인지가 상호작용에서 파생되는 것이라면, 그러한 행위와 상호작용이 가능하기 위해서는 어떠한 형태이건 '체화embodiment'가 필요할 수밖에 없다. 그런데 '체화된 인지' 접근에 따라서 마음이 몸을 통하여 환경에 역동적인 활동에 존재하는 것으로 개념화한다면, 상호작용 행위가 출현할 수 있는 상황 조건에 좀 더 주목할 필요가 있다. 환경에 주안점을 두면 몸이 확장된 개념으로 인공물을 생각해볼 수 있다. 아예 스스로 행동할 수 있는 로봇이나 인지 시스템이 있다면, 인간을 포함한 이 행위 주체자와 에이전트 사이의 다층적 상호작용의 중요성을 고려하지 않을 수 없다.

인간의 마음이 인간의 몸 없이도 구현될 수 있게 된다면 어떤가? 우리는 인간에 대한 정의를 다시 내려야 할 것이다. 그리고 '체화된 인지'에서의 구현 조건에 몸뿐만 아니라 인지 시스템도 고려해야 할 것이다. 예를 들어 원숭이 몸에 들어간 인간과 기계 안에 들어간 인간, 심지어 다른 사람과 몸을 바꾼 인간에 대해서 철학적으로 어떻게 정의해야 할 것인지를 고민해야 할 것이다. '체화된 인지' 접근은 계속 업데이트되며 인간과 마음에 대한 재개념화를 진지하게 묻고 있으니 말이다.

미국 워싱턴 대학의 라제쉬 라오Rajesh Rao 연구팀이 개발한 로봇 모페우스Morpheus는 리모콘이나 자체 구동 프로그램이 아니라, 인간의 뇌를 통한 명령을 받아 움직인다. 현재는 뇌파EEG로 신호를 받고 있지만, 장래에는 뇌에 이식한 무선칩을 통해 로봇과 통신하게 될 것이다. 덕분에 인간은 자신의 몸이 망가지거나 심지어 아예 없어도 로봇을 통해서 작업을 수행하게 될 수도 있다. 이미 '체화된 인지' 접근은 생물학적 신체 없이도 마음이 행동으로 작용할 수 있는 그 너머를 알 수 없는 특이점의 방향으로 나아가고 있는 셈이다.

4 인간은 어디까지 인간이 될 수 있을까

2033년에 열리는 재판을 여러분이 타임머신을 타고 가서 참관한다면, 또는 배심원 자리에 서게 된다면 어떤 입장에 설 것인가? 현실과 먼 이야기라고 생각할 수도 있다. 하지만 기계가 마음을 갖고 있다는 주장은 SF소설이 아니라 인공지능 관련 과학 저널에서 1960년대부터 볼 수 있는 이야기였다. 어쩌면 인공지능 과학 저널 이전부터 있었던 논란이기도 했다. 데카르트 이후 인간과 동물을 나누는 기준은 의식, 혹은 마음이 있느냐의 차이였다. 그런데 생물학과 진화론의 발전 덕분에 인간과 동물의 경계선이 희미해졌다. 만물의 영장으로서 인간의 이성의 존귀함을 강조하는 한편에는, 세포를 중심으로 한 신진대사 원리와 진화의 뿌리가 같은 인간과 동물을 어떻게 나눌 수 있을까 하는 것에 회의가 들기 시작했다.

논의는 자연스럽게 인간의 마음을 정의할 수 있는 기준이 무엇인가 하는 문제로 흘렀다. 이와 관련해서 지능에 대한 연구로 유명한 미국 심리학자이자 영장류학자였던 로버트 여키스Robert

Yerkes는 20세기 초반에 두 가지 준거를 제안했다. 여키스의 준거는 첫째, 충분히 발전된 복잡한 신경계를 가지고 있느냐의 여부. 둘째, 어떤 수준의 의식을 지니고 있느냐 하는 것이었다. 둘째 준거는 기능적인 측면에서 생각한 것이다. 즉 세 가지 수준인 대상을 식별하는 수준, 학습을 할 수 있는 수준, 이성적 수준으로 나누어 보았을 때, 학습을 할 수 있는 기능을 갖춘 수준부터는 그 유기체가 마음을 갖고 있는 것으로 보아야 한다는 주장이다. 그러나 왓슨 J. B. Watson과 같은 행동주의 심리학자는 이런 준거는 아무짝에도 쓸모없는 것이라고 반박했다. 어쩌면 왓슨의 반박은 인간과 기계의 구별이 무의미해진 트랜스휴머니즘과 관련된 논의에도 유용한 논점이 될 수 있다. 여태껏 인간이 인간의 마음을 나누는 기준이라 생각했던 기본 가정은 그 뿌리째 흔들리고 있으며, 무가치한 것으로 판명될지도 모른다.

행동주의Behaviorism는 마음의 존재 여부에 대한 논의 자체가 별로 쓸모없다고 주장하고 있다. 마음이라는 관찰 불가능한 내적 구조를 상정하지 않아도 인간의 행동의 원인과 결과를 과학적으로 충분히 설명할 수 있기 때문이다. 행동주의는 인간의 심적 행동을 '자극Stimulus-반응Response의 연합 관계'로 설명한다. 그리고 이 연합 관계에 영향을 주는 주변 자극과 강화reinforcement의 관계를 분석해서 모든 행동을 설명할 수 있다고 믿고 있다. 즉 행동주의 심리학자는 객관적으로 관찰할 수 있는 자극 반응의 조건 형성 학습 과정에 의해 인간과 동물의 행동을 똑같은 원리로 설명할 수 있다는 것이다. 행동주의의 주장은 간단하다.

"인간과 동물의 경계를 굳이 가를 필요가 없다. 중요한 것은 자극과 반응의 연합이다."

만약 '인간은 상대방에게 호감을 느끼면 애정 행위를 하게 된다'는 명제가 있다고 하자. '호감을 느낀다'는 말은 직접적으로 관찰하기 힘든 주관적 경험이다. 주관적 경험은 외부의 행동으로 추론할 수 있는 것이지, 직접적으로 검증할 수 없기에 부적절하다. 과학적 심리학의 대상이 되려면 호감을 관찰 가능한 자극과 반응의 관계로 표현해야 한다. 그래서 행동주의심리학에서는 '호감을 느낀다'를 〔상대방 등장〕→〔상대방의 존재를 지각함〕→〔심장박동 증가〕→〔동공 확장〕 식으로 바꾸어 생각한다. 즉 호감을 느끼는 여부를 관찰할 수 있는 구체적 반응으로 명제를 바꾸는 것이다. 현재는 뇌과학이 발달해서 이 연계 뒤에 〔도파민 분비〕→〔세로토닌 분비〕가 나오고, 나중에는 〔신체적 접촉 횟수 증가〕 등이 추가될 수도 있다.

지금까지의 예에서 살펴보았듯이 굳이 마음이라는 내적 상태를 사용하지 않고도 애정 행위와 연결된 인과관계를 설명할 수 있다. 그렇기 때문에 왓슨과 같은 행동주의 심리학자들은 인지적 상태가 과학적 심리학 연구에 불필요하거나, 아예 그런 것이 존재하지 않고 다만 학자들의 필요에 의해 들여온 '설명적 허구'라고 주장한다. 행동주의 심리학의 거두였던 스키너B. F. Skinner의 경우에도 내적 상태를 블랙박스로 놓고, 명확히 관찰 가능한 자극과 반응의 연합을 통해 유기체를 설명해야 한다고 주장했다.

동물과 인간의 행동을 설명하는 데 있어서 마음을 기본적으로 가정할 필요가 없던 원리가, 인간과 기계의 관계 설정에도 마찬가지로 작용한다고 믿는다면 2033년 6월 22일의 재판 결과를 받아들이는 마음이 그다지 불편하지 않을 것이다. 마음을 중심으로 하는 논의 자체가 무의미하다. 설령 그 포스트휴먼의 아담 자신이 "그래도 내 마음은 움직이고 있다"고 말하더라도 말이다. 행동주의 심리학은 예전에 개나 쥐, 원숭이들을 가지고 인간의 행동을 설명하려고 했던 것처럼, 사변적 논의를 하기보다는 보편적 행동과학의 원리를 이끌어 내기 위해 담담히 연구를 계속할 것이다. 즉 포스트휴먼 아담에게 주어진 자극에 대해서 어떻게 행동을 하는가를 객관적으로 관찰하고 분석하는 데에 더 관심을 쏟을 것이다.

하지만 기계와 마음을 연결시키는 지적 흐름의 입장에서 보면 포스트휴먼 아담에 대해서 다른 결론을 내릴 수도 있다. 17세기 유럽에서는 근대 과학, 특히 물리학과 공학이 발달하면서 우주 전체를 기계론적 관점에서 보려고 했다. 자연 현상에 대한 기계적 결정론Mechanistic Determinism은 곧 인간에게도 적용되었다. 데카르트는 신체는 기계이나 마음은 기계가 아니라는 '심신이원론mind-body dualism'을 주장했다. 그는 동물은 마음이 없는 하나의 순수한 자동기계이지만, 인간은 신체와 마음이 따로 있기에 동물과 다르다고 주장했다. 데카르트는 예를 들어 원숭이와 같은 외모와 내부기관을 지닌 기계를 만들었다면 그 기계와 동물을 구별할 수 있는 방법이 없다고 생각했다. 하지만 인간과 똑같은 외형과 내부기관을 가진 기계를 만들었다고 해도 그 기계가 인간과 같을 수 없다고 생각했다. 아주 정교한 밀랍 인형을 보고 '사람처럼 생겼다'라고 하지만 '사람이다'라고 하지 않는 것처럼 말이다. 데카르트는 그 기계가 정말 사람인지, 아니면 단순한 밀랍 인형에 가까운 기계인지 알아보는 방법으로 언어 검사를 제안했다. 아무리 기계를 인간처럼 만들었다고 해도, 그 기계는 인간처럼 말이나 생각이 담긴 상징부호를 사용할 수 없다고 생각했다. 왜냐하면 데카르트는 기계가 인간처럼 언어를 여러 양상으로 배열할 수 없다고 생각했기 때문이다.

이에 비해 피에르 가상디Pierre Gassendi와 라 메트리La Mettrie 등은 신체뿐만 아니라 마음도 기계적 원리를 따른다고 주장했다. 그들은 데카르트가 동물을 순수한 기계라고 한 것은 옳지만, 인간은 기계가 아니라고 생각한 것은 틀렸다고 주장했다. 인간의 기제mechanism가 좀 더 크고 미묘한 조직화와 복잡성을 지니고 있을 뿐, 인간과 동물 모두 기계라고 주장했다. 그러니까 이들의 주장에 따르면 포스트휴먼 아담의 가족은 생태적으로 하드웨어가 기계였든, 세포를 가진 생명체였든 원래 차이가 없는 것이었다. 모두 기계이기 때문이다. 동물과 인간을 구분하는 차이는 없다. 모두 느낌을 갖고 있으며, 생각할 수 있는 기계이다. 그런데 동물뿐만 아니라 인공지능을 갖춘 기계가 진정 사고를 할 수 있다면 어떤가? 그 기계는 인간이라고 봐야 하지 않을까? 아니, 인간과 같은 수준의 기계라고 봐야 하지 않을까? 가상디와 라 메트리의 이론은 현재 기계의 전형인 컴퓨터에 유추하는 고전적인 인지주의로 이어졌다. 이들의 입장에 따르면 포스트휴먼을 적극적으로 옹호할 수밖에 없다.

철학자인 데카르트와 가상디 등의 입장은 다르다. 하지만 그들이 영향을 준 기계론적 심리론의 입장은 다음과 같은 핵심 주장과 공통적으로 연결되고 있다. 마음은 물질인 두뇌의 산물이다. 두뇌는 수많은 뉴런들이 모여 이루어지며, 이 뉴런들은 서로 맞물려 돌아가는 기계적 법칙에 의해 상호작용을 한다. 그리고 그 상호작용의 결과로 나타나는 것이 마음의 내용이다. 즉 마음은 두뇌의 작용을 반영한다. 그렇기 때문에 두뇌의 작용이 기계적인 한, 마음의 작용도 기계적일 수밖에 없으며 마음을 하나의 기계로 간주할 수밖에 없다고 주장한다. 뇌과학 책을 봐도 기계의 작동 원리를 설명하는 것처럼 특정한 패턴의 입력-산출의 알고리즘에 의해 현상을 설명하는 경우가 많다. 가령 얼굴 인식에 중요한 역할을 담당하는 방추회FFA는 바닥의 얼룩과 같은 자극이 입력되어도 얼굴로 인식하려고 해서 결국 귀신이나 예수의 형상으로 해당 얼룩을 처리하고 만다. 이 방추회의 사례처럼 기계적 설명은 현재 심리적 현상을 설명하는 데 있어 큰 영향력을 발휘하고 있다. 이런 기계와 마음 연결에 가장 기여를 많이 한 학자는 바로 앨런 튜링Allen Turing이다. 포스트휴먼 2세대는 어쩌면 앨런 튜링을 성인처럼 떠받들려 할지도 모른다.

기계인간을 만들려는 시도는 오디세이의 청동인간 이야기와 같은 고대 그리스 신화에서도 찾을 수 있다. 이슬람의 역사, 동양의 역사, 그리고 다빈치와 같은 르네상스의 천재들의 노트 등에서 기계인간의 아이디어는 쏟아져 나오고 있다. 그러나 그것이 어느 정도 체계를 갖춘 것은 파스칼Blaise Pascal에 이르러서였다. 파스칼은 1639년부터 6년간 초기 계산기를 만들었다. 단순한 주판이 아니다. 톱니 기계였다. 첫 번째 톱니가 1회전하면 두 번째 톱니가 1/100회전하고, 두 번째 톱니가 다시 1회전하면 세 번째 톱니가 1/100회전하도록 되어 있었다. 그런데, 이것은 현재 수도나 가스의 검침기, 휘발유 카운터 등에도 활용되는 계산기와 똑같다. 이 계산기를 일명 '파스칼 기계'라고 부른다. 파스칼은 데카르트의 생각이 잘못되었다고 여기고, 처음에는 인간도 기계와 같을 수 있다는 관점에서 마음을 바라보았다. 하지만 파스칼은 깊은 생각 끝에 결국 인간의 마음은 기계적일 수 없다는 결론을 내리게 되었다. 그러나 1670년대에 이름부터 발칙한 '인간보다 우월Superior to Man'이라는 계산기를 만든 라이프니츠G. W. Leibniz의 생각은 달랐다. 그는 계산기가 산술뿐만 아니라 논리에서도 인간의 이성적 사고를 능가하리라 생각했다.

라이프니츠는 '보편 언어Universal language' 개념을 제시했다. 숫자는 비록 표기 형태가 달라도 똑같은 개념으로 모든 종족, 국가, 문화에서 공용으로 쓰인다. 그렇다면 숫자와 마찬가지로 모든 국가와 민족이 공통적으로 쓸 수 있는 보편적 언어를 만들 수 있을까? 이러한 언어 특성은 본질적으로 논리적 위계 특성을 지닐 것이다. 그리고 개념적 조작은 수학적 셈법과 같을 것이기에, 숫자를 부여해서 그 개념을 나타낼 수 있을 것이라고 파스칼은 생각했다. 그렇다면 어떤 문제가 생겨도 서로 논란을 벌일 필요 없이 체계를 계산하면 되지 않을까? 이런 라이프니츠의 생각은 인간이 사고한다는 것은 계산한다는 것에 지나지 않는다는 철학자 토마스 홉스의 생각을 발전시킨 것이다. 그리고 이러한 라이프니츠적 입장은 현대 인지주의Cognitivism와 비슷하다. 라이프니츠의 생각은 19세기 중반의 '분석 기계Analytic Engine'을 만든 배비지C. Babbage의 계산 기계 이론 발전에도 큰 도움을 주었다. 배비지의 이론은 오늘날 프로그램 가능한 컴퓨터의 이론적 원형이기도 하다.

지금까지 시대와 지역이 다른 여러 사람의 이름이 나왔다. 그런데 그 여러 학자의 연구 결과는 1930년대에 이르러 하나의 과학자의 업적에 모아진다. 그의 이름은 앨런 튜링Allen Turing이다. 현상을 표현하는 언어에는 인간의 일상 언어가 있고, 자연을 기술하는 수학 언어가 있다. 그런데 앞서 라이프니츠의 생각을 설명하며 이야기했듯이 현상은 수학적으로 유한하게 기술할 수 있다. 그런데 구체적으로 어떻게 기술할까? 학교에서 배운 것처럼 일반 언어로 된 명제를 밴 다이어그램을 그리거나, 진리값으로 표현하는 것을 예로 떠올린다면 쉽게 이해할 수 있을 것이다.

수학적으로 기술할 수 있다는 것은 곧 계산할 수 있다는 의미이기도 하다. '계산할 수 있다'는 말을 다르게 표현하면 계산 가능성computability이다. 계산 가능성은 현재의 인공지능과 컴퓨터의 발전에 큰 영향을 끼쳤는데, 이 개념을 명확히 하고 심리 현상에까지 적용한 것이 '튜링 기계 이론'이다. 튜링은 기계와 인간의 마음에 대해 다음과 같이 주장했다. 일반적으로 형식 체계란 두 가지 요소로 구성된다. 일련의 기호 요소들(알파벳)의 집합, 그리고 이들을 구성하고 변환시키는 명백하고 유한한 알고리즘 규칙과 절차이다. 알고리즘은 어떤 수리적 조작을 수행하는 기계적 규칙(프로그램)을 의미한다. 프로그램은 세부 절차가 단계적으로 수행되면 그에 맞는 출력이 나온다는 뜻이다. 예를 들어 형식 체계 T의 알고리즘적 규칙이 주어진다면 체계 T의 정리들을 기계적으로 하나씩 산출할 수 있는 기계 Tm을 구현할 수 있다. 마찬가지로 무한한 기억을 지닐 수 있는 컴퓨터가 있다면, 그 기계의 출력이 형식 체계 Tm의 정리들과 동일한, 어떤 특정 형식 체계 Tj를 발견할 수 있을 것이다. 그렇다면 어떤 형식 체계도 기계로 간주할 수 있으며, 반대로 어떤 기계도 형식 체계로 간주할 수 있다는 법칙을 세울 수 있다. 튜링은 이에 한 걸음 더 나아가 '보편 튜링 기계Universal Turing Machine 정리'를 제시하고 이를 증명했다. '보편 튜링 기계 정리'란 어떠한 튜링 기계 Tm에 대해서도 이를 모사할 수 있는 보편 튜링 기계 Um이 존재한다는 것이다. 즉 보편 튜링 기계는 범용 컴퓨터와 같은 것이다. 보편 튜링 기계의 존재는 큰 의의를 지닌다. 사칙연산 기계, 장기 두는 기계, 문서 복사 기계, 그림 그리는 기계 등을 각각 따로 만들 필요가 없다. 서로 다른 일을 하는 기계를 모사할 수 있는 하나의 보편 튜링 기계만 있으면 된다. 단지 각 튜링 기계를 합한 기억 및 처리 능력만 갖고 있으면 된다. 그리고 이런 생각은 보편 튜링 기계로서의 인간의 마음에 대한 새로운 통찰을 제공했다.

우리가 타인의 마음을 이해한다는 것은 타인의 행동을 보고 아는 것이다. 그런데 인간의 행동을 그대로 모사할 수 있는 기계를 만들 수 있지 않을까? 셈하는 사람, 장기 두는 사람, 문서 복사하는 사람 등의 행동을 모사하는 기계를 만들 수 있다면 어떨까? 그런데 기계란 형식 체계이다. 그렇다면 인간도 상징을 받아들여 추론 규칙을 적용해 출력을 내어놓는 형식 체계로 간주할 수 있다. 결국 형식 체계에 적용하는 논리와 법칙을 사용해서 인간의 마음도 설명할 수 있으며, 다양한 인간의 마음을 모사하는 보편 기계까지 만들 수 있다는 결론을 내리게 된다.

튜링은 이러한 결론을 확인하는 방법으로 '튜링 검사Turing test'를 제안했다. 이 검사는 튜링 기계와 인간, 그리고 질문자가 필요하다. 그런데 만약 이 세 개체 사이의 의사소통이 문자로만 이루어진다면 어떻게 될까? 질문자는 자신이 한 질문에 대해서 오로지 자신에게 주어지는 문자 내용을 보고 그 답이 튜링 기계에서 나온 것인지 인간에게서 나온 것인지를 판별해야 한다. 만약 질문자가 그 차이를 구별할 수 없다면 튜링 기계는 '튜링 검사'를 통과한 것이며, 인간과 같이 사고할 수 있다고 결론지을 수 있다.

그런데 가장 기본적인 의문이 남을 수 있다. 정말 인공적으로 마음을 만들 수는 있는 것일까? 양자 물리학자인 로저 펜로즈Roger Penrose는 그의 저서 〈황제의 새 마음*New Emperor's Mind*〉(이화여자대학 출판부, 1996)에서 불가능하다고 못 박았다. 하지만 마빈 민스키나 새뮤엘 페이퍼트Samuel Papert 등의 인공지능학자들은 충분히 가능하다고 본다. 그리고 신경과학자 중에서도 이에 동의하는 학자가 있다. 항체 구조에 대한 연구로 노벨상을 수상한 제럴드 에델먼Gerald Edelman과 같은 신경과학자는 인공적으로 인간의 마음을 만들 수 있다는 것에 대해 긍정적인 의견을 내놓고 있다. 제럴드 에

델먼은 뇌의 변이에 대한 '뉴런 다위니즘neural Darwinism'이라는 용어를 만든 권위자이기도 하다.

튜링이 획기적인 공헌을 한 기계로서의 마음에 대한 생각은 21세기에 접어든 후 전혀 다른 지평을 열어가고 있다. 기계가 인간의 사고 과정을 흉내낼 수 있을 뿐더러, 동등해지거나 아예 우월할 수도 있으며, 우리를 전혀 다른 종으로 만들 수 있다는 전망까지 나오고 있다.

5 세 가지 전망

미국 워싱턴포스트의 기자인 조엘 가로Joel Garreau는 저서 〈급진적 진화*Radical Evolution*〉(지식의숲, 2007)를 통해 기술 발달에 의한 인류의 변화에 대한 세 가지 시나리오를 소개하고 있다. 조엘 가로는 그 시나리오에 '천국', '지옥', '주도'라고 각각 이름을 붙였다.

천국 시나리오는 트랜스휴머니즘을 긍정적으로 보는 견해이다. 마빈 민스키의 제자이자 발명가이며 미래학자인 레이 커즈와일은 저서 〈특이점이 온다〉에서 상당히 낙관적인 주장을 펼쳤다. 제목에 쓰인 특이점singularity은 원래 천체물리학에서 블랙홀 안의 무한대의 밀도와 중력을 지닌 한 점을 뜻하는 용어였다. 그런데 레이 커즈와일은 이 용어를 사회경제학적으로 확장해서 '너머를 알 수 없을 정도로 커다란 단속적 변화가 이뤄지는 시점'이라는 의미로 사용했다. 즉 특이점을 지나면 그 이전 상태로 되돌릴 수 없을 정도의 질적인 변화를 겪게 된다는 것이다.

유전공학, 나노기술, 인공지능, 정보기술의 혁명적 발달로 인해 인간은 인간 자체의 조작이 가능하게 되었다. 유전공학 발달을 통해 생물학의 원리들을 자유롭게 조작하여 맞춤 아이를 생산할 수도 있다. 나노기술을 통해 새로운 물질을 만들어 신체기관을 대체하도록 하거나 나노봇을 만들어 신체에 주입하여 특정한 기능을 하게 할 수도 있다. '기술 가속의 법칙'에 따라 정보기술은 기하급수적으로 성장하고 있기 때문에 족히 100년은 걸릴 것 같은 일이 1년 만에 가능해지고 있으니, 정보기술은 인공지능 기술 발달과 더불어 인간의 정보처리 양식도 혁신적으로 변화시키고 있다.

트랜스휴머니즘은 질병을 고치는 것이나, 장애를 보조하는 수단을 넘어설 수 있다. 천국 시나리오를 믿는 사람들은 트랜스휴머니즘 기술을 통해 인류 모두가 지금보다 훨씬 강화된 새로운 존재로 거듭날 수 있다고 주장한다. 심지어 레이 커즈와일은 "영원히 죽지 않으며 전지전능한 신과 비슷한 존재"가 될 수도 있다고 주장하고 있다.

그러나 인공지능이라는 용어를 만들기도 한 존 맥카시John McCarthy 박사의 경우는 커즈와일의 '특이점singularity'에 대해 완전히 말도 안 되는 상상이라고 생각하고 있다. 설사 그런 일이 일어나더라도 구체적 아이디어가 없는 레이 커즈와일에 의해서는 아닐 것이라고 못을 박는다. 존 맥카시 박사는 천국 시나리오 자체를 부정하는 것은 아니다. 구체적 방법론에서 시나리오의 정교함이 필요하다는 지적을 하고 있다. 존 맥카시 박사의 경우에서도 확인할 수 있듯이 학자들마다 천국 시나리오에 대한 구체적 내용이나 신념 정도는 저마다 다르다. 하지만 트랜스휴머니즘이 가져

올 변화가 상상을 초월할 것이라는 것에는 동의하고 있다. 조엘 가로는 그의 저서에서 천국 시나리오 주창자로 몇 사람을 다음과 같이 소개하고 있다. 유전자를 조작해 인간의 능력과 상태를 원하는 대로 강화할 수 있을 것이라고 주장하는 그레고리 스톡Gregory Stock, 분자 수준의 제조를 꿈꾸는 나노기술의 개척자 에릭 드렉슬러Eric Drexler, 인간의 후손 내지는 동반자가 될 기계 지능의 무한한 발전을 예상하는 한스 모라벡Hans Moravec, 인공지능의 대부인 마빈 민스키, 로봇공학의 대가 로드니 브룩스Rodney A. Brooks, 영국 옥스퍼드 대학 철학교수인 닉 보스트롬Nick Bostrom 등은 그 이름만으로도 미래가 환히 빛나는 듯한 착각이 들 정도다.

그 중에서도 가장 눈여겨봐야 하는 사람은 마빈 민스키이다. 레이 커즈와일과 로드니 브룩스 등 그의 제자들이 천국 시나리오를 세계에 널리 퍼뜨리고 있기 때문이다. 마빈 민스키는 1988년 쓴 〈조직화된 마음*The Society of Mind*〉(Simon & Schuster, 1988)에서 뇌가 기억, 지각, 감각이라는 여러 요소에 의해 서로 연락하여 발전하는 하나의 사회처럼 조직되어 있다고 주장했다. 인공지능에 대한 가장 강력한 신념을 갖고 있는 민스키조차 현재 기계의 물리적 능력은 아직도 매우 빈약하다는 사실을 인정한다. 어린아이는 생후 10개월만 되어도 가까운 사람을 구별하지만, 기계는 그렇지 못하다. 기계는 말을 할 수 있지만 어린아이처럼 잘하는 것은 아니다. 그러나 또 한 가지 고려해야 할 것은 이들 지능 기계는 아직 나이가 고작해야 몇 십 년이지만, 인간은 수백만 년 진화의 산물이란 점이다. 민스키는 기계가 한두 세대 정도 지나면 인간의 지능보다 더 낫게 될 것이라고 보고 있다. 인간을 추월하는 기계를 잘 이용하거나, 아예 인간이 그 기계와 결합하거나 기계 그 자체가 된다면 과학으로 이상적인 사회를 구현할 수도 있을 것이라는 생각이 바로 이 천국 시나리오의 모태이다.

영국 옥스퍼드 대학 철학과의 닉 보스트롬Nick Bostrom 교수는 뇌의 영역별 기능이 완전히 규명되고 이를 대체할 기술이 발전하면, 애써 전문지식을 배울 필요 없이 '계산 모듈' '언어 모듈' '관리 모듈' 등을 업로드해서 전문가 수준으로 단번에 도약하게 되는 시대가 올 것이라고 주장한다. 닉 보스트롬 교수는 "생물적 뇌를 가진 현재의 인간은 업로드족과의 경쟁에서 밀릴 것이 뻔하고, 업로드족은 자신의 뇌를 복제하는 식으로 자손을 퍼뜨려 미래의 새로운 종으로 자리 잡을지 모른다"고 전망하고 있다. 거의 SF소설에 가까운 내용이지만 뇌-컴퓨터 인터페이스BCI(Brain-Compurter Interface)나 뇌-뇌 인터페이스BBI(Brain-Brain Interface) 등 현재 진행하고 있는 융합 과학 프로젝트를 보면 충분히 가능성은 있는 이야기이다.

그러나 지옥 시나리오도 만만치 않다. 선마이크로시스템즈의 공동 창립자이자 기술책임자였던 빌 조이Bill Joy가 지옥 시나리오를 주창하는 대표적 인물로 손꼽힌다. 빌 조이는 2000년 4월 「와이어드 매거진Wired Magazine」에 기고한 "미래는 우리를 기다리지 않는다Why future doesn't need us"라는 글에서 앞으로의 산업계의 추이를 'GNR'이라는 세 단어로 요약했다. GNR이란 유전공학Genetics, 나노기술Nano Engineering, 로봇Robotices의 이니셜을 뜻한다. 미래의 산업은 결국 'GNR'로부터 자유로울 수 없으며, 유나바머의 선언문 등을 인용하며 이 기술을 폐기해야 함을 주장하고 있다.

천국 시나리오와 지옥 시나리오의 핵심은 새로운 물질과 기계와 약과 로봇을 활용하여 단순히 생명을 연장시킬 것이냐 마느냐의 논의가 아니다. 예전의 인류와는 완전히 다른 성격의 인류가 창출되는 트랜스휴머니즘의 시대를 선택할 것이냐 마느냐의 문제이다. 그래서 시나리오에 대한 찬반양론은 기술적 구현 가능성 자체에 대한 낙관론이나 비관론보다는 윤리적 차원에서의 논의로 흐르게 되는 경우가 많다. 그러한 논의를 구체적으로 소개하자면 다음과 같다.

미국 존스홉킨스 대학의 정치-경제학자이자 철학자인 프랜시스 후쿠야마Francis Fukuyama는 "자연의 질서를 존중하고 따르며, 이를 간단히 바꾸거나 할 수는 없다고 생각하는 게 분별 있는 행동이다"고 주장하며, 유전자공학 뿐만 아니라 다른 기술도 제한하길 바라고 있다. 생명윤리학자인 조지 아나스George J. Annas는 생명을 다루는 기술을 "인간성에 반하는 범죄"라고 부르며 이를 금지하라는 주장을 일관되게 내놓고 있다. 이런 주장을 하는 학자들은 인간의 이익이나 효율성에 따라 자연 상태를 변화시키려는 것은 지적 오만이며, 과학기술을 통해 인간의 몸과 마음을 바꾸는 것은 인간 고유의 존엄성을 위협하는 것이라 주장한다. 하지만 2005년 세계 트랜스휴머니스트협회에서 수여하는 H. G. 웰스 상 수상자이기도 한 과학기술 전문가 라메즈 남Ramez Naam은 2005년의 저서 〈인간의 미래—생명공학이여, 질주하라〉(동아시아, 2007)를 통해 다음과 같이 반론을 제기한다.

첫째, 치료와 능력 강화는 밀접히 맞물려 있기 때문에 그 사이에 분명한 선을 그을 수 없기에 윤리적 문제를 제기하는 것 자체가 어불성설이다. 알츠하이머병을 비롯한 심장병과 암 발병의 억제, 시력과 신체 마비 회복에 관한 유망한 연구는 우리를 더 젊게 만들어주고, 기억력을 개선시켜주며, 뇌 인터페이스를 가능케 해준다. 모두 우리 자신의 능력을 증강하는 연구와 연결되어 있다. 따라서 능력 강화를 위한 연구를 중지하면 필연적으로 환자나 장애자를 치료하려는 연구도 멈출 수밖에 없다.

둘째, 생명공학 연구를 금지한다면 오히려 음지에서 연구를 하게 되어 일부 과학자들의 비밀 작업을 통해 올바르지 않은 왜곡된 결과로 사태를 악화시킬 수 있다. 만약 공개적으로 연구를 하게 한다면, 경쟁과 상호 비판을 통해 올바른 방향으로 과학기술이 발전할 수 있다. 그런데도 윤리적 문제를 이유로 금지한다면 연구도 음지에서 진행되어 예상하지 못할 부작용이 생길 수 있다. 그리고 만약 유의미한 결과물이 나온다고 해도 공개되지 못해 암시장을 통해 유통되어 결국 결과물은 엄청난 고가품이 되어 비판론자들이 주장하는 것처럼 빈부격차에 의해 신체적 · 심리적 상태가 영원히 달라지는 사회가 되고 말 것이다. 그러므로 오히려 열린 공간에서 활발하게 연구가 진행될 수 있도록 해서 위험을 방지해야 할 것이다.

셋째, 인간의 정신 상태를 통제하는 기술이 나오면 인간 정체성에 대한 의문이 제기될 것이 분명하지만, 새로운 생명과학기술이 인간 정체성의 본질을 심하게 변모시키는 것인가는 비판적으로 생각해봐야 한다. 사실 우리는 끊임없이 변하고 있다. 우리가 겪는 경험은 지적으로나 정서적으로나 신경생물학적으로 우리를 어떻게든 변화시킨다. 지금 이 순간에도 뉴런의 움직임에는 변화가 있고, 다른 신체기관도 분자 수준에서의 변화가 있으며, 심리적으로도 계속 변화하고 있다. 이런 변화가 정체성의 변화에도 영향을 줄 것임이 분명하다. 하지만, 그렇다고 이런 변화를 배격해야 하는 것이 아니듯이 새로운 과학기술에 대해서도 좀 더 너그러운 태도를 가져야 한다고 라메즈 남은 주장한다.

넷째, 인간은 과학의 발전을 통해 더 빠르게, 더 강하게, 더 현명하게, 더 오래 살 방법을 찾아왔다. 그 연장선에 있는 생명공학이 자연의 섭리에 반한다는 논쟁은 비현실적이라고 라메즈 남은 주장한다. 인간이 자기 자신을 바꾸고 개선하려는 충동은 자연스러운 본성의 하나인데, 그것과 관련된 과학기술이 익숙하지 않다는 이유로 배격되는 것은 합리적이지 않다는 것이다. 라메즈 남은 1798년 에드워드 제너Edward Jenner의 천연두 백신은 자연의 섭리에 반하고 인류에 어긋난다며 신문의 사설과 교회의 설교에서 자주 공격받았던 사례와 현재의 트랜스휴머니즘을 위한 과학 발전에 대한 비판을 빗대어 현재의 상황을 설명하기도 했다.

백신, 마취, 수혈 등 역사적으로는 자연의 섭리에 관여하는 것으로 비판받았지만 지금은 의료 과정의 일부로 당연시되고 있는 기술이 많다. 인간과 기계의 구분이 무의미해지는 트랜스휴머니즘과 관련된 미래 과학기술도 현재에는 논란에 빠져 있다. 하지만 커즈와일이 예견했듯이, 꼭 그가 말한 것처럼 굳이 2030년이 아니더라도 그 언젠가 특이점으로 모든 것이 수렴되고 있는 시대적 흐름을 고려한다면 단순히 낯설다는 이유로 배격해서는 안 된다. 그보다는 그 기술이 인류의 진보와 학문의 발전, 사회 발전에 어떤 의미가 있느냐를 더 진지하게 살펴봐야 한다.

캐나다의 ETC 그룹 같은 경우는 융합 과학기술에 대해서 비판적인 입장을 지니고 있다. 그들은 '커다란 몰락The Big Down'이라는 2003년 보고서를 통해 미래 과학기술을 통해 결국 인류는 트랜스휴머니즘의 진화를 하는 것이 아니라, 실망스러운 퇴보를 하게 될 것임을 경고하고 있다. ETC 그룹은 융합 과학기술의 힘은 인정한다. 그러나 이 힘에 대한 적절한 관리가 이뤄지지 않는다면 자유가 아니라 오히려 통제가 더 많아지고, 기존의 인류(혹은 심지어 동물)로서의 미덕까지도 잃어버리게 될 수도 있음을 주장하고 있다. 예를 들어 뇌와 뇌를 연결시켜 커뮤니케이션을 하는 뇌-뇌 인터페이스BBI 기술이 발전한다면, 이론적으로는 한 사람이 수천, 수만 명의 사람의 뇌에 접속해서 동시에 자신의 감정과 생각을 퍼뜨릴 수 있다. 이런 경우 송신자sender의 자유가 아니라 수신자receiver의 '인지적 자유권cognitive liberty'이 문제될 수 있다. 이미 이와 관련된 문제는 신중한 논의가 필요한 단계에 와 있다.

1998년 3월 신경학자 필 케네디Phil Kennedy와 신경외과 전문의 로이 배케이Roy Backay는 상이용사인 마비 환자 조니 레이Jonny Ray의 뇌에 기계 장치를 이식했다. 당시 이식한 장치에는 전극이 하나만 있었다. 인간의 뇌에 운동 제어 뉴런이 수십억 개에 달하는 것으로 알려진 것을 생각하면 겨우 한 개의 전극으로 신호를 보내는 것은 무의미해 보였다. 하지만 훈련을 통해 조니 레이는 모니터 화면의 커서를 움직여 스크린상의 키보드로 문자를 칠 수 있을 정도가 되었다. 이 분야는 계속 발전해 미국 노스캐롤라이나 주 듀크 대학 신경생물학자 미구엘 니콜렐리스Miguel Nicolelis는 2000년에 붉은털원숭이의 뇌에 이식한 전극 물질로 로봇 팔을 움직이는 데 성공한 데 이어 2003년에는 뇌 일부에 미세한 프로브probe(탐침)를 이식해 원숭이가 비디오 스크린을 보면서 조이스틱을 움직여 로봇 팔을 뻗고 물건을 움켜쥐도록 하는 성과를 거두기도 했다. 이 모든 것이 프로브에 연결된 컴퓨터 화면에 나타나는 원숭이 뇌의 전기적 패턴을 분석해서 마음을 읽었기에 가능한 일이었다. 붉은털원숭이의 뇌 구역 중 운동신경을 제어하는 부분에서 전기 신호를 포착해 이를 수천 킬로미터 떨어진 일본에 있는 연구소의 로봇에 실시간으로 입력할 수 있다. 미국 샌디에이고에 위치한 캘리포니아 대학 인지신경과학 연구팀은 생각만으로 컴퓨터 게임 속의 자동차와 비행기를 조종하는 방법을 개발해내기도 했다. 연구 책임자인 하이미 피네다Jaime Pineda 박사는 "뇌는 실제와 상상을 구별하지 못하기 때문에, 움직임을 상상하는 것만으로도 뇌 운동중추가 활성화되는 것"이라고 그 원리를 밝혔다. 이 기술은 자폐증 아동을 치료하는 데도 활용된다. 자폐증 환자들은 뇌 구역 사이의 연결성이 활발하지 못한데, 뇌파를 이용한 컴퓨터 게임을 10주에서 20주 정도만 해도 증상이 완화되어 사회성이 높아질 수 있다.

사람의 두뇌와 컴퓨터를 연결하는 '뇌-컴퓨터 인터페이스BCI' 연구를 통해 의료 분야, 특히 재활에 새로운 변화가 불고 있다. 뉴욕의 워즈워드 센터Wadsworth Center의 연구팀은 사람들의 머리에 전극을 부착해서 글자를 타이핑하게 만드는 시스템을 시험 중이다. 이 기술은 CNN의 인터넷 판 2010년 2월 5일자 뉴스를 통해 소개되기도 했다. CNN은 '생각만으로 이메일을 쓴다Writing e-mails with her mind'라는 제목의 뉴스를 통해 루게릭병에 걸린 환자가 뇌파기기를 이용해서 이메일을 쓰는 모습을 소개했다. 루게릭병 판정을 받은 캐시 워프Cathy Wolf는 10년 전 와병 후 병세가 악화되어 현재는 눈썹만을 움직일 수 있는 상태다. 의료진은 눈썹의 움직임만으로 의사소통을 가능케 하는 특수기기를 캐시의 머리에 부착했다. 그러나 조만간 눈썹 근육마저도 무기력해질 때를 대비해 뇌파로 이메일을 작성하는 '뇌-컴퓨터 인터페이스'를 부착해서 이에 적응하는 훈련을 진행 중이다. 뇌파 감지를 통해 머릿속에서 생각하는 알파벳이 화면에 뿌려질 수 있도록 연구개발을 진행하고 있다.

한편 미국 매사추세츠에 거주하는 척수마비 20대 청년 매튜 네이글Matthew Nagle은 칼에 찔려 척수가 절단되는 사고를 당해 전신이 마비됐다. 하지만 2004년에 로드아일랜드 병원에서 BCI 전문기업 사이버키네틱스 뉴로테크놀로지시스템스 사가 개발한 신경 인터페이스 시스템 '브레인게이트BrainGate'를 이식받은 다음 결국 재활에 성공했다. 사이버키네틱스의 연구 개발 최고책임자인 브라운 대학의 뇌과학자 존 도나휴John Donahoe 박사가 개발을 주도

한 '브레인게이트'는 마이크로미터 단위의 100개의 미소 전극을 포함한 4밀리미터 정도의 알약 크기 센서로 이뤄져 있다. 이 장치는 뇌에서 자신이 마음먹은 대로 할 수 있는 운동을 담당하는 운동피질 표면에 이식됐다. 여기에서 전극은 주위의 뉴런으로부터 전기 신호를 포착해 환자의 두피에 1인치 정도 돌출한 티타늄 받침대로 전송한다. 전송된 신호는 복잡한 케이블을 타고 컴퓨터에 연결되어 원하는 동작을 이끌어낸다. 브레인게이트를 이식한 사람은 움직임을 상상만 하면 된다. 그러면 그런 상상을 하는 뇌의 뉴런의 움직임(패턴)을 모니터링해서 시스템이 어떤 동작을 원하는지 판단을 하여 그에 맞는 반응을 하게 된다.

이 모든 것이 프로브에 연결된 뇌의 전기적 패턴을 분석해 마음을 읽었기에 가능한 일이다. 즉 뇌의 패턴과 인지적 기능에 대한 인지과학적 연구가 없었다면 이런 의료 관련 프로젝트의 성공은 불가능하다. 물론 아직 뇌의 작동 기제에 대한 비밀이 다 밝혀진 것이 아니라 이런 전극 이식을 통한 컴퓨터 제어는 제한적인 수준에 머물고 있다. 하지만 앞으로 뇌가 어떻게 부호화하는지를 나노스케일로 측정해서 밝혀낸다면, 고차원적 인지 기능들의 암호를 해독할 수 있다.

라메즈 남은 그의 책에서 "심지어 생각이나 기억, 감정 같은 뇌 속의 개인적 콘텐츠를 다른 사람의 뇌로 직접 송신하는 일도 가능해질 것"이라고 예견하고 있다. 미래학자인 커즈와일도 어떤 사람의 기억을 컴퓨터와 다른 외부 저장 장치에 파일로 복사할 수도 있고, 이를 이용해 수십 년 동안 기억을 완벽하게 저장할 수 있을 가능성을 제기하고 있다. '뇌-컴퓨터 인터페이스'는 결국 부작용이 걱정되는 약이나 유전자 치료보다 훨씬 강력하고 정확한 도구가 될 것이다. 약은 혈류를 타고 뇌 안으로 들어가 복잡한 뉴런 네트워크를 헤집어 결국 자기에게 맞는 뉴런에게만 영향을 주는 친화성을 지니며, 그 정도를 제어하기가 힘들다. 그렇기 때문에 부작용이 일어나기가 쉽다. 하지만 '뇌-컴퓨터 인터페이스'는 사용자가 직접 제어할 수 있고, 자기의 뇌에서 꼭 반응이 일어나야 하는 특정 영역의 뉴런을 대상으로 정확하게 작용하며, 효과도 즉각 나타나고 부작용도 적다는 측면에서 커다란 이점이 있다. 커즈와일의 주장에 따르자면 생명공학Genetics, 나노기술Nanotech, 로봇Robotics의 세 분야가 차례로 급속한 발전을 통해 임계점을 넘으면서 2030년이 되면 BCI 기술을 통해 인간이 자기의 신체를 조작하거나 신체 없이도 외부 물질을 조작할 수 있을지도 모른다.

현재는 전극을 통해 시스템을 제어를 하고 있지만, 나노과학이 발전해서 아주 작은 프로브가 나온다면 간단한 혈관 내 수술endovascular surgery로 광대역의 정보를 주고받을 수 있게 된다. 마치 인터넷에 접속하듯이 신체의 탐침을 통해 영상이나 음향, 감각을 직접 주고받는 일이 가능해질 수 있다. 이와 관련해서 라메즈 남은 고밀도 대용량 임플란트와 접속하면 기억이나 주의력, 언어, 지각, 기타 고차원적 뇌 기능에 관한 새로운 통찰력을 얻을 수 있으며, 결국 이렇게 되면 신경 인터페이스는 기본적으로 새로운 정보기술이 되는 것임을 강조하고 있다. 라메즈 남은 그의 2005년 책에서 다음과 같이 주장한다.

"우리는 신경 인터페이스를 이용해 언어나 영상, 음성, 감각, 감정 등을 통합한 커뮤니케이션 할 수 있게 될 것이다. 서로 다른 형태의 정보를 마치 손짓 발짓 섞어 가며 말하는 것처럼, 아니 이보다 훨씬 효과적으로 일체화해 전달할 수 있을 것이다."

그리고 라메즈 남은 나아가 다음과 같이 미래를 예견했다.

"감각, 감정, 발상을 디지털 정보로 변화시킬 수 있다면 10여 명의 친구이거나 천 명의 낯선 사람이거나 간에 〔중략〕 그들과 정보를 공유하는 일도 마치 한 사람에게 정보를 보내는 것이나 똑같이 간단히 해치울 수 있다."

이것은 '언제, 어디서나, 어떤 필요한 정보이든지 접속할 수 있다'는 유비쿼터스 커뮤니케이션의 개념 틀을 뛰어넘어 혁신적인 의사소통의 패러다임에 대한 것이다. 결국 미래 사회는 스포러Spohrer 박사 등 IBM의 미래과학 전문가 그룹이 예견한 것처럼 지식 기반의 사회가 확장된 개념으로, 정보와 경험이 유통되는 '서비스 사회'가 될 확률이 높다. 그렇다면 '뇌-컴퓨터 인터페이스' 관련 기술도 의료 기술에서 머무는 것이 아니라 IT와 접목되어 비약적 발전을 거둘 가능성이 크다. 이때 인터페이스를 개발하는데 인지과학 연구를 바탕으로 구현할 수밖에 없다. 뇌의 인지적 지도 없이 아무리 첨단 기계를 개발한다고 한들 결국에는 소용이 없을 것이기 때문이다. 이런 BCI 기술의 발전은 결국 BBI로 이어질 것이며, 시장 잠재성과 같은 경제적 차원의 논의를 뛰어넘어 이것은 인류의 심리적 구조와 사회의 엄청난 변화를 가져올 것이다.

라메즈 남이 지적했듯이 "메시지를 이메일로 전송하거나 웹사이트에 올리는 것과 같이 우리 내부의 마음을 폭넓게 발신할 수 있게 되는 월드 와이드 마인드의 시대"가 온다면 어떻게 될까? 일부러 지옥 시나리오가 실제로 이뤄지기를 바라는 사람은 없을 것이다. 천국 시나리오의 도래를 원한다면 월드 와이드 웹에 맞는 사이버 윤리가 필요하듯이 '월드 와이드 마인드'에 새로운 규범부터 형성되어야 할 것이다. 앞서 지적했던 '인지적 자유권'에 대한 논의도 새로운 규범을 만드는 것에 꼭 필요한 윤리적 개념 중의 하나이다. 이런 새로운 윤리적 문제는 과거의 과학기술과 관련된 윤리와는 또 다른 차원의 인간 존엄성과 사회 민주화 등 다양한 철학적, 사회과학적 문제와 연결되는 복잡성을 갖고 있다. 따라서 미래의 융합 과학기술은 그 기술의 실현가능성 뿐만 아니라 그 기술이 인류의 진보와 학문 발전, 또한 사회적으로 어떤 시사점을 가지고 있느냐를 고려해서 발전해야 할 것이다.

과학기술이 인간의 욕구와 관련된 문제에 창의적으로 적용되기만 한다면 인류의 진보를 가져다 줄 것이다. 그리고 이런 창의적인 적용에 큰 역할을 담당할 것이 바로 인지과학과 사회과학이다. 인간과 인공물의 경계가 무너지는 미래 사회에서 인간-인공물 관계의 기초학문인 인지과학기술의 연결이 없이는 기본적 적용조차 불가능하다. 나아가 인간의 마음 혹은 로봇, 웹 등 지능형 시스템이 들어가는 모든 제품과 사회 요소에 대한 경쟁력 있는 과학기술의 창의적 적용을 위해서도 인지과학은 필요하다.

인지과학뿐만 아니라 미래의 융합 과학기술에는 사회과학의 역할도 더 중요해질 것이다. 왜냐하면 사회과학이 현재의 주요 문제에 대해서 명확한 해결책을 제시해주지는 못하지만, 융합이 인간 사회에 어떤 영향을 줄 수 있는가에 대해서는 풍성한 아이디어를 모으는 효과는 있기 때문이다. 미국의 경우만 해도 사회학자인 윌리엄 베인브리지William Bainbridge가 미국 과학재단NSF의 나노과학 책임자나 고도의 정보처리 통신기술개발계획HPC(High-performance computing)과 같은 첨단 컴퓨팅 프로젝트의 연구 지원금 책임자로 배정할 정도로 사회과학적 요인의 중요성을 인식하고 있다.

미국의 미래 과학기술 패러다임인 NBIC(NT-BT-IT-CogT) 프로젝트의 면모를 살펴보면 인간의 능력을 증진시키고 과학기술이 발전하기 위해서는 인간의 윤리, 도덕, 가치, 집단 역동 등의 문화사회적 요소와 인간 인지 특성을 융합 과학기술의 중요한 한 요소로 도입하고 있음을 확인할 수 있다. 미국 과학재단이 개인 간, 집단 간, 조직 내 커뮤니케이션의 중요성을 부각시키고 커뮤니케이션의 효율화를 중요한 연구 주제의 하나로 포함시키는 것도 같은 맥락에서 연유한다고 하겠다.

과학기술은 진공상태에서 존재하지 않는다. 그것을 쓰는 사용자의 생활양식을 변화시키고, 사회 시스템과 역사, 다른 기술의 발달에 영향을 준다. 과학기술은 끝없는 연쇄반응의 고리를 가지고 있는 것이다. 그래서 빌 조이는 "기술 발달에 기하급수적 변화의 커브가 존재"하며 "이 같은 커브의 진행을 막을 수 없고 그 결과 말할 수 없이 끔찍한 일이 뒤따르게 될 것"이라고 경고한다. 그는 나노머신의 무한 자기복제로 인해 지구의 모든 물질과 에너지를 빨아들여 '그레이 구Grey Goo'가 생성될 것이며, 유전자 조작으로 만들어진 병원균이 인류의 생존을 위협할 수 있는 가능성을 제기한다. 그리고 상상을 초월한 재난, 인류와 생태계의 파괴 앞에서 속수무책일 수밖에 없으니 기술 개발을 중단할 것을 주장하고 있다.

한편 천국과 지옥 시나리오와는 다르게 '주도 시나리오'를 주장하는 사람도 있다. 대표적인 사람이 재런 래니어Jaren Lanier이다. 재런 래니어는 특이점에 의한 이득을 인정한다. 하지만 "인간이 수동적으로 기술 발달의 흐름에 휩쓸리는 것이 아니라 자신들의 의지와 합의로 방향과 속도를 조절할 수 있을 것"이라며 제3의 대안을 주장한다. 즉 천국이나 지옥 시나리오 중 하나만 선택하는 것이 아니라, 실수를 반복하고 시행착오를 거치면서도 한 걸음씩 나아가는 인간의 역사가 계속될 것이라는 생각을 하고 있다. 〈급진적 진화〉의 저자인 조엘 가로도 이 주도 시나리오에 가까운 관점을 갖고 있는 듯하다.

그러나 현재로서는 어떤 시나리오가 맞는지를 못 박을 수 없는 상황이다. 단지 관련 기술이 혁신적으로 발전하고 있다는 것만 확실한 상황이다. 그렇다고 해서 지금 당장 인공장기로 된 기계에 가까운 인간에 '실효성 있는 마음virtual mind'을 넣을 수 있는 것은 아니다. 하지만 관련 주제에 대한 진지한 고민을 하기는 해야 한다. 왜냐하면 기술의 질주에는 가속도가 계속 붙어, 먼 미래의 일이라고 생각한 것이 훽 눈앞에 던져질 것이기 때문이다. 1990년대 중반만 해도 나노과학자는 상온 핵융합을 이야기하는 사람들만큼이나 허황된 사람들로 여겨졌다. 하지만 불과 10여 년이 지난 지금은 그렇지 않다. 상상을 뛰어넘는 나노기술의 발달에 대해서 당황할 정도이다. 기술의 가속도란 그런 것이다. 과학의 역사가 이를 증명하고 있다. 아직은 낯선 인지과학에 대해서 진지한 철학적 성찰을 해야 하는 것도 같은 맥락에서 필요하다.

CHAPTER II

정치—리바이어던이 **춤추는** 행복한 **세상**

1 무한한 자유와 독재, 모두가 가능한 사회

인지과학은 여러 분야의 문제를 분석하고 해결하는 데 응용될 수 있다. 정치도 그 중의 하나이다. 정치라고 하면 오래된 농담 하나가 생각난다.

의사와 건축가, 정치인이 각각 자기 직업이 가장 오래된 직업이라고 우겼다. 의사는 하나님이 아담의 갈비뼈로 이브를 만들어낸 것이 바로 외과수술이라면서 가장 오래된 직업이라고 말했다. 이에 건축가도 하나님이 건축가와 같이 혼돈 상태에서 세상을 창조한 것이라면서 가장 오래됐다고 했다. 그러자, 정치인이 히죽 웃으며 말했다.

"그럼 당신들은 애당초 세상을 혼돈 속에 빠트린 사람이 누구라고 생각하세요?"

가장 오래된 직업의 승리자는 정치인의 몫이었다. 현실에서도 마찬가지다. '무능하다'거나 '양심 없다'는 등의 비판을 받아도 정치인들은 자신의 의지대로 상황을 바꾸는 데 탁월한 재능을 보인다. 정치인 관련 기사를 검색하면 날치기 법 통과, 퍼주기식 선심 공약, 재산 증식, 각종 청탁 등의 사건이 많이 나온다. 이게 모두 심성이 아주 못된 정치인 하나가 벌인 일이라고 생각하면 마음이 편해진다. 하지만 매번 선거에서 그런 정치인을 뽑은 유권자가 우리 자신이라고 생각하면 마음이 불편해진다. 마음의 화살이란 오묘하다. 인지과학자는 화살을 우리 쪽에 돌려 불편한 질문을 했다.

"왜 우리는 사기꾼이나 범죄자와 다름없는 정치인에게 계속 속는가?"

언어학자이자 인지과학자인 조지 레이코프는 다양한 저서를 통해 인지과학이 어떻게 정치에 응용될 수 있는지를 보여주었다. 레이코프는 그의 저서 〈코끼리는 생각하지 마〉(삼인, 2006)에서 정치 행위를 결정짓는 요소로써 프레임frame의 중요성을 강조했다. 프레임은 "우리가 실재라고 여기는 것을 창조하도록 해주는 심적 구조"이며 "우리의 아이디어와 개념을 구조화하고, 사유 방식을 형성하며, 심지어 지각 방식과 행동 방식에도 영향을 주는 것"이다. 한 마디로 말하자면 '생각의 틀'로서, 프레임은 언어에 의해 거의 자동적으로 활성화된다. 예를 들어 '코끼리를 생각하지 않지 마라'는 지시를 받았다고 하자. 코끼리를 생각하지 않아야겠다고 결심을 하기 전에 이미 코끼리가 먼저 떠오를 것이다. 다른 문제에 대해서도 마찬가지이다. 어떤 프레임을 부정하려면, 우선 그 프레임을 떠올려야 한다. 바로 이것이 정치 전략의 출발점이 된다.

닉슨Richard Nixon은 대통령 재임 중에 워터게이트 사건과 관련되어 텔레비전 방송 연설을 했다. 그 자리에서 그는 상대 진영이 자신을 공격하기 위해 쓴 단어를 다음과 같이 사용하는 실수를 했다.

"저는 절대로 사기꾼이 아닙니다."

'코끼리를 생각하지 마라'의 경우와 마찬가지로, 뒤에 부정어가 있었지만 사람들의 머릿속에는 이미 거짓말쟁이의 프레임이 활성화되었다. 자신이 사기꾼이라고 자인했을 때와 비슷하게 말이다. 그리고 닉슨은 수차례 해명에도 불구하고 분위기를 반전시키지 못했다.

레이코프는 프레임 개념을 중심으로 2003년 미국 캘리포니아 주지사 선거의 사례를 분석했다. 영화배우인 아널드 슈워제네거 Arnold Schwarzenegger가 공화당 후보로 주지사 선거에 나왔을 때만 해도 하나의 해프닝으로 끝날 것 같았다. 당시 주지사였던 그레이 데이비스Gray Davis, Jr.가 복지와 민생 정책 시행의 효과 등으로 선거에서 유리할 것이라는 관측이 지배적이었다. 이것은 설문조사에 응한 노조원들도 인정한 바였다. 그러나 막상 누구에게 투표할 예정이냐고 묻자 노조원들은 슈워제네거에게 투표할 것이라고 답했다. 그리고 실제로도 슈워제네거가 승리했다. 왜 이런 일이 벌어진 것일까?

사람들은 실제로 자신에게 이익이 되는 후보를 고르기보다는 프레임에 따라, 즉 자신의 신념 체계에 따라 투표를 한다. 슈워제네거가 속한 공화당은 보수적이다. 그리고 공화당이 표방하는 가치 체계는 '엄격한 아버지' 모델이다. '엄격한 아버지'는 가족을 지키는 권위자이며, 어머니와 자녀에게 바른 길을 인도하는 사람이다. 자녀가 바르게 성장하려면 고통스런 체벌을 통해 규율을 내면화할 필요가 있다. 규율을 잘 터득한다는 것은 세상에 적응해서 성공할 수 있는 능력을 키운다는 말과 같다. 선한 사람은 규율을 잘 터득해서 성공한 사람이고, 성공이 최우선인 도덕이다. 선한 사람에게 세금을 많이 걷어 사회 복지를 시행하는 것은 악이다. 왜냐하면 선한 사람들이 열심히 일해서 번 것을 빼앗아 스스로 일하지 않는 사람들에게 나누어 주는 것이기 때문이다. 규율을 잘 터득해서 열심히 일하면, 선한 사람이 받아야 마땅한 성공의 열매를 얻을 수 있다.

반대로 미국의 민주당 등 이른바 진보 진영이 표방하는 가치 체계는 '자상한 부모' 모델이다. 세상은 비록 험하기는 하지만 기본적으로는 좋은 곳이며, 노력하면 얼마든지 더 나아질 수 있다는 신념을 갖고 있다. 아이들은 선한 본성을 가지고 태어난다. 부모는 아이들의 선한 본성을 북돋아주고, 세상을 더 좋게 만들 책임이 있다. 부모는 자녀를 자상하게 보살피고, 자녀 역시 다른 사람을 보살필 수 있도록 키워야 한다. 따라서 우선시되는 도덕은 '보살핌'이다. 보살핌에는 두 가지 측면이 있는데, 하나는 공감, 곧 타인을 헤아리고 돌보는 것이고 다른 하나는 책임, 곧 나 자신과 내가 돌보는 타인을 책임지는 것이다.

미국뿐만 아니라 우리나라도 이런 두 가지 아버지의 프레임으로 보수와 진보를 보는 경향이 있다. 그리고 어떤 때는 자상한 부모 모델의 가치관에 따라 생각하고 행동하는 사람도 엄격한 아버지 모델을 선택하기도 한다. 시위에 참여하여 반정부 구호를 외치기도 하지만, 선거에서는 여당 후보를 뽑아 정치적 지배 구조를 바꾸지는 않는다. 기존에 언론을 장악한 보수층이 자신들의 프레임에 유리한 방식으로 선전하기 때문이다. 사람들은 자신도 모르게 일종의 세뇌를 받은 상태에서 투표를 한다. 그 누구의 간섭 없이 무한하게 자유로운 상태에서의 선택이라고 믿고 하는 행동이지만, 사실은 이미 조작된 조건에서 반응을 하는 것일 수 있다. 이론적으로 보면 프레임을 잘 조작하는 한 민주적 절차의 허울 아래 영구적인 독재도 가능하다. 물론 그 반대도 얼마든지 가능하다. 선거에서도 진보 진영이 승리하는 이변이 연출되며, 다시 보수 진영이 재도전을 하는 등 엎치락뒤치락하며 역사가 발전하기도 한다. 그런데 이 모든 과정의 결과는 달라도 프레임 전쟁이라는 점에서는 본질적으로 똑같다.

각 정부가 출범할 때에 나오는 정책 기조, 선거 때마다 내걸리는 슬로건 등이 대표적인 프레임이다. '경제를 살린다'는 슬로건은 다른 민생복지 요소는 잘 고려하지 않겠다는 것을 가리기 위한 정치 전략에서 나온 프레임일 수 있다. '서민을 생각한다'는 혁혁한 성장 비전의 부족을 가리기 위한 프레임일 수도 있다. 정당의 대변인은 상대 정당의 용어를 가급적 쓰지 않으려고 노력한다. 왜냐하면 '세금 폭탄'이나 '4대 강 정비 사업' 등의 단어 안에는 상대방의 프레임이 그대로 들어가 있기 때문이다. '복지 재정'이나 '한반도 생태계 파괴 사업'이라고 주장하는 입장에서 만약 상대방의 용어를 그대로 쓴다면 자신이 원하는 정치적 프레임을 일반 대중에게 퍼뜨릴 수 없다. 그래서 차라리 용어를 바꾸거나 아예 해당 지적을 모호하게 표현한다. 그냥 말로 한번 표현하는 것이 뭐가 그렇게 중요하느냐 여길 수 있다. 복잡하지 않고 단순하게 생각하는 것이 좋은 삶이 아니던가. 하지만 이런 믿음도 정교한 프레임의 효과일 수 있다. 19세기와 20세기 중반까지만 해도 지식인과 시민들에게는 진지한 성찰과 사회적 책무를 강조했다. 지금은 성공과 '웰빙'을 강조하며 물질적인 풍요를 누릴 것을 강조하지만 말이다.

언어는 가치 체계를 건드리기 때문에 세심해야 한다. 예를 들어 일본이 한국을 강제로 병합한 조약을 '을사보호조약'이라고 하면 일본의 프레임에 동조하게 된다. '성적 노예'로 삼은 여성들을 '종군위안부'라고 부르는 것도 마찬가지이다. 철학자 마르틴 하이데거Martin Heidegger가 말했듯이 '언어는 존재의 집'이다. 어떻게 부르냐에 따라 존재가 다르게 의식에 박힌다. 조지 레이코프는 "프레임이 사실을 밀어낸다"고 믿고 있다. 그래서 그는 특히 그런 특성이 잘 보이는 '자유' 개념에 관한 진보와 보수의 격돌에 관심을 갖기도 했다. 그는 2006년 〈자유 전쟁*Whose Freedom?*〉(프레시안북, 2009) 책을 통해 자신의 연구 결과를 설명했다. 여기에서도 레이코프는 엄격한 아버지 가정 모형과 자애로운 부모 모델을 도입한다. 일반적으로 보수주의자들의 정치적 사고는 엄격한 아버지의 절대적 권위와 자녀의 무조건적 순종을 강조하는 엄격한 아버지 가정 모형에 근거하는 반면, 진보주의자들의 정치관은 자애로운 부모의 감정이입과 개인적 · 사회적 책임을 강조하는 자애로운 부모 가정 모형에서 비롯된다는 것이다. 이러한 체계에 의해 진보주의자들에게 자유는 권리와 기회의 확대를 의미한다. 이에 비해 보수주의자들에게 자유는 도덕적 권위인 아버지가 나눠주는 것으로, 도덕성과 명령 없이 존재할 수 없다.

보수주의자들은 자유 시장에서는 충분한 절제력을 지닌 사람이 모두 자수성가할 수 있다고 본다. 그리고 자수성가하지 못한 사람은 충분한 절제력을 기르지 못한 부족한 성품을 가진 사람으로 간주한다. 그러니 배려나 포용이라는 이름으로 자신이 벌지 않은 것은 받을 자격이 없다. 그러나 레이코프는 이것은 거짓된 신화일 뿐이라고 지적한다. 언론에서는 자수성가한 사람들의 사례를 열심히 선전한다. 그러나 전체 사회에서 그들이 차지하는 비중은 그렇게 크지 않다. 또한 경제적 부를 누리는 대부분의 사람들이 자수성가한 사람들인 것도 아니다. 그리고 절제력 등 좋은 품성을 가진 사람이라고 해서 꼭 성공을 할 수 있는 것도 아니다. 그런데도 보수 진영에서는 모든 것을 시장의 자유에 맡기자고 한다. 레이코프는 시장의 자유가 오히려 사회 구성원 대다수의 경제적 자유를 제한하며, 생계 수준의 임금을 겨우 벌 수 있게만 한다고 주장한다. 그는 보수 진영이 오히려 자유를 신봉하는 듯한 프레임을 선전하는 것을 놓고, 다음과 같이 비판을 한다.

"자유와 해방은 우리에게 소중한 진보적 개념이다. 우파가 이러한 진보적 개념을 사용하는 것은, 외계인들이 미국의 영혼에 들어와 살면서 이 영혼을 차지하려 하는 것처럼 들린다. 바야흐로 이들을 쫓아내야 할 때이다."

그러나 레이코프 자신도 자신의 주장의 한계를 알고 있다. 그가 말했듯이 한번 박힌 프레임은 쉽게 바뀌지 않는다. 민주당의 버락 오바마Barack Obama가 선거에 승리했지만 공화당의 부시George W. Bush와 확실히 차별되는 정책 효과가 나오는 것은 아니다. 그리고 현재 오바마에 대한 지지도는 날로 떨어지고 있다. 물론 지지도가 낮아도 재선에 성공할 수 있다. 부시가 그랬던 것처럼 말이다. 2004년 미국 대통령 선거의 승패를 가른 결정적 요인은 이라크 전쟁을 보는 관점이었다. 실제 대량 살상 무기는 이라크에서 발견되지 않았다. 그러나 부시는 정당한 예방 전쟁을 위한 선택으로 자신을 선택해야만 한다는 프레임을 쓴 덕분에 재선에 성공했다. 테러 전쟁을 지지하든 비판하든 '테러 전쟁'이라는 말이 자주 나올수록 그것의 정당성이나 불가피성은 증대하게 된다. 부시는 911사태에 대한 부적절한 대응과 심각한 경제 위기 유발 등 실정을 많이 했지만 프레임 원리를 십분 활용하여 집권을 지속하는 정치 수완을 보여준 나름대로 성공한 정치가였다. 정치가는 다른 사람을 위해 봉사하는 사람이 아니다. 혼란을 만들어 자신의 권력을 유지하는 사람이다. 정말 자신의 의지대로 자유로운 선택을 하려면, 정치가들이 자기 자신을 포장하는 프레임에 너무 현혹되지 않기를 바란다.

2 편승 효과와 사회적 바람직성의 덫

정치에 잘 이용되는 심리적 특성으로는 '편승 효과Bandwagon effect'가 있다. 'Bandwagon'을 직역하여 '악대차 효과'라고도 하거나, '밴드웨건 효과'라고도 번역하기도 한다. 편승 효과는 다수의 사람이 내린 결정에 따라 개인이 자신의 판단을 맞추는 현상을 뜻한다. 편승 효과라는 용어는 '밴드웨건에 오르다 jump on the bandwagon'라는 표현에 뿌리를 두고 있다. 서커스나 퍼레이드 행렬을 보면 맨 앞에서 밴드들이 탄 마차(악대차)가 있기 마련인데, 이 마차를 밴드웨건이라고 한다. 1848년 댄 라이스Dan Rice라는 광대가 처음으로 선거운동에서 악대가 있는 밴드웨건을 사용해 사람들의 관심을 크게 끌었던 것에서부터 유래한 것으로 알려져 있다. 댄 라이스가 성공을 거두자 그 이후 많은 정치가들이 밴드왜건에 올라타서 선거운동을 하게 되었다. 그리고 실제 사람들의 호응을 얻어 선거에서 긍정적 결과를 얻자 하나의 정치 전략 트렌드로 자리 잡게 되었다. 정치 분야에서 흔히 '세몰이'라고 하는 것이 바로 편승 효과를 지칭한다고 할 수 있다.

현실에서도 편승 효과는 쉽게 찾을 수 있다. 다수의 사람들이 드나드는 '맛집'으로 선정된 곳을 기를 쓰고 찾으며, 나름대로 필요가 있다고 생각해서 인터넷 쇼핑몰에 물건을 사려고 로그인했음에도 이전 구매자의 평가가 나쁘면 대부분 그대로 로그아웃을 한다. 특정 시즌 유행 아이템이라며 대다수가 사는 물건은 필수품must-have으로 여기며 따라 산다. 그 물건이 자신의 경제 범위를 넘는 명품이라고 해도 말이다. 이렇듯 어떤 무리의 사람들이 유행을 이끌면 다른 사람들이 이에 따르는 현상이 바로 편승 효과이다. 무리 속에서 다수의 숫자가 더 많아짐에 따라 편승 효과도 더 높아진다. 그래서 '무리 효과herd effect'라고 부르는 경우가 있다.

편승 효과는 기업의 성공 여부를 좌우하는 아주 중요한 요소이기도 하다. 그 예가 바로 소니Sony의 베타 비디오Beta Video 사업의 실패이다. 소니는 당시 압도적인 기술력으로 미디어 시장을 선점할 목적으로 신기술 비디오 재생 방식을 표준으로 내놓았다. 좋은 화질과 빠른 재생속도, 안정성 등 기술적으로는 시장을 제패하고도 남았다. 그러나 사람들은 화질이 떨어지지만 텔레비전을 쉽게 녹화할 수 있는 VHS 방식을 선택하기 시작했다. 소니에 있던 전문가들의 예상과 다르게 초기 시장에서 일단 한 무리의 사람들이 VHS 방식의 밴드웨건에 올라타자 사태는 걷잡을 수 없이 진행되었다. 사람들은 소수 전문가와 시장 분석가의 리뷰가 어떻든 간에 다수의 사람들이 쓰기 시작한 VHS 방식을 선호했다. 그 결과 소니는 막대한 비용을 투자한 베타 방식의 비디오 사업을 금세 접어야만 했다.

그러나 편승 효과를 가장 잘 쓰는 분야는 그 유래에서 알 수 있듯이 정치 쪽이다. 미국의 오바마 대통령과 한국의 노무현 대통령 등의 대선 성공 사례에서도 확인할 수 있듯이 당내 경선 통과도 불투명했던 사람이 이른바 바람을 한번 타더니 '대세론'을 펼쳐 대선에 성공하는 '이변'을 연출하는 경우가 여러 나라에서 많이 벌어지는 것은 편승 효과의 영향이 있기 때문이다. 정치가들은 때로는 연설장에서 한 무리의 박수 부대를 동원하여 다른 사람의 동조를 이끌어 내기도 한다. 또한 정치가가 개인적으로 어떤 의견을 내는 것이 아니라, 어떤 협회나 단체의 이름으로 성명을 발표해서 여론을 이끄는 것도 다수의 사회적 압력을 통해 일반인들의 생각을 손쉽게 바꾸기 위함이다. 이렇듯 편승 효과는 잘못 사용되면 실제 진실을 호도하여 여론을 조작하거나 사람들을 정치가가 원하는 방향으로도 함부로 이끌 수 있다는 측면에서 사회적으로 해로울 수 있는 것이다.

미국 켄터키 대학의 로버트 괴델Robert K. Goidel과 토드 쉴드Todd G. Shields 박사의 1994년 연구에 따르면, 사람들은 평소 자신의 신념과 완전히 반대되는 정치적 결정을 내릴 수도 있다. 괴델과 쉴드 박사는 실험 참가자 180명을 9개 그룹으로 나눈 다음 똑같은 선거 시나리오를 듣고 대답하게 했다. 시나리오에는 민주당 후보에 대해서 '당선 가능성이 높은 후보자'라는 정보가 들어 있었는데, 어느 특정 정당을 선호하지 않았던 사람들 중 70퍼센트가 시나리오에서 지정한 민주당 후보에게 표를 던졌다. 그리고 시나리오를 공화당 후보에게 유리한 것으로 바꾼 경우에는 공화당 후보에 표를 던졌다. 심지어 공화당원이었던 사람들도 시나리오가 민주당 후보가 당선 유력한 것으로 나오면 민주당 후보에게 표를 주는 경향이 강하게 나타났다.

괴델과 쉴드 박사의 연구를 보면, 정치가들이 여론조사 순위에 민감한 이유가 달리 있는 것이 아니다. 신문이나 방송에서 유력하다고 선전하면, 선거권자 대다수의 기존의 판단을 바꿔서 표를 모을 수 있기 때문이다. 설문조사 응답자들은 전체 선거권자 수에 비해 턱없이 소수이다. 하지만 해당 설문조사 결과를 접한 개인은 자신보다는 훨씬 다수인 사람들이 응답한 것이라며 대부분 설문조사의 결과에 자신의 결정을 맞추려는 편승 효과를 보인다.

정치인이 여론조사에 민감하지만 사실 그 여론조사 자체가 민심을 정확히 반영하지 않는 경우도 있다. 왜냐하면 사람들은 자신의 행동이나 의견을 밝힐 때 있는 그대로를 표현하는 것이 아니라, 사회적으로 바람직한 가치에 맞춰 왜곡시켜 표현하는 '사회적 바람직성social desirability 편향'을 갖고 있기 때문이다. 즉 사람들은 사회적으로 긍정적인 평가를 받기 위해 좋은 행동(혹은 의견)은 더 과장되게 이야기하고, 나쁜 행동(의견)은 아예 말을 하지 않거나 줄여서 이야기하기 때문에 사회 현상에 대한 여론조사와 같은 예측이 빗나가게 한다. 그 대표적인 사례가 '브래들리 효과Bradley effect'이다.

'브래들리 효과'는 미국에서 선거의 여론 조사에서 유래한 용어이다. 1982년 미국 캘리포니아 주의 주지사 선거에서 민주당 후보로 당시 로스앤젤레스 시장이었던 토머스 브래들리Thomas Bradley

가 나왔다. 그는 여론조사와 출구조사에서 공화당 후보인 조지 듀크메지안George Deukmejian을 앞섰지만, 실제 선거 결과에서는 브래들리가 패배했다. 이런 예기치 못한 현상에 대해 학자들은 분석을 실시했다.

미국 UC 버클리 대학 찰스 헨리Charles Henry 교수는 1983년 연구를 통해서 민주당 후보인 브래들리는 흑인이며, 공화당 후보는 백인인 것이 영향을 준 것일 수 있다는 결론에 이르렀다. 즉 일부 백인들이 인종적 편견을 숨기기 위해 투표 전의 각종 조사에서 흑인 후보를 지지한다고 거짓으로 진술했을 가능성이 있다는 것이다. 그리고 상당수의 백인 유권자들은 실제 투표 전에는 조사원에게 아직 후보를 결정하지 못하였다거나 인종과 상관없이(즉 백인이 아닌) 후보를 지지한다고 말하지만 실제 투표장에서는 백인 후보를 찍는 결과를 보인 것일 수 있다. 또한 투표 후의 출구조사에서는 출구조사원의 인종에 따라 자신의 지지 후보를 밝히기를 어려워하는 측면도 작용했을 수 있다. 그래서 선거 전후의 각종 조사에서 승리가 예상되었던 후보가 실제로는 탈락하는 현상이 생긴 것이다. 즉 사회적으로 부정적인 가치를 지닌 인종 차별주의자로 자신이 보일 수 있음을 두려워한 사람들이 자신의 판단을 있는 그대로 표현하지 않은 것이 선거 예측의 오류를 만든 것이다. 연구자들은 이러한 현상을 당시 브래들리 후보의 이름을 따서 '브래들리 효과'라고 부르게 되었다.

'브래들리 효과'는 당시에는 여론조사 기법이 부정확해서 이런 현상이 나온 것이라는 주장도 있다. 당시 공화당 후보의 선거전략

책임자였던 켄 카치기안Ken Khachigian은 여론조사 기간이 사람들이 개인 시간을 가지려고 하는 주말에 실시하거나 선거 캠페인이 본격화되어 효과를 나타내기 전에 실시되어 오차가 생기기 쉬웠음을 지적했다. 또한 선거 후의 출구조사도 당시 투표장을 찾지 않았던 부재자 투표의 수를 고려하지 않고 단순 집계한 것이라서 문제가 있을 수밖에 없었다.

2000년대 들어 미국 정치에서는 여론조사 방법의 발전 등을 통해 '브래들리 효과'가 줄어든 것으로 알려져 있다. 특히 2008년 대선에서 민주당 후보 버락 오바마와 공화당 후보 존 맥케인John McCain의 각종 여론조사에서 예측했던 바대로 흑인인 오바마가 대통령으로 당선된 사례에서처럼 '브래들리 효과'는 이제 유효하지 않은 개념일 수도 있다. 그러나 다른 맥락에서 사회적 바람직함에는 여전히 효과를 미치고 있다. 예를 들어, 사람들은 성性 문제를 다루는 설문에서 '성적 욕구를 매매춘으로 해결한 경험이 있나요?'라는 질문이 있는 경우 해당 사실이 범법적인 내용을 담고 있기 때문에 답변을 회피하며 침묵하거나 거짓으로 답을 하기 쉽다. 그래서 이런 설문에 바탕을 두고 현재 매매춘 실태를 통계로 내는 것은 현실과 맞지 않을 가능성이 크다.

다른 예로 텔레비전 방송에서 거리 인터뷰로 "욕을 쓰는 것은 나쁜 일인가요?"라고 하면, "그렇다"라고 답하고 생활에서는 욕을 쓰는 사람인 경우 사회적 바람직함의 편향에 빠진 것이다. 사회적 바람직함의 편향을 일으키기 쉬운 주제는 "낙태 허용", "종교 선택의 자유", "애국", "개인 소득", "기부", "자신의 과오", "폭력"

등 다양하다. 그런데 이런 다양한 주제에 대해서 설문을 통해 연구를 하는데 응답자가 사회적 바람직함에 의거해서 답을 한다면 조사 결과는 왜곡이 되기 쉽다.

설문조사는 때로 애초에 사람들이 자신의 견해 자체에 대한 낮은 정확도에도 영향을 받을 수 있다. 미국 미시간 대학 심리학과의 그렉 마커스Greg Markus 교수는 1986년 정치적 편향의 근원에 대한 연구를 실시했다. 그는 1973년과 1982년 898명의 부모와 11,135명의 그의 자녀, 즉 2세대의 정치적 견해에 대한 방대한 자료를 수집했다. 정치적 견해는 성 평등, 기소권, 마약 합법화 등의 이슈에 대한 것이었다. 분석 결과 부모와 자식은 모두 시간이 지날수록 더 보수적이 되는 것으로 밝혀졌다. 그런데 9년 전인 1973년의 설문에서 답한 자신의 견해가 어땠는지 회상하라고 하면 3분의 2의 사람들은 과거에도 자신이 현재와 같은 견해를 갖고 있었다고 답했다. 3분의 1의 실험 참가자들만이 9년 전의 자신의 견해의 내용을 정확히 기억했다. 그리고 그 견해의 정도를 '매우 그렇다'에서부터 '전혀 그렇지 않다'로 특정 사안에 대해서 동의하는 정도를 7점 만점 척도로 평가하게 하자 3분의 2의 사람들은 3점 이상 차이가 날 정도로 부정확하게 9년 전 정치적 이슈에 대한 자신의 동의 정도를 잘못 기억하고 있었다. 3분의 1의 사람들도 3점 차이 안쪽이기는 하지만 여전히 부정확한 것은 마찬가지였다.

마커스 교수의 연구에 따르면 사람들은 현재의 정치적 입장과 가장 가까운 방향으로 자신의 과거 태도를 재구성한다. 그래서 자기 자신의 정치적 견해가 급변했다는 사람이 적은 것이다. 실제로는 바뀌었더라도 본인은 그렇게 생각하지 않는다. 젊었을 때도 현재처럼 보수적이었던 것처럼 생각하거나, 그때는 "철들지 않아서 몰랐지만 당시에도 어렴풋하게나마 느끼기는 했다"는 정치적 전향자가 많은 것도 이런 정치적 편향 때문이다. 마커스 교수는 대부분 이러한 편향이 대부분 작용하지만, 특정 사안에 대해서 특별한 감정이 실려 더 생생한 기억을 갖고 있는 경우에는 예외가 생긴다고 주장한다. 즉 자신이 어떤 일의 피해자가 되거나, 가족이 피해를 입었다면 현재의 견해나 주변의 설득에 의해 쉽게 재구성하기 힘들다. 자신의 아들, 딸이 죽기 전에는 젊은이의 정치적 견해에 부정적이었던 민주화 열사들의 가족들이 그 예가 될 수 있다. 그들은 '모두 다 잘 살게 되기 위해 노력했던 박정희 시대의 자랑스러운 기억'이나 '철들고 보니 다른 의미로 다가오는 사건'과는 다른 내용의 기억을 갖고 있다. 그리고 실제로도 전혀 다른 정치적 견해를 갖고 있다.

3 가스등 켜는 전문직, 정치인

정치는 신중한 판단에 의해 합리적으로 움직여지는 듯하지만, 사실은 인간의 인지적 제약과 그것을 공략하는 정치 전략 때문에 비합리적 양상으로 전개된다. 인지과학자들은 인간의 인지적인 오류의 틈을 공략하여 정치적 조작을 하는 '가스등 켜기gaslighting'에 대해서 특히 주목해 왔다. '가스등 켜기'는 원래 1944년 알프레드 히치콕 감독, 잉그리드 버그만 주연의 스릴러 영화 『가스등gaslight』에서 유래한 용어이다. 영화는 재산을 빼앗기 위해 의도적으로 아내를 미치게 만들려는 남편의 음모를 주된 줄거리로 하고 있다. '가스등 켜기'를 잘 이해하려면 이 개념의 유래가 된 영화의 내용을 알아야만 한다. 이 영화는 앨리스의 이야기에서부터 출발한다. 세계적인 오페라 가수인 앨리스 엘퀴스트는 자신의 집에서 살해된다. 하지만 경찰은 범인을 잡는 데 실패한다. 그런데 나중에 앨리스 엘퀴스트의 집을 조카인 폴라(잉그리드 버그만)가 물려받는다. 그리고 그녀는 이탈리아로 성악 수업을 받으러 가고, 그곳에서 멋진 청년인 그레고리(찰스 보이어)와 사랑에 빠진다. 사랑에 눈이 먼 폴라는 성악 공부마저 포기하고 그레고리와 결혼한다. 그 후 폴라는 10년 만에 런던으로 돌아와 앨리스에게 물려받은 집에서 신혼 생활을 시작한다. 그러나 막상 앨리스의 집으로 들어오고 나자 그레고리는 갖가지 구실을 붙여서 폴라의 외출을 막는다. 그리고 그녀를 정신이상자로 몰아간다. 왜 그랬던 것일까? 그레고리는 폴라가 믿은 것처럼 건실한 청년이 아니었다. 보석 도둑이었다. 그리고 폴라의 아주머니인 앨리스의 살인범이었다. 그레고리는 폴라가 물려받은 유명한 보석을 가로채기 위해 폴라에게 계획적으로 접근했던 것이다. 그레고리의 세뇌로 인해 폴라는 자신이 물건을 잃어버리고도 기억 못하는 상태가 되었다고 믿게 된다. 그리고 심지어 남편의 시계를 훔치고도 기억하지 못하는 처지에 놓였다는 생각에 심리적 불안이 극으로 치닫게 된다. 밤마다 방 안의 가스등이 희미해지고 다락방에서 소음이 들리자 폴라는 이 사실을 남편에게 말한다. 하지만 그레고리는 폴라가 상상 속에서 꾸며낸 일이라며 그녀를 미쳤다고 몰아세운다.

그런데 예전에 앨리스의 팬이었던 런던 경시청의 브라이언 경위(조셉 코튼)는 그레고리의 수상한 행동을 눈치 챈다. 폴라를 찾아온 브라이언은 희미해지는 가스등과 미심쩍은 발자국 소리에 관한 그녀의 이야기를 듣는다. 사건의 진상을 추적하던 브라이언은 그레고리가 밤마다 근처의 빈집을 통해 자신의 집으로 건너온 뒤 다락방으로 숨어들어 앨리스의 보석을 몰래 찾고 있었다는 사실을 알게 된다. 마침내 폴라는 그레고리의 정체를 알아내고 자신이 미치지 않았음을 깨닫는다. 그리고 진정한 자신을 되찾는다.

영화 내용 중에서 눈에 띄는 것은 남편이 아내가 병들고 약한 존재라는 것을 스스로 받아들이도록 끊임없이 세뇌시키는 장면이다. 아내는 남편을 사랑하기 때문에 자신이 병약하다는 남편의 말을 믿는다. 그리고 결국 아내는 자신이 분명히 본 것도 남편이 공상이라고 하면, 그 말을 믿으며 자신의 생각을 부정하는 상황에 이르게 된다. 남편은 공공연하게 자신의 아내가 미쳐가고 있다는 이야기를 퍼뜨린다. 이 영화의 여주인공인 아내처럼 자신보다 상대방을 더 믿는 상황을 '가스등 효과gaslight effect'라고 부른다.

'가스등 효과'의 희생자는 가해자를 이상적인 존재로 생각한다. 그리고 자신에게 문제가 있으며 상대방에게 더 잘해줘서 인정받고 싶어 한다. 그래서 상대방이 기만책을 쓰거나 폭언이나 폭력을 써도 순순히 받아들인다. 이런 상황이 되면 상대방은 여유 있게 '가스등 켜기gaslighting'를 즐긴다. 정치인의 경우에는 대중 연설이나 법안 상정 등으로 영향력을 발휘하는데 이것이 바로 '가스등 켜기'이다. 정치인이 '가스등 켜기'를 하면 분명히 있었던 사건이 없던 일이 되기도 하고, 없던 일이 만들어지기도 한다. 문제가 되는 특정 발언을 한 적이 없다고 발뺌하는 정치인이 있고, 그 말에 속는 지지자도 생긴다. 가스등을 켜고 끄면서 정치인들은 사이비 종교의 교주처럼 자신의 지지자에게 끊임없이 세뇌를 시킨다.

그런데 왜 우리는 '가스등 켜기'에 대해서 잘 모르는 것일까? 모든 정치인들이 믿지 못할 아이큐 숫자를 내세우거나 예수를 보았다거나 자신이 하지도 않은 놀라운 업적을 자랑하느라 그것이 남들에게 거짓으로 보일 수도 있다는 생각을 미처 하지 못할 정도로 상태가 심각하지는 않다. 정치인들은 단순한 미치광이가 아니라, '가스등 켜기'의 장인이다. '가스등 켜기'에 몰두해서 그 가스등이 과열로 폭발하기를 바라지 않는다. 그래서 적당히 켜고 끄기를 반복한다. '가스등 켜기'의 주된 목적은 상대방에 대한 은밀한 통제권을 갖는 것이다. 지지자가 아닌 사람에게는 헛소리에 지나지 않을 주장도 지지자에게는 밀교의 철칙처럼 느껴져야 한다. 그렇게 하려면 믿음의 단계에 맞는 적정선을 지켜야 한다. 사이비 교주가 처음부터 여신도에게 성폭행을 할 테니 자신의 방으로 들어오라고 한다면 몇 명이나 들어가겠는가. 정치인이 비리를 화끈하게 저지를 테니 표를 몰아달라고 하면 유권자 중 몇 명이나 표를 주겠는가. 정치인은 사이비 교주가 주변을 단속하는 것처럼 믿음과 교감의 단계에 따라 자신의 속을 드러낸다. 그리고 괜한 소리가 밖으로 새어나가지 않게 한다. 이를 위해 영화 『가스등』 속의 남편이 집에서 아내에게 은밀하게 세뇌를 시키는 것과 같이 가해자와 피해자, 정치인과 지지자는 폐쇄적으로 정보를 주고받기도 한다. 정치인이 지지 세력을 모아놓고 하는 연설과 일반 대중을 향한 연설은 그 내용이 크게 차이가 난다.

폐쇄적이라고 해서 귓속말을 떠올려서는 안 된다. 공개를 하되 특정한 정보만 오갈 수 있도록 통제할 수도 있다. 세계화, 경쟁, 초일류 등 특정한 단어를 선전 문구로 삼아 그 외의 가치는 자연스럽게 무시하도록 조장한다. 사람들의 관심은 많이 유행하고 있는 단어에 집중된다. 그래서 다른 논의 가능성이 막혀 사실상 은밀하게 정보를 주고받는 것과 비슷한 효과를 거둔다. 이것이 기본적인 '가스등 켜기'의 과정이다. 원래 먹을거리에 대한 관심에서 출발한 쇠고기 협상에 대한 논의가 결국 반정부나 이념적 논쟁으로 번진 현상은, 그렇게 '가스등 켜기'를 해서 이익을 얻으려는 정치인이 있었기에 가능했다.

'가스등 켜기'는 단순한 선전 행위가 아니다. '가스등 켜기'의 핵심은 거짓 신념을 상대방에 주입시키는 것이다. 사실 '가스등 켜기'는 정치인의 전유물만은 아니다. 아이가 아동 성학대자에게 어젯밤 자신의 몸을 더듬었냐고 물으면 이렇게 대답한다. "모두 네 상상이야." 그리고 자신의 알리바이와 함께 아이가 상상이라고 믿을 수밖에 없는 여러 가지 근거를 꾸며낸다. 아이는 자신이 꿈을 꾸거나 잠시 비몽사몽 상태에서 상상한 것이라 생각하며, 성학대자에게 오히려 미안하다고 사과한다. 이런 대화를 제3자가 듣는다면 무언가 이상한 구석이 있다고 여길 것이다. 하지만 가해자는 자신이 항상 옳다고 여기며 확신에 차서 자신의 힘을 과시한다. 그 모습을 보며 피해자는 자신의 감각과 생각을 포기한다. 이 과정에 객관성이 개입되면 '가스등 효과'가 깨진다. 그러니 폐쇄적으로 정보가 오가야 하는 것이다. 한동안 국내 언론을 뜨겁게 달구며 사회적 불안이 극도로 달했던 신종플루의 공포는 외국 신문에서는 찾기 힘든 현상이기도 했다.

심지어 당시 한국 정부는 식량을 비롯한 다른 물자 원조를 아끼던 북한에게 신종플루 약까지 제공하려 했으며, 효과성이 완벽하게 검증되지 않은 약을 청소년들에게 의무적으로 접종시키려 했다. '가스등 켜기' 이론에 따르면 당시 정부가 정치적으로 국민들의 관심을 건강 문제로 돌리는 대신 뭔가를 덮을 만한 사안이 있었거나 사회 분위기를 엄격하게 통제할 만한 이유는 없었던 것인지 다시 생각해 볼 필요가 있다.

'가스등 켜기'가 성공하려면 앞서 지적한 것처럼 객관적 정보가 유입되는 것을 막고 폐쇄적으로 정보가 오가야 한다. 그러자면 졸속 행정이라는 비판을 받는 한이 있더라도 정치가들 자신에게 유리할 대규모 조약이나 국책 사업은 정신없이 빨리 일을 추진해서 끝내거나, 아니면 아예 다른 정보들이 나올 원천을 막는 것이 중요하다. 정부가 방송법을 개정하거나 사적인 영역이라고 생각했던 트위터 등의 SNS까지 신경 쓰는 것도 '가스등 켜기' 연구자들은 다른 의미로 주목하고 있다.

'가스등 켜기'는 객관적 입장에서 보면 황당하기 짝이 없는 경우가 많다. 2011년 화제가 되었던 영화 『도가니』의 경우 실제 해당 장애 학생 성폭행 사건이 기사화되었고, 소설로도 나왔었다. 하지만 영화화 이전에는 객관적으로 다룰 기사 물망에 오르지 못하고, 사건과 관련된 일부 힘 있는 사람들의 손에서 좌우된 사건이었을 뿐이다. 그랬던 것이 영화화된 이후에 반향을 일으켜 더 이상 폐쇄적으로 이 사건을 다루면서 정보가 오가는 것이 불가능해지자, 정치가들은 앞 다투어 예전에 자신들이 반대했던 사학법의 일부 개정에 한 목소리로 찬성하며 유권자들의 마음을 달랬다. 이 사례를 통해서 얻을 수 있는 교훈은 정치인이나 힘 있는 가해자의 '가스등 켜기'를 막을 수 있는 방법은 해당 사건이나 사안을 객관적으로 공론화해서 다뤄야 한다는 것이다.

그런데 '가스등 켜기'를 막는 것은 쉽지 않다. 왜냐하면 '가스등 켜기'에는 정보를 폐쇄적으로 유통시키는 방법 말고, 아예 거짓된 정보를 다량 유통시키는 등 다양한 전략이 사용되기 때문이다. 특히 명확한 증거 없이 무책임하게 의혹을 제기하는 발언을 즐기는 정치가들은 다량 유통 전략으로 재미를 톡톡히 보기에 애용하고 있다. 정책 설명보다는 선거 전에 서로 비방을 일삼는 유세 내용을 봐도 그렇다. 이러한 특성에 주목하면 정치가의 거짓된 '가스등 켜기'를 알아챌 수 있는 방법을 찾을 수 있다.

'가스등 켜기'가 진행되면 문제가 되는 사안에 대한 논의가 많아진다. 원래 그 사안이 내포한 의미가 대단해서가 아니다. '가스등 켜기'를 하는 정치인은 자신의 간악함을 숨기기 위해 말을 장황하게 하기 때문이다. 혹은 다른 질적으로 의미 있는 논의를 양으로 밀어붙이기 위함일 수도 있다. 마치 인터넷 게시판에 자신이 원하지 않은 댓글이 달리면 엄청나게 많은 댓글을 달아 대부분 사용자들이 볼 수 없을 지점으로 해당 의견을 밀어버리는 것처럼 말이다. 이밖에 '가스등 켜기'의 대표적인 기법은 다음과 같다.

1) 사실 부정

가장 간단한 조작 방법이다. 실제로 있었던 일이 없었다고 주장하는 것은 그와 연관된 사람들의 감정이나 의견을 무시할 수 있는 유용한 출발점이 된다. 광주항쟁의 경우 청문회를 통해 샅샅이 밝히려 했어도 지휘 계통에 있던 사람들이 지시를 내린 사실이 확인되지 않았다. 그런데도 광주에서는 엄청나게 많은 희생자가 났으며, 지금까지 많은 사람들이 신체적, 심리적으로 고통 받고 있다. "그런 일은 있을 수가 없다" 또는 "해당 사실을 보고받은 적이 없다" 아니면 "기억이 잘 나지 않는다"는 등 사실 부정의 '가스등 켜기'는 계속 활용되고 있다.

2) 반대 의견 제시자의 신뢰성 공격

털어서 먼지 안 나는 사람은 없는 법. 문제가 된 사안과 관련이 없는 상대방의 과거나 사건, 가십, 비밀들을 부각시킨다. 삼성 문제가 불거졌을 때 김용철 변호사의 아내가 운영한 노래방의 불법에 대해서 언론이 갑자기 많이 관심을 가졌던 것이 그 사례가 될 수 있다. 세계적 기업의 경영 투명성과 노래방 경영의 투명성은 전혀 다른 문제이지만, 적어도 삼성을 지지하는 사람들에 대해서는 김용철 변호사의 비판에 대한 면역체계가 발동하게 되었다.

3) 전문가 활용

특별한 전문가를 고용하여 복잡한 논증을 하게 해서 자신에게 유리한 주장을 펼치도록 하는 것이다. 중요한 것은 결론 그 자체가 아니라, 일반인이 쉽게 접근할 수 없을 정도로 특수하게 상황을 만드는 것이다. 담배 회사는 과학자를 고용하여 담배가 폐암과 '직접적인' 관련이 없다는 것을 증명했다. 황우석 박사의 거짓말 논란 때에도 초기에는 각계의 특별한 전문가들이 확신에 가득차서 각종 어려운 용어와 가치를 들어가며 황우석 박사를 옹호하고 나섰음을 기억해보자. 황우석 박사 사건 전개 과정 모두가 바로 '가스등 켜기' 기법 분야에서의 '명예의 전당' 헌정감이다.

'가스등 켜기' 전략은 점점 더 무섭도록 치밀해진다. 어쩌면 너무 노골적이 되는 것 같기도 하다. 자신이 켠 가스등이 더 돋보이게 하려고 다른 이야기가 나올 가능성 자체를 죽이기도 한다. 은근히 여론' 조작을 하기보다는 아예 전면적으로 드러나게 한다. 일부러 표시 나게 해서 반대되는 생각을 가진 사람도 욕을 하면서도 대세에 좇아가도록 한다. 정권이 새로 출범하며 생긴 처음에는 황당했던 수준의 변화도 곧 일상의 것처럼 무뎌진다. 그러면 가스등의 강도는 더 높아진다. 임기 중에 비판을 받아도 야심을 노골적으로 들어내는 새로운 정책, 새로운 국책사업, 새로운 법, 새로운 스캔들이 쉴 새 없이 쏟아져 나온다. 이렇게 한국에서 시도되는 새로운 '가스등 켜기' 기법이 어떤 효과를 가질지는 두고 봐야 할 것이다.

4 정의를 실현하는 인지과학

정치가 정의 실현의 도구라면, 인지과학도 당당히 정치적 역할을 하고 있다. 민주주의는 특정한 사람의 의지에서 나오는 것이 아니다. 만약 특정한 사람의 의지에 좌우되면 그것은 독재이다. 민주적 정의는 법에서 나온다. 그런데 법적 행위를 잘 살펴보자. 기소, 증언, 변호, 재판, 배심 등의 과정에서의 법률가들 및 당사자들의 사고나, 일반인의 법과 관련된 사고라는 것은 상당히 복잡한 인간의 기억, 이해, 추리, 문제 해결, 사회적 인지 등과 관련된 인지과정이다. 즉 인지과학자의 연구 대상이 응용되는 영역이 바로 법조계이다.

이정모 교수는 〈인지과학〉(성균관대학교 출판부, 2009)에서 다음과 같이 법과 관련된 인지과학의 문제를 제기하고 있다.

"복잡한 인지적, 심리적 특성을 지닌 법적 추리와 실제 행동은 어떻게 이루어지는가? 모든 인지적 내용과 과정들이 어떠한 심적, 인지적 바탕에서 이루어졌으며, 실제 어떻게 적용되어 작동하고 있는가, 가장 효율적이고 오류가 적은 법적 추리란 어떠한 인지적 과정에 의해 이루어질 수 있는가? 검사, 변호인, 판사, 피의자, 증인, 고소인, 제3자 일반인 등은 각기 어떠한 인지적 처리를 통하여 법적 개념, 규칙, 주의를 이해하며 추리하고, 그리고 그에 따른 행동을 하는가? 법적 결정이 증거에 의존하는데, 증거에 대한 사람들의 기억은 과연 참을 반영하는가, 아니면 실제와는 달리 구성된 것이며, 이 구성 사실 자체도 증인은 의식하지 못하는 것인가?"

이정모 교수가 지적했듯이 법에 관여되는 사람들의 인지적 과정의 이해 없이는, 사람들의 행동을 옳음 방향으로 제약하며, 공정성, 정확성이 지켜져야 하는 법의 본래의 목적을 달성하기 힘들다. 가장 대표적인 연구 사례는 재판에 영향을 미치는 증언이라고 할 수 있다.

목격자와 피의자 증언의 참과 거짓을 확실히 가리면 정의를 실현할 수 있을 것 같다. 흔히 참과 거짓의 판독이라고 하면 거짓말탐지기polygraph를 떠올린다. 하지만 거짓말탐지기는 세상에 없다. 거짓말탐지기라는 말부터가 거짓말이다. 흔히 말하는 거짓말탐지기는 심장박동, 호흡, 피부 습도 등 생리적 흥분의 정도를 측정하는 기계일 뿐이다. 이 기계가 거짓말탐지기로 널리 알려진 것은 거짓말할 때에 생기는 심리적 긴장을 완벽하게 통제할 수 없기 때문에 정상적인 경우와 생리적 반응도를 비교하면 거짓말을 하는지 안 하는지 알아볼 수 있다고 사람들이 생각했기 때문이다. 그러나 거짓말탐지기의 전문가이자 미국 브랜다이스 대학 심리학과 교수인 레오나르도 색스Leonard Saxe에 따르면 "거짓말은 원래 그 나름대로의 생리적인 반응 같은 것이 없다"고 한다.

흔히 거짓말하는 사람은 거짓말을 할 때에 상대방의 눈길을 피하거나 눈을 깜빡거리거나, 코를 만지거나 할 것이라고 생각하기 쉽다. 그러나 미국 텍사스 오스틴 대학의 심리학과 교수인 제임스 펜베이커James Pennebaker의 실험에 따르면 참말을 하는 사람이나 거짓말을 하는 사람들이 그런 행동을 보이는 횟수에서 차이가 없었다. 오히려 어떤 사람은 상대방의 눈을 정면으로 응시하면서 거짓말을 하는 등 개인차가 더욱 컸다. 결론적으로 말해서 거짓말탐지기는 거짓말을 하다가 점점 더 큰 거짓말을 한 끝에 자기 자신도 그 거짓이 진실인 양 믿게 되는 사람들은 걸러내지 못한다. 특수부대나 첩보기관에서는 거짓말탐지기를 무용지물로 만들 수 있게 자신의 반응을 통제하는 훈련을 별도로 하기도 한다.

애초에 거짓말탐지기의 정확성이 떨어져서 거짓말쟁이를 제대로 가려내지 못하기도 한다. 레오나르도 색스 교수의 연구에 따르면 거짓말탐지기가 75퍼센트의 거짓말을 하는 사람들을 구별해 내었지만, 실제로 거짓말을 하지 않는 사람을 거짓말을 한다고 판별한 경우도 37퍼센트에 이르는 등 일반 예상과 다르게 거짓말탐지기의 정확도는 크게 떨어진다. 그렇기 때문에 많은 국가에서는 거짓말탐지기 조사 결과를 직접적인 법적 증거로 사용하지 않고 다만 참고자료로만 활용하고 있다.

최근에는 어떤 사람이 범죄를 저질렀는지, 거짓말을 하고 있는

지 알아보기 위한 대안으로 뇌 지문인식Brain fingerprinting과 같이 직접 뇌의 움직임을 측정하는 방법이 제안되고 있다. 뇌 지문인식은 피검사자의 머리 위에 10여 개의 미세 전극이 내장된 장치를 씌우고 범죄 장면 사진이나 단어 등을 컴퓨터 화면으로 보여주면서 뇌에 저장된 특정 뇌파의 반응을 검사하는 방법이다. 인간의 뇌는 익숙한 그림이나 문자를 지각하면 300밀리초 이후에 P300으로 명명된 특정한 뇌파를 발생시키는데, 이 뇌파의 존재 여부에 따라 거짓말 여부를 판별한다. 이 기법을 만든 사람은 미국 하버드 대학의 로렌스 파웰Lawrence A. Farwell 박사인데, 지금은 별도의 회사를 설립해서 뇌 지문인식 사업을 하고 있다. 파웰 박사는 1999년 연쇄 살인범 제임스 그린더의 유죄를 확증하였고, 종신형에 처해진 채로 22년간 복역 중이던 테리 해링턴이 무죄임을 증명한 것으로 유명하다. 하지만 이 기법은 특정 사실이 기억에 남아 있지 않다는 이유만으로 무죄가 될 수 있는 소지가 있어 그대로 적용하기에는 한계가 있다. 명백히 범죄를 저질렀지만 사고나 의도적 망각으로 그 사실이 기억에 남아 있지 않은 경우에는 어이없게도 무죄를 증명하는 증거로 이 도구가 악용될 수 있기 때문이다. 속담처럼 백 명의 범인을 놓쳐도, 한 명의 억울한 죄인을 만들어서는 안 되는 법이다.

거짓말탐지기가 문제가 있다면, 목격자 증언을 활용하되 앞뒤 정황을 확실하게 기억할 수 있도록 세부적인 질문을 하면 되지 않을까? 목격자 증언은 기본적으로 목격자의 기억에 의존한다. 그런데 문제는 악의가 있거나 없거나, 그 사람이 자신의 기억을 확신하거나 말거나 간에 기억은 본래 왜곡의 가능성이 크다는 점이다. 심리학자인 엘리자베스 로프터스Elizabeth F. Loftus는 이 점에 대해서 오랜 기간 연구를 했다. 로프터스는 1979년 실시한 실험에서 참가자들에게 자동차 사고에 관한 영상을 보여주었다. 그러고 나서 마치 법정에서 증언을 하는 것처럼 질문을 했다. 예를 들어 어떤 집단에게는 '자동차 충돌 시 어느 정도의 속도로 달리고 있었는가?' 하고 묻고, 또 다른 집단에는 '자동차가 부딪혔을 때 어느 정도의 속도로 달리고 있었는가?'라고 물었다. 두 조건의 차이는 아주 미세했다. 상황은 비슷했지만 '충돌'이라는 말이 더 격한 느낌이 드는 차이가 있을 뿐이었다. 그러나 충돌이라는 단어가 쓰인 질문을 받은 집단은 자동차의 속도가 더 빨랐다고 대답했다. 그리고 일주일 후에 추가 질문에서는 사고현장에서 유리 파편 등을 보았다고 말했다. 그들은 목격자로서 충실하게 생생한 정보를 전했다. 그러나 그들이 본 영상에는 유리 파편이 없었다. 상대방의 질문을 듣고 목격자들은 그러려니 추측을 하고서 기억을 왜곡시켜 대답한 것이다.

이 심리학 연구는 법정에 큰 영향을 주었다. 기존에 유도 심문을 문제 삼던 법정에서는 목격자의 기억 왜곡이라는 좀 더 본질적인 문제를 해결해야만 했다. 흔히 기억은 사진기를 찍는 것과 같이 있는 그대로를 저장하는 것이라고 생각한다. 그러나 어느 누구도 완벽하게 모든 것을 있는 그대로 기억할 수는 없다. 우리는 전체를 고루 보는 것이 아니라, 자신이 관심을 가지는 대상을 중심으로 사물을 본다. 같은 식당 안의 모습을 봐도 배고픈 사람은 음식을 중심으로 기억을 한다. 애인이 필요한 사람은 매력적인 사람을 중심으로 기억을 한다. 돈을 중시하는 사람은 그날 주문한 메뉴의 종류나 가격을 기억한다. 이렇듯 처음에 외부의 사건을 저장하는 과정에서 이미 왜곡은 일어나기 시작한다. 이런 사실을 간파한 농담도 있다. 길을 가는 방법을 물어보면 먹보는 "왼쪽으로 돌면 커다란 한식당이 있는데 거기에서 2백 미터쯤 가다보면 냉면집이 나오는데" 식으로 식당을 중심으로 설명하고, 왕성한 애정 행각을 벌이는 사람은 모텔 위치를 중심으로 설명한다는 농담 말이다.

애초에 인간의 뇌는 있는 그대로를 저장하는 사진기가 아니다. 진화의 결과물인 뇌는 그런 사진기와 같은 기억을 가질 필요도 없었다. 직접 실험을 해보자. 눈을 감고 여러분의 어린 시절 중 아주 생생한 기억을 떠올려보라. 정말 생생해서 바로 어제에 있었던 일과 같은 기억이면 더 좋다. 예를 들어 운동회를 떠올렸다고 해보자. 친구들이 내지르는 격려의 함성, 그날의 날씨, 자신이 뛰는 모습뿐만 아니라 자신의 땀 냄새까지 생생하게 기억났을 수도 있다. 이제 그때의 기억을 다시 찬찬히 살펴보자. 기억을 할 때 특정 영상과 같은 것이 떠올랐을 것이다. 마치 자신이 주인공이 된 영화를 보는 것처럼 말이다. 그런데 이상하지 않은가? 기억이 정말 외부의 사건을 그대로 복사하는 것이라면 카메라에 해당하는 눈이 딱 하나로 고정되어 있었어야 하지 않을까? 그런데 기억 속의 장면을 보면 참으로 역동적이다. 아예 완성된 영화처럼 편집까지 근사하게 되어 있다. 하늘에서 내려다본 것 같은 장면이나 심지어 자기 자신을 밖에서 본 장면까지도 들어가 있다. 적어도 그 당시의 눈 높이가 아닌 좀 더 키가 큰 어른의 눈높이에 맞는 시선으로 기억을 하고 있다. 이것은 우리가 기억을 할 때 있는 그대로 과거의 일을 머릿속에서 꺼내는 것이 아니라 자신의 의도에 맞게 변형해서 기억을 하고 있음을 나타내주는 예이다. 기억은 사진을 찍어 앨범에 끼워놓기가 아니라 마치 바람 위에 글을 쓰는 것에 더 가깝다.

기억의 왜곡이 자연스럽게 일어날 수 있다는 사실이 인정되자 법정에서는 순전히 목격자의 진술만을 가지고 판단을 내릴 수가 없게 되었다. 목격자의 증언은 사건 정황을 객관적으로 살피는 여러 참고자료 중의 하나일 뿐이다. 법정은 기억의 왜곡 등 공정한 재판에 영향을 줄 수 있는 오류를 막는 노력을 계속해야만 한다. 왜냐하면 법을 통해서 개인의 권익이 보호받으며 사회 질서가 유지될 수 있기 때문이다.

영국이나 미국 모두 법정에서는 목격자 증언에 너무 무게를 두지 말라는 주의가 배심원들에게 주어진다. 목격자 증언의 왜곡에 대한 연구가 많이 이뤄졌기 때문이다. 그런데 목격자의 범법자 확인만큼은 아주 중요한 정보라서 무시하기 힘들다. 어떻게 하면 목격자의 인지적 왜곡 없이 범법자의 얼굴을 올바르게 확인하도록 할 수 있을까? 단지 용의자를 일렬로 세워놓고 목격자에게 보게 해서 한 명을 지목하게 하는 것은 좋지 않다. 이렇게 하면 실제 범죄 현장에서 본 인물이 아니라 인상 나쁜 사람을 지목할 확률도 생긴다. 그러니 오류가 들어갈 수 있는 요소를 제한해서 시스템을 만들면 범법자를 객관적으로 색출할 수 있을 것이다.

범법자의 얼굴의 부분 부분을 몽타주를 작성하는 것처럼 그림으로 만드는 경우에 목격자와 경찰, 작성 시스템 사이의 상호작용이 어떠냐에 따라 결과가 달라질 수 있다. 스케치 전문 화가가 목격자에 달라붙어서 상호작용하며 그림을 그려주는 경우에는 정확한 결과를 얻을 수 있다. 그런데 문제는 이런 고급 기술을 경찰 모두가 훈련받을 수는 없다는 점이다. 그래서 'Photo-FIT'과 'Identikit' 같은 시스템이 1960년대와 1970년대 개발되었다. 그런데 이런 시스템으로 조합되어 나온 얼굴은 실제 인물의 얼굴과 큰 차이가 있었다. 그 이유는 외모에 대한 데이터베이스 없이 작동하는 시스템이었기 때문이다. 그리고 목격자에게 직접 시스템을 통해 얼굴의 부분을 고르라고 하는 것 자체가 힘든 인지적 과제였기 때문에 문제가 있었던 것이다.

이런 초기 시스템의 단점을 수정해서 'E-FIT', 'CD-FIT'이 나왔고, 최근에는 'PROfit'이라는 시스템이 나왔다. 그 결과 목격자의 인지작용을 잘 이용할 수 있게 되었다. 'E-FIT'의 경우 얼굴 요소 조합은 다음과 같은 순서로 이뤄진다. 우선 목격자가 타겟 얼굴을 회상하고 그것을 말로 시스템 작동자에게 묘사한다. 그러면 작동자는 적당한 '속성 입력기feature descriptor'에 각 묘사에 맞게 특질들을 입력시킨다. 그러면 시스템은 그것을 바탕으로 각 특징의 순위를 매긴다. 그런 다음 목격자가 묘사한 것과 가장 잘 부합되는 특질 예시들로 조합된 최초 이미지를 내놓는다. 목격자는 이 이미지를 보고 나서 이미지가 잘못된 것이 있다면 고치게 해서 결국 최초에 회상했던 그 얼굴과 가장 흡사한 상태가 되도록 한다. 데이터베이스로부터 사이즈나 특정 속성의 위치, 질감 등등을 바꿀 수도 있다. 그런데 일련의 연구를 통해서 목격자의 얼굴 묘사 말 자체가 그다지 많이 도움이 되지 않은 것으로 나타났다. 왜냐하면 아무런 훈련을 받지 않고 일반인이 자기가 본 것을 정확하게 말로 묘사한다는 것이 힘들 수도 있기 때문이다.

최근 영국에서는 새로운 얼굴 조합기인 'EVOfit'과 'EigenFIT'이 나와 유명세를 타고 있다. 이 시스템은 특징 속성을 담고 있는 데이터베이스를 활용하기보다는 통계적 방법을 이용한다. 'PCA'(Principal Component Analysis)로 알려진 통계 방법은 전체 얼굴에서의 이미지 속성을 분석해서 전체적인 얼굴 정보를 잡아낸다. 이런 과정은 거의 실제의 인간이 얼굴을 볼 때의 인지 과정이기도 하다. 우리는 어떤 사람이 피곤해서 눈 밑이 검게 되었다고 해서 못 알아보지는 않는다. 전체적으로 사람을 인식하기 때문이다. 'EVOfit'과 'EigenFIT'는 목격자에게 말로 묘사하도록 시키는 대신 아예 9개에서 16개의 얼굴 이미지를 주고 그 중에서 가장 타겟 얼굴(목격한 범법자 얼굴)과 가장 유사한 얼굴을 고르라고 지시한다. 목격자가 하나를 고르면 이제 시스템이 새로운 세트를 또 만든다. 즉 또 9개에서 16개의 얼굴 이미지를 제공한다. 그 이미지 세트에는 아까 목격자가 고른 이미지와 함께, 그 속성을 다른 식으로 부여해서 조금씩 바꾼 다른 얼굴 이미지로 구성된다. 목격자가 선택할 때마다 편차는 점점 줄어들고 결국 마지막에는 타겟 얼굴과 비슷한 이미지 여러 개가 남는다. 그 중에서 목격자는 정말 아주 비슷한 얼굴을 하나 고르면 된다. 이런 'EVOfit'과 'EigenFIT' 시스템에는 유전자 알고리즘이 들어가 있어서 편차를 줄이게 한다. 목격자가 묘사를 하지 않고서도 범법자와 흡사한 얼굴을 구성할 수 있는 획기적인 방법이나 'E-FTIT'이나 스케치 전문 화가의 구성보다 못하다는 연구 평가를 받고 있을 정도로 아직 완전하지는 않다. 다만 이 방향으로 지속적으로 발전하고 있는 중이다.

인지과학자들은 '자동 지문 확인 시스템AFIS'(Automated Fingerprint Identification System)과 같은 전문가 시스템expeert system을 개발하여 수사를 돕기도 한다. 전문가 시스템은 전문가와 다름이 없는 수행 능력을 보이는 기계를 만드는 것이다. 전문가가 보유하고 있는 많은 양의 지식을 간단히 규칙으로 전환하여 저장한 다음에 문제가 발생한 경우에는 그 규칙으로부터 해답을 추론하도록 한다. 'AFIS'는 지문이 범죄 현장에서 일부분만 있거나 손상된 상태라고 할지라도 데이터베이스에 저장된 대용량의 지문 정보와 비교해서 용의자를 추적할 수 있도록 한 시스템이다. 이 시스템 덕분에 기존의 미해결 수사와 현장 수사에 큰 도움이 되고 있다. 그러나 오류가 없는 것은 아니다. 'AFIS'를 써서 2004년 스페인 마드리드 폭발 사고에서 메이필드라는 남자를 용의자로 잘못 지목한 사례가 있었다. 그런데 재미있는 것은 세 명의 지문 감식가도 각각 독립적으로 지문을 감식했지만 메이필드가 용의자라고 똑같이 지목했다는 것이다. 여기서 중요한 포인트는 'AFIS'가 인간보다 수행 능력이 못해서 잘못 용의자를 지목한 것이 아니다. 지문 감식가처럼 전문적이기 때문에(수많은 경험을 바탕으로 눈앞의 지문을 감식하는 사람과 수행 능력이 비슷할 정도로 '정확도'를 가지기 때문에) 순전히 우연의 일치로 나온 아주 비슷한 지문의 소유자를 지목했다는 점이다. 인지과학은 인간 전문가와 똑같은 수준의 인공 시스템을 만든 것이다.

전문가 시스템을 가지면 비전문가라고 하더라도 전문가의 수행을 보일 수 있다. 어쩌면 법률 전문가 시스템을 통해서 자신을 변호할 수 있게 될 날이 올지도 모른다. 이 책에 소개된 2033년 재판에 선 젊은이는 브레인 칩을 통해 다른 전문가와 통신을 하고, 인터넷에 접속해서 얻은 정보를 조합해서 자신을 변호했다. 그러나 이도저도 귀찮은 사람은 변호사 전문가 시스템을 임대해서 자신을 위해 변호를 하게 할 수도 있다.

우리는 컴퓨터 공학자가 되어야만 컴퓨터를 사용하는 것은 아니다. 'AFIS'를 쓴 사람이 경험이나 훈련이 아니라, 단지 대용량의 지문 데이터베이스에 접근하는 기계를 다룰 줄만 알면 최고 고수가 되었던 것처럼, 인지과학을 통한 전문가 시스템으로 뭐든지 할 수 있을지도 모른다. 어쩌면 정치를 전문적으로 잘하는 시스템이 나올 수도 있다. 그런데 그 시스템은 정말 정의로울까? 아니면 인류사에서 가장 오랜 직업으로서 쌓은 노하우를 살려 혼란을 잘 이용하는 간악함으로 가득찰 것인가?

5 신속 단정한 전쟁, 최강의 악마가 날뛰는 전쟁

철학자 토마스 홉스Thomas Hobbes는 정치 철학을 내용으로 하는 저서 〈리바이어던*Leviathan*〉을 썼다. 그는 국가 또는 통치자를 상징적으로 나태내기 위해서 성서에 나오는 무적의 바다 괴물인 '리바이어던'이라는 용어를 사용했다. 그런데 성서에서 하느님의 적대적 존재이면서 혼돈과 무질서를 상징하는 것으로 쓰인데 반해, 홉스는 오히려 질서를 보장할 수 있는 힘의 소유자(국가나 통치자)를 상징하는 용어로 '리바이어던'을 사용했음에 주목해야 한다. 홉스의 주장에 따르면 최고의 힘을 갖고 있는 '리바이어던'은 인간들이 상호 계약에 의해 창조한 것이다. '만인에 대한 만인의 투쟁'을 막기 위해서는 공권력에 의한 조정이 필요하다.

어느 시대에나 분쟁은 있었다. 그런데 앞으로는 그 분쟁 해결 방법이 상당히 달라질 것 같다. 정치가가 소유한 문제 해결 전략 중 하나인 전쟁의 도구가 리바이어던을 연상시키는 방향으로 바뀌기 때문이다. 구체적으로는 어떤 시스템이 있을까? 강도가 약한 무인 기계와 같은 지능적 로봇에서부터 살상용 전투 로봇까지 그 종류는 실로 다양하다.

1983년 미국 방위고등연구계획국DARPA은 무선 신호로 조종되는 무인 장갑차를 처음 개발했다. 1991년 걸프전쟁 동안에 미국은 수송을 위한 자동화된 병참 계획과 일정을 맞추기 위해 'DART'(Dynamic Analysis and Replacing Tool)를 배치했다. 이것은 한 번에 5만 대의 차량, 트럭, 사람이 투입되는 것으로, 출발점, 목적지, 경로, 모든 요소들 사이의 분쟁 해결conflict resolution 등을 계산해내는 시스템이었다. 'AI planning'(인공 지능 계획) 기술은 다른 방법으로는 몇 주일 걸리는 것을 수 시간 내에 하나의 계획을 만들어내게 했다. 이러한 단 하나의 어플리케이션이 DARPA에서 'AI'(Artificial Intelligence)에 30년 동안 투자한 비용을 보상하는 것이었다고 말했다. 이후 성과를 확인한 미국 의회가 2001년 '미래전투시스템FCS'(Future Combat Systems) 지원 법안을 통과시키면서 전투 로봇 개발은 더욱 본격화됐다.

비록 명칭은 미래전투시스템이지만 이미 현재에도 적용이 많이 되고 있다. 미국 국방부는 2006년 7월 약 1600대의 전투 로봇이 이라크 전선에서 활동하고 있다고 집계했다. 현재 미국은 복잡한 지형지물을 통과해 목표까지 스스로 움직일 수 있는 단계까지 와 있다. 현재 지능형 전투 로봇 분야에서는 이스라엘과 프랑스가 미국의 뒤를 바짝 쫓고 있다. 지능형 전투 로봇에도 인지과학의 인공지능 연구가 바탕이 되어야 한다. 단지 사람과 무생물을 구별하는 수준이 아니라, 아군과 적군을 구별해야 하는 것이 기본적 기능이다. 이후 지능적으로 상황 인식과 자율 통제를 하는 등 고차원적인 기능 개발을 위해서는 인지과학의 연구가 꼭 필요하다.

미국 카네기멜론 대학의 로봇공학연구소의 'ALVINN'(Autonomous Land Vehicle In a Neural Network) 컴퓨터 비전 시스템은 레인을 따라서 자동차를 운전할 수 있게 훈련시킨 것이다. 그 시스템을 통해 카네기멜론 대학의 'NAVLAB'(Navigation Laboratory) 연구소에 있는 컴퓨터가 제어하는 무인 미니밴은 미국을 가로질러 2,850마일(약 4,560킬로미터)을 여행하기도 했다. 이 자동차는 시간상으로 98퍼센트를 스스로 운행한 것이다. 나머지 2퍼센트를 인간이 대신하였는데 대개 굽은 도로 등을 탈출하게 한 것이었다. 'NAVLAB'는 비디오카메라로 'ALVINN'에게 도로의 영상을 전송하고, 이전의 훈련 주행의 경험을 바탕으로 컴퓨터들이 최상의 운전 방향을 계산한다. 현재 이 프로젝트는 미국 DARPA의 지원을 받아 계속 발전하고 있다. DARPA는 오는 2014년까지 군용차량의 3분의 1을 자율 주행 기능을 갖춘 로봇 차량으로 대체하는 미래전투시스템을 진행하고 있다. DARPA는 캘리포니아의 모하비 사막을 횡단하는 로봇차량 대회 '그랜드 챌린지'를 2회 개최한데 이어서 2007년 11월에는 실제 도심을 달리는 '어번 챌린지'를 시도해서 완주했다.

미래전투시스템 계획에 따르면 2012년에는 전투 로봇과 인간 병사가 섞여 있는 여단을 창설해 전투를 수행하도록 시범 운영할 예정이다. 그리고 이제 곧 SF영화에서 본 사이보그만으로 된 군대가 현실이 되는 것이다. 실제 전투 로봇의 위력은 아프가니스탄 전쟁과 이라크 전쟁에서 이미 충분히 입증됐다. 원격 조종 로봇인 '팩봇Packbot'은 보병을 대신해 위험지대의 정찰 임무를 도맡았다. 그뿐만 아니라 각종 살상무기를 실은 무인 전투기 등의 활약으로 미군은 예전과는 다른 전쟁 수행 능력을 보여주었다. '팩봇PackBot'은 배낭(팩)에 들어갈 만큼 작다. 이 소형 로봇은 이라크에서 광범위하게 사용되며 정찰 임무를 실행해왔다. 가장 중요한 임무는 숨은 폭탄을 탐색해서, 경우에 따라서는 폭발시키는 것으로 인간을 위험으로부터 보호하는 것이다.

이 밖에 DARPA는 일명 루크 망원경으로 통하는 '조기 위험 경고 시스템Cognitive Technology Threat Warning System'을 개발했다. 이 시스템은 전전두엽의 뇌파 전위를 모니터링하는 'EEG 시스템'과 망원경을 결합해서 위험을 조기에 인지하도록 하는 것을 목적으로 한다. 뇌는 잠재의식적으로 위험을 포착하는 능력이 뛰어나다. 이것을 활용하여 이성적으로 상황을 확실히 파악하기 이전에 병사가 위험에 즉시 대처하게 하면 생명을 보호할 수 있으며 전투에서도 승리할 수 있는 가능성이 커지게 된다. 이 장비는 현재 현장 테스트 단계에 와 있다.

미군은 새로운 전투를 위해 인공 텔레파시를 연구하기도 한다. 만약 격전이 벌어지고 있는 전투 상황이라면 서로 소리를 치거나 무전기로 통신할 여유조차 없을 것이다. 단지 어떤 명령을 생각하는 것만으로도 병사들과 의사소통이 될 수 있다면 전투 승리의 가능성은 더 커질 것이다. 미국이 '인공 텔레파시synthetic telepathy' 연구에 투자하는 이유 중에는 이런 군사적인 목적도 있다. 미 육군은 인공 텔레파시 연구를 위해 캘리포니아 주립대학, 카네기멜론 대학, 메릴랜드 대학 연구팀에 400만 달러의 연구 용역을 주었다. 기존에 메릴랜드 대학 연구팀을 지휘했던 신경과학자 데이비드 포펠David Poppe 교수는 뉴욕 대학으로 옮겨서 이 연구를 계속하고 있다. 아직은 실제 텔레파시가 일어난다고 볼 수 없는 초보 단계이다. 거대한 장비를 통해 실험자에게 '나는 지금 뉴욕 지하철로 달려간다'는 식의 문장과 '바에서 맥주를 즐기며 음악을 듣고 있다'는 식의 서로 다른 여러 문장을 한 번만 말하도록 한 뒤, 실험자의 생각만으로 어떤 문장을 말하는지 알아맞힐 수 있는 정도이다. 그러나 장비가 소형화되고 관련 연구가 정교화한다면 가장 비과학적이라고 할 수 있었던 초능력의 영역까지 인지과학 시스템이 생기는 것이다.

이러한 시스템이 도입되면 미군의 생명은 많이 살리겠지만, 잠재적인 위협 요소로 분류된 상대편은 몰살될 가능성도 그만큼 커진다. 로봇에 예언자이자 초능력자에 가까운 병사까지……. 미군과 상대하는 입장에서는 지상 최대의 난적인 리바이어던의 출현이 따로 없다. 싸워볼 생각도 없이 항복해야 할 것 같다. 이런 공포는 분명 분쟁 해결 협상에 나선 미국 정치가에게 큰 도움이 될 것이다.

리바이어던의 힘과 비견할 만한 기술을 미군 측에서 개발한다는 것은 사실이다. 그러나 꼭 미래가 악마의 장난으로 멈추게 되는 것만은 아니다. 기술의 잠재적 위험성을 일반 대중까지 정확히 안다면 어떠할 것인가? 유권자들이 해당 기술을 악용하려는 정치가들에게 투표로 심판하여 처벌할 수 있다면 어떨까? 악용하려는 시도를 줄이거나, 악용할 수 있는 요소를 줄인 정책을 만들려 노력하지 않을까? 대개의 과학기술에 대한 평가가 그렇듯이, 디스토피아적 시나리오는 과학기술 그 자체의 문제라기보다는 그것의 활용과 관련된 문제에 더 가깝다. 과거의 전쟁을 수행하기 위해 발전시킨 과학과 관련 도구가 그랬듯이 평화적 목적으로 변용해서 실생활에 활용한다면, 악마의 기술은 천사의 기술로 탈바꿈할 것이다.

애초에 좋은 목적으로 개발되는 기술도 있다. 미군의 경우 전 세계에서 전쟁을 수행하는 경우가 많다. 그래서 언어소통의 문제가 크기 때문에 똑똑한 통역자에 대한 수요가 항상 있어 왔다. 그러나 현지 언어에 능통한 미국인이나 영어에 능통한 현지인 모두 전투 상황에서 투입하기에는 공급이 너무 딸리고, 높은 위험수당 지급에 따른 재정적 문제도 있다. 그래서 만능 통역기를 기획하게 되었다. 이 통역기는 미리 회화에 해당하는 데이터베이스를 집어넣고 사용자가 클릭을 통해 해당 표현을 찾는 전자사전이 아니다. 입 주위에 음성 인식을 위한 전극을 붙인 채 영어를 말하면 동시에 그것을 아랍어로 바꿔주는 식의 획기적인 기기이다. IBM의 '게일GALE 프로젝트'로 만든 통역기는 실제로 이라크 전쟁에 투입하여 현장 테스트도 마쳤다. 영어와 아랍어 통역율이 90퍼센트에 달한다고 한다.

카네기멜론 대학의 알렉스 웨이벨 교수 연구팀은 만능 통역기 개발의 선두주자이다. 웨이벨 교수 연구팀은 이미 2005년 가을 다양한 언어로 번역되는 동시 통역기를 선보였다. 통역이 되는 분야도 특정 분야가 아니라 다양한 분야에 걸쳐 고른 수행 결과를 보였다. 관련 기술이 발전해서 성공률 100퍼센트에 가까운 통역기가 만들어진다면 외국어 공부에 드는 개인적 국가적 비용 낭비를 줄이고 해당 재원과 열정을 다른 곳에 돌릴 수 있게 될 것이다. 또한 통역기를 개발한 나라는 엄청난 경제적 부를 얻을 수 있게 될 것이다. 그러나 이런 기술을 발달시키려면 언어학과 심리학, 공학 등이 서로 교류하는 인지과학의 발전이 선행되어야 한다. 욕심만으로는 천사를 만나 천국으로 들어갈 수 없다.

CHAPTER III

경제—손오공이 질주하는 부처님의 손바닥

1 손오공과 부처님 손바닥

근대 과학은 인간의 이성에 대한 확고한 믿음에서부터 출발했다. 그 믿음은 무엇이든지 가능하다는 과도한 기대를 갖게 하기도 했다. 경제학적에서도 이성에 대한 믿음과 합리적 선택을 통한 성장에 대한 기대는 대단했다. 이성은 합리적이고 감성은 비합리적이라는 관점이 일반에게 널리 퍼지게 되었다. 하지만 인지과학은 이러한 관점을 반대한다. 이성 자체가 탈합리적일 수도 있다는 입장을 고수한다.

오만한 손오공은 제 한계를 모르고 한껏 질주했으나, 결국 부처님 손바닥에서 헤맨 것에 지나지 않았다. 우리는 한계를 뛰어넘어 이성에 의한 진보를 거둘 것처럼 생각했지만 그럴 수는 없다. 왜냐하면 플라톤 이후 서구 철학이 가정했던 것처럼 인간은 이상적으로 이성적이지는 않기 때문이다. 최근 인기를 끌고 있는 행동경제학의 책들은 바로 이점을 잘 지적하고 있다. 행동경제학 등장 이전 고전 경제학의 이론 체계 전반을 지배하던 세 가지 대전제는 다음과 같다.

① 자원은 희소하다.

② 경제주체가 합리적인 행동을 한다.

③ 경제현상은 항상 균형을 이룬다.

행동경제학은 특히 두 번째 전제를 문제 삼고 있다. 이 전제는 다음과 같이 고쳐져야 마땅하다.

"경제주체로서의 인간은 합리적인 행동을 하려 한다."

이 새로운 전제에는 경제인이 합리적인 행동에 이르기까지는 '시간'이 소요된다는 의미, 합리화의 정도에 있어서 경제인 각각에 '개인차'가 존재한다는 의미, 경제인이 합리화하는 과정에 경제외적인 변수가 개입할 수 있다는 의미를 함축하고 있다.

경제학에서의 합리성을 가능하게 해주는 전제 조건으로 경제주체가 모든 정보를 갖고 있다는 '완전 정보'라는 가정을 하고 있다. 이 가정이 경제이론을 치밀화하는 데 중요한 역할을 한다는 것은 사실이다. 하지만 그 덕분에 현실과 이론은 엄청난 괴리가 생기게 되었다. 합리적이라는 말은 규칙에 따라 언제 어디에서나 똑같은 결과를 보여야 함을 뜻한다. 이렇게 되려면 우선 경제활동을 일으키는 인간의 욕망을 가치서열로 매겨 적당한 자리에 끼워 맞출 수 있다는 전제가 있어야만 한다. 또한 이러한 가치서열을 계획자가 충분히 조정 예측할 수 있을 정도로 완전무결하게 정비할 수 있어야 한다. 그러나 그것은 현실적으로는 영원히 불가능하다. 어떤 사람도 모든 인간의 동기를 의식적으로 항상 완벽하게 조정할 수는 없다. 아니, 모든 사람은 고사하고 그 계획을 꿈꾸는 당사자조

차도 자신의 동기와 욕망이 상황 맥락에 따라 달라져 조절하기가 힘들지 않은가?

원래 경제학은 그리스어로 오이코스Oikos(가계)와 노미아Nomia(관리)의 합성어로서 '물질의 관리학'을 뜻한다. 그러나 인간이 물질의 문제를 해결하게 됨에 따라 경제행위의 동인을 물질적 이윤의 극대화로만 볼 수 없게 되었으며, 이를 극복하는 방법은 물질뿐만 아니라 영혼의 문제까지 포함한 '삶의 관리학Zoenomics'(Zoe〔삶〕+ Nomia〔관리〕)으로서의 경제학을 재정립할 필요가 있다. 그 재정립의 방법 중의 하나로 삶과 가장 가까운 심리학(특히 인지심리학)의 원리를 경제현상에 적용하는 행동경제학이 나왔다.

경제학이 원래부터 소위 경제학 이외의 요소를 무시하는 학문적 토대를 갖고 있었던 것은 아니다. 경제학의 시조로 여겨지는 아담 스미스는 〈국부론〉을 쓰기 전에 도덕 철학에 관심이 컸었다. 아담 스미스는 〈도덕 감정론〉과 같은 인간의 도덕 이론에 관한 책과 언어, 의사소통 체계의 발달에 대한 글도 썼다. 아담 스미스 경제학의 핵심 개념의 하나는 사회경제를 움직이는 힘이 사리사욕self-interest에 있다고 본 것이다. 경쟁적인 시장에서 개인들 각자가 자신의 이익을 추구할 때 보이지 않는 손의 작용이, 그 사회의 자원을 가장 잘 활용하게 한다는 것이다. 이러한 스미스 이론의 기본에는 그가 이전에 관심 가졌던 개념인 인간의 동기, 도덕관이 깔려 있다. 그 나름대로 인간에 대한 하나의 관점이 깔려 있었던 것이다. 그러한 인간관을 바탕으로 스미스는 국부론을 펼쳤고, 그에 기초하여 현대 경제학이 출발하여 지금까지 왔다. 그리고 그 이후의 경제학 이론들은 스미스의 이론을 가다듬어서 두 가지 측면, 즉 1) 동기적 측면에서 인간은 자기 이익을 추구하는 존재이며, 2) 이성적 측면에서 인간은 합리적 사고를 하는 존재라는 기본 전제가 소위 고전적 경제학이라고 불리는 현대 경제학의 밑바탕을 이루는 것이다. 그런데 아담 스미스가 전제한 인간관이 잘못되었었다면 어떤가? 그러면 그에 기초한 현대 경제학의 기초부터 흔들리지 않을 수 없다.

심리학자이자 인지과학자인 허버트 사이먼Herbert Simon과 다니엘 카네만Danniel Kahneman이 각각 노벨 경제학상을 받을 수 있었던 것은 아담 스미스의 인간관이 잘못되어있으니 경제학을 다시 써야 할 필요가 있음과 그 대안을 직접 보여주었기 때문이다.

신고전주의 경제학은 인간이 완벽하게 합리적이고, 그들의 이익을 최적의 것으로 결정한다는 가정에 기초하고 있다. 그에 비해 심리학자이자 인지과학자인 허버트 사이먼은 인간의 합리성이 그리 완벽하지 않다고 주장한다. 사이먼의 '제한된 합리성Bounded Rationality' 이론은 사람들이 항상 최적의 결정을 하지는 않는다고 예견하고 있다. 즉 제한된 정보와 상황을 판단하는 불완전한 능력 때문에 사람들은 '대충 때우기satisficing'를 하게 된다는 것이다(satisfice는 만족하다satisfy와 희생하다sacrifice의 합성어이다). 사이먼은 인간이 최대의 성취(효용 또는 기대 효용의 최대화)를 이루는 의사결정을 하려면 각 대안이 지닌 비용과 이득에 대한 완전한 분석부터 해야 하는데, 이런 식의 의사결정은 시간 제약과 정보처리 용량이 제한된 인간에게는 가능하지 않다고 보았다. 그래서 사이먼은 인간이 완전히 합리적이라기보다는 제한된 범위 내에서 합리적이라고 가정하였다. '제한된 합리성'이란 인간의 인지적 한계로 인해 한꺼번에 많은 정보를 다룰 수 없기 때문에 의사결정 문제를 인지적 한계 내에서 조작할 수 있는 크기로 단순화(축소)시키고 난 후, 단순화된 과제 수행에 한하여 합리적임을 의미한다. 인간은 이러한 제약 내에서 나름대로 좋은 의사결정을 위한 지름길 또는 편법적 규칙heuristic들을 개발하여 왔고, 그것들을 적용하여 환경에 적응하는 데에 적절한 실용적 판단과 결정을 해내고 있다. 이런 편법이 행동경제학의 주된 관심사이다. 인지과학이 경제학에 커다란 변화를 몰고 온 것이다. 기존의 경제학자들은 합리성에 대해서 대개 이런 식으로 이야기를 했다.

"사람은 감정의 동물이기 때문에 때때로 비합리적으로 행동하는 경우가 있다. 경제학자도 이런 사실은 안다. 다만 개인의 차원에서만 예외적으로 그런 비합리적 행동이 나타날 수 있어 집단 전체로 놓고 볼 때는 합리적이라고 가정해도 무방하다는 가정을 갖고 있을 따름이다."

이런 태도는 이상화된 모델을 제공하는 것을 학문의 사명으로 당연시하며, 오히려 현실의 일반인들이 거룩하게 여겨야 함을 강요하는 듯하다. 그렇게 박제화된 현실을 이상적인 틀 속에서 연구한 후에 다시 그것을 실제 세계에 적용하는 것이 문제점이 있을 수밖에 없다. 자원을 최적으로 배분하는 인간, 경제원칙에 따르는 인간이야말로 합리적으로 행동하는 경제인으로 생각했었다. 이는 현실 과정에서의 인간 행위의 한 면만을 추출하고, 조명하는 한정된 성격을 지니고 있는 것이다. 그러나 사회에서의 인간은 그야말로 생동적이고 유동적이며 복잡한 맥락 속의 존재이기에 다각적인 연구가 진행될 필요가 있다. 이러한 학문적 배경을 바탕으로 행동경제학이 등장하게 되었다.

한편 2002년 노벨 경제학상 수상자인 인지과학자 다니엘 카네만은 판단과 결정 과정에 대한 연구로 유명하다. 그의 이론에 의하면 인간의 판단과 결정에는 수많은 오류가 있다. 카네만은 다양한 실험을 통해 합리적 규칙의 조합에 의해 결정이 이루어진다는 논리학이나 고전적 경제학의 '규준이론normative theory'의 허구성을 드러내 보였다. 대신에 인간 나름대로 자신의 지식, 동기 등에 의해 편향이 개입되며 합리적 규칙이 아닌 여러 유형의 편법heuristics을 사용함을 밝혔다. 카네만을 위시한 인지심리학자들의 연구 결과, 연역적 추리나 귀납적 추리나 판단 및 결정 과정들이 모두 오류 가능성이 크며, 논리적 규칙을 올바로 적용한 합리적 사고, 규준적 사고가 잘 이루어지지 않는다는 사실을 밝혀냈다. 즉 경제학자의 기본 가정처럼 논리적 규칙을 적용한 논리적, 합리적 사고가 대부분이고 비합리적 사고가 예외인 것이 아니라, 그 역이 현실이라는 것이다. 한 마디로 말하자면 고전적 경제학에서 이야기하고, 모든 사회과학들이 전제하였던 것과 같은 '인간은 (제3자가 논리적, 객관적으로 보았을 때) 각자 자신의 이익을 최대화하는 합리적, 이성적 존재'가 아니라는 것이다. 따라서 기존의 고전적 경제학의 기반이 힘없이 무너지게 되었다. 그래서 경제학이 변화하기 시작하고, 결국은 이러한 새로운 관점, 새로운 인간관을 바탕으로 한 행동경제학이 탄생한 것이다.

이제 행동경제학은 어엿한 주류이다. 미국 아이비리그 대학 중에서도 일류 대학의 젊은 경제학자들, 창의적인 경제학자들이 이 행동경제학에 쏠리고 있고, 학생들이 이 학문에 몰리고 있으며, 일반 대중까지 현실을 올바르게 설명하는 행동경제학에 매료되고 있다. 2009년 하버드 비즈니스 프레스의 '올해의 책'으로 선정된 도서도 행동경제학을 주제로 한 책이었다. 시드니 핀켈스타인Sydney Finkelstein 등의 공저인 〈확신하는 그 순간에 다시 생각하라!*Think Again*〉(옥당, 2009)라는 책을 보면 부처님 손바닥 안에서 노는 손오공과 같이, 편법 규칙 안에서 헤매는 사례를 아주 많이 볼 수 있다. 이 책은 "보이는 대로 믿지 마라! 판단하지 마라!"고 주장한다. 그러나 이 사실을 안다고 해서 판단 오류를 줄이기는 힘들다. 책에 소개된 사례의 주인공들은 각 분야에서 혁혁한 성공을 거두고 성공에 한계가 없어 보였던 인물들이다. 하지만 그들은 참으로 바보 같은 결정을 내렸다. 저자들은 그런 배경 원인이 궁금했고, 그 답을 행동경제학에서 찾았다. 그리고 나름의 처방을 내놓았다. 물론 행동경제학 틀 안에서 내놓았기에 제한점이 있다.

우리가 의사결정과 관련된 뇌 구조와 과정을 알게 되었다고 해서 갑자기 인간이 신처럼 될 수 있는 것은 아니다. 다만 오류를 최소화할 안전장치를 만들어서 약간의 수정을 가할 수 있을 뿐이다. 왜냐하면 진화적 결과물인 뇌 자체가 그렇기 때문이다. 인간이 복잡한 상황에 직면하면 이를 대처하기 위해 두뇌에서 두 가지 과정이 일어난다. 패턴 인식과 감정적 꼬리표 달기가 바로 그것이다.

패턴 인식은 주어진 현재의 상황을 과거의 경험에 비추어 인식하는 것이다. 감정적 꼬리표 달기는 우리의 기억에 저장된 경험이나 생각에 자신의 감정적 정보를 첨부하는 과정을 말한다. 이 두 과정을 통해 인간은 확신하게 된다. 이 과정들은 대개의 경우 올바른 의사결정을 내리게 해준다. 그러나 특정한 조건 아래서는 잘못된 길로 오도할 가능성도 있다. 왜냐하면 인간의 패턴 인식 과정은 완벽하지 못하기 때문이다. 예를 들어 낯선 정보인데도 낯익은 것으로 착각할 수 있다. 이를 오도성 경험이라고 한다. 또한 정보를 얻기도 전에 미리 판단과 결정을 내리기도 한다. 이 경우를 오도성 예단이라고 한다. 이밖에 만약 현재 의사결정에서 어울리지 않는 감정적 꼬리표를 달게 되면 사고 자체가 왜곡될 수도 있다. 예를 들어 기업에서 비용 절감 여부를 가리는 의사결정을 내려야 한다고 생각해보자. 객관적이고 어느 한쪽에 치우치지 않는 태도를 견지해야하는 상황인데, 기존 임직원에 대한 감정적 의리 때문에 현상 유지를 고집하기도 한다.

시드니 핀켈스타인 등은 이 저서에서 오도성 예단의 예로 일본의 미드웨이 침공을 설명하고 있다. 미드웨이 전투 이전에 일본은 아시아에서 승승장구했다. 야마모토 제독은 실패를 모르던 인물이었다. 그런데 모의전쟁 훈련을 했을 때 일본이 질 확률이 높다는 것이 이미 객관적인 데이터로 나왔다. 14차례 직격탄을 맞아 두 척의 항공모함이 침몰한 것은 분명 야마모토 제독에게는 의사결정에 큰 변수가 될 수 있었다. 하지만 제독은 인지 부조화에 걸렸다. 즉 자신이 난공불락이라는 믿음과 자신의 행동이 다를 경우에

둘 중 하나를 바꿔야 하는 상황에 처한 것이다. 야마모토 제독은 자신의 미리 짜놓은 믿음을 더 굳건히 하기 위해. 행동을 바꿨다. 모의전쟁 결과를 조작해서 항공모함도 침몰하지 않았고, 14차례 직격탄을 맞은 것도 세 차례만 유효하다고 선언해버렸다. 그리고 미드웨이 침공이라는 의사결정을 과감하게 했다. 그리고 모의전쟁 결과처럼 결국에는 실패하고 말았다.

삼성의 자동차 사업 진출도 오도된 예단의 사례이다. 당시 삼성의 자동차 사업 진출을 알린 첫 광고가 '삼성이 만들면 다르다'였다. 당시 삼성은 반도체 사업과 휴대폰 사업 등의 성공으로 다른 사업에서도 쉽게 성공할 수 있으리라는 오도된 예단을 하고 있었다. 그리고 최종 의사결정 리더였던 이건희 회장은 자동차 마니아였다. 조직의 준비 여부를 세심하게 검토하지 않고, 자신이 이미 잘 알고 있으며 성공할 수 있다는 생각에 더 급진적으로 전략을 수행할 수밖에 없었을 것이다. 그 결과는 투자비 회수나 순손실을 복구하지 못한 채로 자동차 사업 매각이라는 최악의 결과를 낳았다.

야마모토 제독이나 삼성 수뇌부 모두 만약에 확신하는 순간에 다시 생각했다면 다른 의사결정으로 손해를 줄일 수도 있었을 것이다. 이렇듯 행동경제학은 단순한 재미 차원의 탐구를 넘어서 실제 돈을 벌고 손실을 줄이고 이익을 극대화하는 현실적인 대안을 만들어주는 학문이다. 행동경제학은 손오공처럼 질주하듯 살아온 우리에게 부처님의 손바닥을 알려주고 있다. 행동경제학의 원리는 일상생활의 다른 면에도 적용해서 행복을 도모할 수도 있다. 행동경제학은 그야말로 '도랑 치고 가재 잡는' 좋은 지식이 아닐 수 없다. 행동경제학의 발전을 고려하면, 경제학이 '삶의 관리학'이 될 수 있다는 말에 고개를 끄덕이게 된다.

2 작심삼일의 인지과학

행동경제학이 삶의 관리학이 될 수 있으려면 우리가 일상적으로 겪는 문제에 대해서도 설명할 수 있어야 한다. 신년 계획이 잘 지켜지지 않는 것에 대해서도 설명할 수 있을까? 새해가 되면 사람들은 맑은 정신으로 자신이 꼭 해야 하는 일들을 계획해본다. 그리고 그 계획을 지키겠다는 굳은 결심을 한다. 하지만 그 결심은 오래 가지 않는다. 사람들 대부분이 그렇다. 그래서 작심삼일作心三日이라는 말도 있다. 그런데 왜 작심삼일이 생기는 것일까? 인내력이나 의지력이 강한 사람도 작심삼일인 경우가 많은 것을 보면 단순히 품성적인 측면의 문제 같지는 않다. 인지과학이 제안하는 답은 간단하다. 대개 작심삼일인 이유는 인간이 불완전한 합리성을 갖고 있기 때문이다. 인간이 합리적이라면 언제나 합리적인 선택을 할 것이다. 그리고 처음에 내린 결정이 '정답'인 셈이니 새로운 조건이 나오지 않는 한 결정을 번복할 이유가 없다. 하지만 인지과학에서 밝혔듯이 인간이 판단의 잣대로 삼고 있는 합리성 자체가 경제학이나 철학에서 가정하는 합리성과는 거리가 멀다. 그러다 보니 현재와 미래의 가치를 객관적이게 합리적으로 계산하지 못한다. 즉 경제학에서 가정하는 식의 합리적 선택을 하지 않고, 그때그때 상황에 따라 바뀌는 마음에 따라서 선택을 다르게 한다.

카네기멜론 대학 경제학과의 뢰벤스타인Lowenstein 교수는 '감정이입의 간격empathy gap'의 개념으로 비합리적으로 보이는 인간의 행동을 설명한다. 뢰벤스타인 교수는 다음과 같은 실험을 했다. 특정한 날을 정해 놓고 실험 참가자들에게 많은 청중이 있는 무대에 나가서 음악에 맞추어 춤을 추면 돈을 주겠다고 제안했다. 그러자 지원자가 많이 나왔다. 하지만 시간이 다가오면서 사정은 달라졌다. 많은 지원자가 약속과는 다르게 참가를 취소했다. 결정을 번복한 원인은 무엇일까? 뢰벤스타인 교수는 인간의 심리 상태를 크게 두 가지로 나눌 수 있다고 주장한다. 하나는 불안, 용기, 공포, 열망, 흥분과도 같은 '뜨거운 상태hot state'이다. 그리고 다른 하나는 이성, 합리성과도 같은 '냉정한 상태cold states'이다. 그런데 이 두 상태에서 우리가 선택하는 행동이 다르다. 왜냐하면 각 상태에 따라 감정을 이입하는 바가 다르기 때문이다. 앞에서 소개한 실험의 경우 처음에는 냉정한 상태에서 지원자는 합리적인 계산자로서의 감정을 이입해서 상황을 판단했다. 새해에 차분한 마음으로 계획을 세울 때처럼 말이다. 하지만 약속했던 공연 날짜가 다가오면서 지원자는 두려운 감정을 느꼈다. 새해 계획을 세울 때는 보이지 않던 장애 요소가 더 크게 보이는 것처럼 말이다. 즉 지원자는 처음에는 경제적 잣대인 돈이 가장 중요한 고려 요인이었지만, 시간이 흐를수록 청중 앞에서 춤을 춰야 한다는 사실이 중요한 고려 요인이 되었던 것이다. 그래서 결국 한번 나가서 춤추는 것치고는 괜찮은 보수를 포기하고 만 것이다.

경제학에서는 시간에 따라 행동 패턴이 달라지는 것을 '시간 선호time preference'라고 한다. 시간 선호는 우리 생활에서 쉽게 찾을 수 있다. 물건을 좀 더 빨리 배달시키려고 택배보다 더 비싼 퀵서비스를 이용하는 것과 같은 사소한 것도 시간 선호의 예이다. 노후 대비를 위한 연금 불입도 시간 선호이며, 당장 민심과 표를 잃더라도 장기적 관점에서 정책 시행을 강행하는 정치가의 결정도 시간 선호이다. 그런데 이 예들을 자세히 살펴보면 시간 선호의 양상이 다르다는 것을 알 수 있다. 퀵서비스처럼 현재를 중시하는 시간 선호가 있는 반면, 연금과 같은 미래를 더 중시하는 시간 선호도 있다. 그리고 현실적으로 그 사례가 드물기는 하지만 미래의 대안과 현재의 대안을 똑같이 처리하는 중립 선호도 있다. 실제로 이슬람 율법에서는 신이 만들어낸 '시간'을 가지고 인간이 이익을 취하는 것은 신성을 더럽히는 것으로서 엄격히 금하고 있다. 다만 이슬람 채권으로 알려진 '수쿠크Sukuk'라고 하는 채권의 기능을 하게 만든 '지불 각서'가 있기는 하다. 덕분에 이슬람 사람들은 적어도 은행 업무에 대해서만큼은 중립적 시간 선호의 행동을 보인다.

그러나 지구 전체를 놓고 보면 사람들은 실제적으로 미래를 중시하기보다는 현재를 중시하는 시간 선호를 보인다. 이런 이유는 무엇일까? 실마리는 미래의 불확실성에서 찾을 수 있다. 당장 1분 뒤의 상황이라고 하더라도 무엇이 일어날지 어떤 변화가 있을지 모르는 것이 우리 삶의 특징이다. 미래의 불확실성은 지금 눈앞에 펼쳐지고 있는 변화인 현재보다 항상 더 크다. 그렇기 때문에 사람들은 불확실성이 작은 쪽을 선택하는 현실 중시의 시간 선호를 보인다. 결국 제한된 조건에서의 정보의 차이가 시간 선호를 만드는 것이다. 만약 미래와 현재에 대해 동등하게 생각한다면 그만큼 정보 처리 비중이 커지게 되어 인지적 부담이 된다. 그렇지 않아도 제한된 인지 처리 용량을 갖고 있는 인간에게 정보를 열심히 메워서 추리해야만 하는 미래이 일은 별로 매력적이지 않다. 그 결과 미래의 가치를 깎아내려 생각하는 패턴이 자동화된 것이다.

시간 선호에는 정도의 차이가 있다. 관련 연구들을 살펴보면 액수가 클 때보다 적은 액수인 경우에 사람들은 더 많이 현실을 중시하는 경향을 보인다. 예를 들어 5천 원의 상금을 받은 사람에게 회사가 상금을 1년 후에 지급하려고 하는 데 얼마나 받고 싶으냐고 물어보면 원 가치의 400퍼센트인 2만 원을 요구하지만, 애초 3백만 원의 상금을 받게 된 사람은 1년 후 받을 금액으로 원 가치의 150퍼센트가 상승한 450만 원을 요구한다. 이 밖에 선택의 상황이 벌금을 내야 하는 것처럼 손해를 줄여야 하는 상황이냐 투자를 해서 이득을 얻어야 하는 상황이냐에 따라서도 시간 선호의 정도는 달라질 수 있다. 또한 같은 상황도 손해로 생각하느냐 이득으로 생각하느냐에 따라 달라지기도 한다.

시간 선호에 대한 아주 간단한 설명도 가능하다. 독일의 막스 플랑크 연구소의 게르트 기거렌저Gerd Gigerenzer 박사는 '확률적 모형Probabilistic Models'이라는 진화론적 이론을 내놓았다. 그의 이론에 따르면 "불확실성 하에서의 추론에 있어 진화 역사적으로 선조 시대와 같은 양식의 정보가 주어지면 계산이 용이하다"고 한다. 원시 수렵채집 시대에 인간이 발달시킨 인지적 특성이 인간에게 그대로 남아있다는 진화심리학이 가정을 생각한다면 다음과 같은 것을 생각할 수 있다.

인류는 수렵채집 생활을 할 당시에는 주변 환경의 변화에 민감할 수밖에 없었다. 예측할 수 없는 기상 변화에 의해서 수렵채집을 통해 얻은 먹이를 놓치게 되는 경우도 많았을 것이다. 아니면 다른 포식자에 의해서 자신의 먹이를 지키게 되지 못하는 경우도 많았을 것이다. 그러니 어떤 것을 기다려 가치를 더 증대시켜 더 크게 얻는 방식보다는 현재 자신의 손에 당장 거머쥘 수 있는 것을 더 소중하게 여겼을 것이다. 즉 씨앗을 뿌려 나중에 열매를 거두는 농경 생활 방식은 지금 당장 눈에 보이는 열매를 빨리 효과적으로 채집해야 하는 상황에서는 생존경쟁력이 떨어지는 특성이었을 것이다. 여기서 중요한 생각의 포인트가 있다. 결과적으로 모두 생존에 도움이 된 인간의 특성이라 하더라도 발생 순서의 차이가 있고, 시간적으로 더 적절한 행동 특성이 있었다는 것이다.

인류 발전 역사상 가장 오래된 수렵채취 시대는 지금 당장의 가용한 효용을 계산해서 행동을 해야 환경에 적응할 수 있었던 상황이었다. 그리고 그런 사고-행동 요소는 진화의 과정을 통해 가장 오래된 것으로 현대인에게도 이어져 내려오고 있다. 기거렌저 박사는 경제학에서 말하는 합리성은 환경이 안정되어 있을 때나 가능하니 경제학적인 합리적인 사고나 합리적인 선택 양식은 인간의 진화 단계에서 가장 뒤늦게 생겨났을 것이라고 2000년에 발표한 그의 논문에서 주장했다.

기거렌저 박사의 이론에 따르면, 눈앞의 사물이나 쾌락을 놓고 경제학에서 가정하는 식의 확률 계산에 의한 선택은 실제 우리가 시간의 압박을 받는 경우의 인지적 과정은 실생활에서 자연스러운 상황에서 벌어지는 그것과는 거리가 멀 수밖에 없다. 왜냐하면 지금 현대인들이 처한 상황도 여전히 불확실성이 크기 때문이다. 적어도 심리적으로 환경이 안정되어 있다고 느낄 수 없는 상황이다. 즉 현대인의 선택 상황은 본질적으로 선조들의 시대와 같은 양식의 정보가 주어지는 상태이다. 최첨단의 가격 비교 사이트에 들어갔다고 해도 언제 물건이 사라질지, 언제 유행이 바뀔지, 가격이 어떻게 변동할지, 내 기호가 어떻게 바뀔지, 내 경제적 능력이 어떻게 될지 모르는 불확실성이 큰 상태이다. 이런 상태에서는 선조 때부터 축적해왔던 가장 익숙한 그리고 가장 오래된 사고방식으로 선택을 하게 되어 있다.

인지과학과 신경과학을 결합해서 시간 선호의 경제학을 설명할 수 있다. 경제적인 선택을 하는 순간의 뇌를 촬영하면 두 가지 영역, 즉 전두엽과 변연계가 활성화된다는 점을 확인할 수 있다. 우선 이성적인 계산과 예측을 할 때 주로 역할을 하는 전두엽 부분은 미래 가치를 판단할 때 활발하게 활동한다. 이에 비해 감정을 담당하는 대뇌의 변연계는 '지금 당장'의 효용에 대해 강렬한 반응을 보인다. 작심삼일이 되는 것도 신경과학으로 설명이 가능하다. 미래에 가치를 둘 때는 전두엽이 활성화되지만, 시간이 갈수록 변연계가 더 많이 활성화되면서 나중의 이익보다는 감정적으로 현실적 편의를 더 선호하게 되는 것이다. 만약 나중에 후회 없는 선택을 하려면 억지로라도 전두엽을 활성화시킬 수 있는 훈련을 해야 한다. 기업의 입장에서는 전두엽의 활성화보다는 변연계의 활성화를 더 노려 충동구매를 일으켜서라도 이익을 추구해야 하겠지만 말이다.

3 광고, 그 예술과 만나는 마력적인 꿈

광고는 예술이다. 그러나 순수 미학적 예술은 아니다. 애초 목적이 우리의 지갑을 열게 하는 데 있는 예술이다. 광고는 사용자들에게 즐거움을 주기는 한다. 하지만 광고의 궁극적 목적은 사용자의 구매 행동이다. 그런데 어떻게 하면 구매를 촉진시키는 광고를 만들 수 있을까?

예전의 경제학이나 경영학에서는 인간은 합리적 존재라고 생각했다. 그리고 모든 정보를 최대한 검토해서 가장 완벽한 대안을 선택할 것이라 가정했다. 그래서 구매 대상에 대해서 체계적인 정보 안내를 중요시했다. 회사들은 글자가 많은 카탈로그와 제품의 기능 안내서를 직접 발송하며 광고 효과를 기대했던 시절이 있었다. 그러나 지금은 상황이 많이 바뀌고 있다. 인지과학 연구가 축적되고 있기 때문이다.

인지과학은 인간이 의사결정을 할 때 비합리적인 특징이 더 강하다고 가정을 한다. 그렇다면 판매자에게 유리한 비합리적인 특징을 극대화해서 설득하는 전략을 쓰면 된다. 대표적인 것이 '측면별 제거elimination by aspects' 휴리스틱이다. 노벨 경제학상을 받은 인지심리학자 허버트 사이먼 교수의 '만족하기satisficing 규칙'은 결정자가 최선의 선택을 위한 정신적인 작업을 거치지 않고, '그 정도면 충분하다고good enough' 하는 선택 방식이다. 이 만족하기 규칙의 연장선상에서 구체적인 판단 전략이 측면별 제거법이다.

인간은 제한된 합리성을 가지고 있다. 모든 대안을 꼼꼼히 따져 보지 않는다. 그냥 머리 속에 먼저 떠오르는 항목을 중심으로 순위를 정해서 대안을 결정한다. 이것이 바로 '측면별 제거elimination by aspects' 휴리스틱이다. 대안별로 여러 요인을 감안해야 하는 경우에는 고전 경제학에서 예언하는 것처럼 효용을 계산하며 대안을 종합 비교해서 최적의 대안을 찾는 것이 힘들다. 왜냐하면 인간은 작업 기억의 용량 제한 때문에 여러 계산 및 규범적 판단 절차를 따르는 것이 쉽지 않다. 그래서 일종의 문제 해결의 지름길을 선택한다. 예를 들어 가장 중요한 속성을 선택하고, 이 속성 측면에서 상위에 놓이지 않는 제품은 고려에서 제외시킨 다음, 나머지 제품을 다른 측면에서 비교해서 평가하는 식으로 말이다. 이렇게 하면 인지적 부담을 덜면서 웬만큼 만족스러운 대안을 찾을 수 있다.

예를 들어 미국 플로리다 대학 경제학과 크리스티나 글래드윈 Christina H. Gladwin 교수의 1980년 분석 연구에 따르면 사람들은 자동차 구매와 같은 일상생활에서의 선택에서도 자연스럽게 측면별 제거법을 사용한다. 자동차를 사는 경우에도 고려해야 하는 요소는 아주 많다. 브랜드 호감도, 안전성, 가격, 승차감, 유지비, 고장시 수리비, 리콜 사례, 내부 설치 옵션, 엔진 성능 등 여러 요인을 따져 본다. 하지만 차를 살 때 여러 회사의 여러 차종 및 옵션을 살펴보며 고르는 경우에는 모든 요인들을 다 고려하기 어렵다. 그래서 경제적 여유가 빠듯한 사람은 가격을 최고 기준으로 상당수의 후보 차종을 탈락시키고, 다음에는 남은 차 중에서 승차감을 가지고 대상을 좁혀 나가는 방법으로 차를 고른다. 반면에 어린아이를 비롯해서 가족과 함께 자동차를 타려고 구매하는 사람은 안전성을 최고 속성으로 놓고 여러 대안을 쳐나가는 식으로 구매를 진행한다. 절대적인 최고 대안과 연결되는 속성은 없으며, 그때그때 소비자의 머릿속에 떠오르는 속성에 따라 결과가 달라지기 쉬운 것이 바로 측면별, 요인별 제거법의 특성이다. 따라서 최적의 선택을 보장하지는 못한다. 아무리 다른 요인들이 훌륭하다 하더라도 우선순위가 앞선 요인에서 기준에 미달되어 제외되면 더 이상 고려 대상이 되지 못하기 때문이다.

사람들이 복잡한 의사결정을 함에 있어서 선호하는 속성을 중심으로 한 번에 하나씩만 탐색하는 것은 광고에 많이 활용된다. 선택 상황에서 한 속성씩만을 생각하고 그 속성이 결여된 것은 모두 제외시키고, 다른 속성을 탐색하고 다시 제외하고 하여 남는 것을 선택한다면, 기업 입장에서는 특정 속성을 강조하면 되기 때문이다. 애플은 제한된 시간 안에 펼치는 아이폰 광고에서 소프트웨어에 의한 편리함을 강조하고, 삼성은 하드웨어에 의한 속도의 탁월성을 강조한다. 어떤 아파트는 인테리어 디자인을 강조하고, 다른 아파트는 조경 시설을 강조하거나, 이웃 및 주변 입지를 강조하며 저마다 다른 속성에서 우위를 점하려 노력한다. 종합적으로 평균했을 때 높은 평가를 받을 수 있는 속성을 두루 갖고 있다는 식으로 광고하는 것보다, 어느 측면에서 특별한 장점을 갖고 있음을 어떻게든 강조하는 내용으로 광고를 하는 이유도 소비자의 머릿속에서 고려될 수 있도록 하기 위함이다. 시장 점유율이 낮거나 새로 만든 상품의 선전에서 자기 상품의 독특한 장점이나 속성을 부각시켜 소비자로 하여금 다른 측면들을 무시하고 그 속성 중심으로 다른 상품을 제외하게끔 만든다. 그래서 경쟁사 제품을 노골적으로 등장시켜 비판하는 네거티브 광고를 하는 것이다. 상대방 후보에 대한 네거티브 광고는 정치에도 활용되기도 하는데 기대하는 효과나 작동하는 원리는 동일하다.

아무리 좋은 속성이라도 우선순위에서 밀리면 아예 고려 대상조차 되지 않으며, 설령 여러 속성에서 끈질기게 살아남는다 해도 결국에는 현재 고려 대상인 특정 속성에서 최고인 대안을 선택한다. 일부러 특정 속성을 순서대로 떠올려 자사의 제품이나 서비스를 선택하도록 유도하기도 한다. 예를 들어 "등산복은 아주 많이 있습니다. 하지만 그 등산복을 평소 밖에 나가실 때에도 입고 다니실 수 있도록 디자인이 산뜻한가요?"라며 '방한성', '내구성' 등의 속성에서 강자인 다른 제품들을 아예 고려 대상에서 빠지게 한다. 그 다음에 "다섯 가지도 되지 않는 색상으로 여러분의 개성을 표현할 수 있을까요?" 하면서 녹색, 회색, 빨간색 등을 주로 하는 다른 디자인 경쟁사도 탈락시킨다. 그 다음에서야 "가벼워서 불편하지 않고" 등등의 다른 요소를 부각시킨다. 만약 가벼운 원단을 맨 먼저 고려하게 했다면 다른 경쟁사가 자사의 제품보다 먼저 고객의 머릿속에 떠올랐을 수 있다. 색상을 먼저 강조했다면 다른 화려한 색상의 일반 의류와 비교되면서 해당 제품이 초라하게 느껴졌을 것이다. 하지만 이미 여러 광고에 의한 순서로 판단을 내린 소비자는 해당 제품이 여러 측면을 고려했을 때 최고의 대안인 것처럼 느낀다.

광고는 이득은 강조하고 손실은 슬쩍 숨기는 것이 어떻게 예술이 될 수 있는지 보여주고 있다. 자동차 광고에서 자동차의 본체 가격 이외에 옵션 가격을 독립적으로 크게 강조하는 경우를 보지 못했을 것이다. 구매자 입장에서는 손해 같은 기분이 더 들기 때문이다. 그래서 옵션을 변화시켜 각 상품명의 이름을 정하돼, 하나같이 큰 덩어리의 비용에 추가해서 가격을 제시한다. 그러면 같은 가격이어도 손실이 더 적은 것처럼 느끼기 때문이다. 덕분에 구매자 입장에서는 별도 옵션을 따로 떼어내서 계산하기가 힘들다. 어떤 것은 에어컨이, 어떤 것은 핸들이, 혹은 좌석이 서로 조합을 다르게 하면서 직접적인 가격 비교가 힘들게 만들기 때문이다. 만약 구매자를 위한 정보를 제공한답시고 에어컨 2백만 원 추가, 좌석 교체 80만 원 추가 하는 식으로 가격표를 광고에 제시한다면 자동차 매출은 급감할 것이다.

한편 '판단의 참조점reference point'을 다르게 해서 구매를 유도하는 광고를 할 수도 있다. 비싼 엔진오일을 팔기 위해 그보다 훨씬 비싼 차 가격을 부각시켜 상대적으로 물건의 가격에 대한 심리적 부담을 낮춘다. "차 값이 얼마인데"라고 하면 엔진오일 값이 아무리 비싸도 별것 아닌 것처럼 느껴진다. 만약 같은 엔진오일 가격을 가족들과 행복하게 함께 나눠먹을 수 있는 아이스 바 몇 백 개의 가격이라고 참조점을 바꾼다면 절대로 성공할 수 없다. 인간이 기존 경제학에서 가정했던 것처럼 절대적인 합리성을 갖고 있다면 구매 물품의 효용만 따져야 한다. 제시되는 주변 준거점에 영향을 받을 이유가 없다. 하지만 실제로 인간은 비합리적이기 때문에 조금만 맥락이 바뀌어도 마음이 변한다. 이런 심리적 역동을 밝히는 것이 인지과학의 역할이다.

현재는 인지과학의 패러다임이 신경과학과 맞물려 새로운 마케팅 트렌드가 형성되고 있다. 이른바 '뇌의 구매 버튼을 직접 누르게 한다'는 '뉴로 마케팅neuro marketing'의 등장이 그것이다. '뉴로 마케팅'은 광고의 효과를 직접 마음의 자리인 뇌에서 관찰할 수 있는 장점이 있다. 현재는 인지과학의 연구 도구 중 하나인 MRI나 PET 등의 뇌 영상장치(조영술)를 활용해 뇌를 관찰하여 직접 물품이나 브랜드에 대한 호감도를 확인하기도 한다. 사용자(구매자)가 자신의 경험을 겉으로 말로 표현할 때의 손실되는 부분과, 설문자의 입장을 고려해서 적당히 좋은 부분을 이야기하는 식의 의식적인 왜곡 없이 바로 상품에 대한 생각을 직접적으로 확인 가능하다는 장점 때문에 이미 이 '뉴로 마케팅'은 현장에서 쓰이고 있다.

독일 다임러크라이슬러 사는 2004년에 남성 고객이 선호하는 차종을 파악하기 위해 뇌를 촬영하기도 했다. 이 프로젝트에는 독일 울름 대학의 심리학과, 진단방사선학과 연구팀이 참여했다. 연구팀은 평균 31세의 남성 12명을 대상으로 스포츠카, 세단, 소형차 사진을 보여 주면서 fMRI 장치로 뇌를 촬영했다. 실험 결과 스포츠카를 봤을 때 사회적 지위나 보상과 관련 있는 뇌 영역이 가장 눈에 띄게 활성화되었다. 연구자들은 이 결과를 놓고 자존심이 강하고 자기 일에 몰두하는 젊은 남성들이 스포츠카에 '열광적으로 빠진다'는 것으로 해석했다. 그리고 해당 계층을 위한 마케팅 전략에 이 연구 결과를 활용하기로 했다.

한편 UCLA 아만손-러브레이스 뇌 지도 연구소Ahmanson-Lovelace Brain Mapping Center의 마르코 이아코보니Marco Iacoboni 박사의 연구팀은 2006년 fMRI를 써서 슈퍼볼 광고를 볼 때 일어나는 인간의 뇌의 반응을 측정하는 실험을 해서 반향을 일으키기도 했다. 천문학적인 광고비를 지출하는 회사의 입장에서는 실제 시청자들에게 광고가 어떤 효과가 있었는지 확인하고 싶을 수밖에 없다.

한국에서는 고려 대학 심리학과의 성영신 교수 연구팀이 야한 광고의 실제 효과를 검증하기 위해 뇌의 반응을 측정하기도 했다. 연구팀은 성적 광고 사진 100장을 명백하게 성행위를 묘사한 것, 명백하게 신체 부위를 노출한 것, 성행위를 암시한 것, 신체 부위를 암시한 것 등 4개 그룹으로 분류했다. 그리고 이 광고를 20대 남자 대학생 17명에게 보여 주고 fMRI로 뇌를 촬영했다. 그 결과 명백한 성행위 묘사 광고를 볼 때는 뇌에서 자신의 감정이 어떤지 판단하는 영역인 해마방회와 중후두회가 상대적으로 많이 활성화되었다. 이 결과는 실험 참가자들이 모델들의 성행위를 제3자의 입장에서 담담히 '관람'하며 자신의 감정을 판단하는 것으로 해석할 수 있다. 한편 성행위를 은유적으로 암시한 광고를 볼 때는 뇌에서 전후 상황을 바탕으로 사건의 맥락을 파악하는 영역인 전두엽과 움직임을 인지하는 영역인 중측두회와 상측두회가 가장 많이 활성화되었다. 실험 참가자들이 모델의 움직임을 따라가면서 뭘 의미하는지 파악하려고 애쓰는 것으로 해석할 수 있다.

그런데 성행위 관련 광고에 비해 노출 광고를 볼 때 뇌의 활성화가 더 크게 나왔다는 것이 성영신 교수 연구의 특이한 면모다. 명백한 노출 광고를 볼 때는 성적 자극에 대해 주의를 기울이는 영역인 상두정소엽과 하두정소엽뿐만 아니라, 시각 정보를 바탕으로 과거 기억을 떠올리며 상상을 하는 영역인 설전부까지 동시에 활성화되었다. 그러나 실험 참가자를 가장 적극적으로 몰입하게 만든 것은 은유적으로 신체 부위를 노출한 광고였다. 전두엽과 함께 성적 흥분을 담당하는 영역인 뇌섬엽이 활성화되었다. 즉 다른 광고들과는 달리 유일하게 실험 참가자들이 실제 성적 흥분을 경험한 것이다. 이런 결과를 놓고 연구팀은 성적 광고는 노골적으로 야한 장면을 보여 줄수록 효과가 크다는 기존 연구 결과를 뒤집은 것이라고 해석했다. 정리하자면 뇌의 활성화 정도가 크다는 점에서 성행위 묘사 광고보다 노출 광고가 더 효과적일 수 있고, 그 중에서도 노출을 은유적으로 암시한 것이 가장 효과가 좋을 수 있음을 기대할 수 있다.

물론 광고를 보고 뇌가 활성화되었다고 해서 꼭 긍정적인 구매 효과와 연결되는 것은 아니다. 브랜드는 인지하지 못하고 오로지 광고 내용 자체에 대해서만 활성화된 것일 수도 있다. 그래서 진정한 마케팅에 도움이 되는 연구로서는 한계가 있다는 비판도 많이 지적되고 있다. 아직은 '뉴로 마케팅'을 적극적으로 활용하는 기업은 많지 않다. 우선 비용이 큰 부담이다. fMRI나 PET 등을 찍어서 유의미한 결과를 얻으려면 여러 번 영상장치를 쓰느라 1인당 수백만 원이 들 수 있기 때문이다. 또한 뇌의 인지 기능 지도가 완벽하게 그려진 상태가 아니어서 신경과학적 뇌의 활성화 부위에 대한 확인만 가지고서 바로 마케팅으로 연결하기에는 무리가 있다. 마케팅에 도움이 되는 확실한 실험 결과를 얻기 위해서는 인지과학의 연구가 더 많이 뒷받침되어야 한다.

그렇지만 기업 입장에서는 소비자들이 스스로 인식하지 못하는 반응까지 잡아낸다는 것은 큰 매력이다. 잠재적 수요까지 자극해서 마케팅에 활용할 수 있다는 점에서는 '뉴로 마케팅'에 대한 수요가 점점 높아질 수도 있다. 앞으로 인지과학 연구가 더 발전하고, 기존 영상장치 활용 단가가 좀 더 싸지고, 나노과학과 신경과학 등 인지과학 인접 과학기술이 발전하여 사용자의 반응을 정확히 받아내어 분석할 수 있는 뇌 영상기법이 개발된다면 '뉴로 마케팅'이 확실한 경쟁 우위에 서게 될 것이다.

4 주먹구구식 생각이 현실을 만든다

우리는 하루에도 수많은 의사결정을 하며 산다. 무엇을 먹을지, 누구와 만날지, 무엇을 탈지, 어떤 물건을 살지 등등. 이런 일상의 선택이 우리의 삶을 구성하고 있다. 그런데 이런 일상의 선택은 빤한 것 같지만, 실상 내용을 잘 살펴보면 그렇지 않다. 주변 상황의 변화와 정서 상태 변화 등에 따라 쉽게 변한다. 일상은 생각처럼 그리 단조롭지 않다. 자신이 좋아하던 음식을 먹으려다가도 친구가 신문기사에서 안 좋은 내용을 봤다며 먹지 말라고 하면 다른 음식을 선택한다. 자기의 눈으로 그 신문기사를 보지도 않았으니 사실 여부가 확인이 되었거나 자세한 내용을 알고 있지 않으면서 말이다. 항상 고만고만한 노래를 틀 것 같은 라디오 음악 방송의 신청곡도 날씨에 상당히 민감하다. 비가 오면 이별에 대한 신청곡이 늘어난다. 날씨가 화창한 날에는 흥겨운 노래가 늘어난다. 사람들이 주변 환경 변화에 선택을 바꾸기 때문이다.

이렇게 변화무쌍한 의사결정을 예측한다는 것은 거의 불가능할 것 같다. 하지만 인지과학은 실제로 사람들이 보여주는 선택 결과를 있는 그대로 받아들여 분석함으로써 예측을 하려고 한다. 대표적인 예로 사람들이 사건의 발생 확률을 판단하는 것에 대한 연구가 있다. 기본적으로 확률이란 어떤 사건이 일어날 가능성을 0과 1 사이의 값으로 표현하는 것이다. 그런데 의사결정 연구에 있어서 확률이 유용한 이유는 사건들 간의 확률을 조합할 수 있다는 점이다. '조건부 확률conditional probability'이 대표적인 예이다. 조건부 확률은 다른 사건이 참일 때 특정 사건이 참일 확률이다. 고등학교 수학에서도 '베이즈 공식Bayes formula'으로 가르치고 있다. 그 공식은 다음과 같다.

$$p(A \mid B) = \frac{p(B \mid A)\,p(A)}{p(B)}$$

이런 조건부 확률 계산은 언뜻 보기에 무척 복잡해 보인다. 그렇지만 우리가 일상에서 하고 있거나, 해야만 하는 계산이다. 예를 들어 30대 여성이 유방에 혹이 만져져서 병원에 가서 검사를 받았다고 하자. 그런데 검사 결과가 양성으로 나왔다. 통계적으로 그런 혹이 실제 종양일 확률은 약 1퍼센트라고 한다. 의사는 좀 더 확실한 판단을 위해서는 추가적인 X선 촬영을 해야 한다고 환자에게 권한다. 그런데 이 촬영기법은 악성 종양의 80퍼센트, 양성 종양(평범한 혹)의 90퍼센트를 올바르게 판별한다고 한다. X선 촬영을 통해 30대 여성의 혹이 실제 종양으로 밝혀질 확률은 얼마가 될 것인가?

이것은 의사에게 진단을 받고 추가 검사를 추천받는 사람이라면 누구나 겪게 되는 조건부 확률이다. 전문가의 추천에 따라 대부분의 사람들이 묵묵히 추가 검사를 받는다. 하지만 검사 결과 '아무것도 아닙니다'라는 말을 듣고 안도의 한숨을 내쉬었으면서도 나중에는 혹시 과잉 진료가 아니었나 싶은 생각이 든다. 만약 의사도 자신의 인지적 한계에 따라 잘못 추천한 것이라면 어떨까? 이에 대해서는 조나단 바론Jonathan Baron 박사의 책 〈사고와 결정 *Thinking and Deciding*〉(Cambridge University Press, 2007)에 언급되어 있다. 앞의 진단 상황에 대해 의사들에게 확률을 추정하도록 한 결과로 얻은 답변은 '75퍼센트'였다. X선 검사를 하면 확실하게 혹의 종양 여부를 확인할 수 있다고 믿는 사람이 절대 다수였다. 그런데 이런 추리가 올바른 것일까? 직접 '베이즈 공식'에 대입해보면 결과는 7.5퍼센트밖에 되지 않는다.

의사는 애초 자신이 생각하는 75퍼센트의 10분의 1인 7.5퍼센트 정도 밖에 검증력이 없는 검사를 추천한 셈이다. 왜냐하면 사전 확률을 거의 무시하고, 나중에 나온 X선 촬영기법 자체의 검증력을 더 비중 있게 생각했기 때문이다. 의사들도 인간이니 실수를 할 수 있다. 그러나 일반인은 의사의 말을 거의 절대적으로 받아들인다. 의사나 환자나 모두 인간의 판단과 결정에서의 인지적 특성을 안다면 현명한 결정을 내릴 수 있을 것이다. 의사 중에서도 이 점을 깨닫고 노력하는 움직임이 있다.

하버드 대학 의과대학의 제롬 그루프먼Jerome Groopman은 〈닥터스 씽킹*How Doctors Think*〉(해냄, 2007)에서 오진의 함정을 낱낱이 소개하고 있다. 이 책에는 평소 술을 즐긴다고 말한 환자의 말을 바탕으로 평범한 알코올 중독으로 진단해서 정밀검사의 필요성을 느끼지 못했다가 그것이 희귀병의 전조였음을 뒤늦게 깨달은 토론토 대학 레델마이어 교수의 사례가 나온다. 이 사례는 의사조차 전체 상황을 더 큰 틀에서 보는 것이 아니라 일단 가용한 정보부터 처리하는 오류를 범하고 있음을 보여준다. 의사는 항상 긴장한 상태에서 과도한 업무를 처리하느라 판단력이 흐려지기 일쑤다. 맨 처음 자신이 본 증상에 사로잡혀 또 다른 곳에서 응급 신호를 보내는 증상을 발견하지 못하기도 한다. 사람은 보이는 것을 있는 그대로 보는 것이 아니라, 자신이 보고 싶어 하는 것을 강조해서 보는 성향이 있기 때문이다.

제롬 그루프먼 교수는 이렇게 묻는다.

"환자를 만난 후 평균 18초 만에 진단을 말하는 그들은 자신의 감정 상태나 환자의 첫인상, 병원의 업무량, 정부의 보험수가 등의 요인들로부터 과연 자유로운 결정을 내릴 수 있을까?"

그리고 다음과 같이 주장한다.

"오진을 연구하는 전문가들은 최근 대부분의 의료 과실이 기술적 실수가 아니라 의사의 사고의 결함에서 비롯된다는 결론을 내렸다."

제롬 그루프먼 교수는 2007년 7월 7일자 「뉴욕 타임스」에 기고한 칼럼에서 의사의 의료사고의 예방과 인지과학을 연결에 대한 자신의 생각을 발표하기도 했다. 이 칼럼은 의사인 저자가 환자 가족이 되었던 입장에서부터 이야기를 시작한다. 제롬 그루프먼은 가족 여행 중에 자신의 아들이 수술을 안 하면 죽을 뻔한 심각한 병에 걸렸다. 하지만 몇 명의 의사를 거치면서 계속 오진하는 심각한 경험을 했다. 그루프먼 교수에 의하면 정상적인 상황에서 의사들의 오진율이 15퍼센트에서 20퍼센트 정도 된다고 한다. 그리고 이의 절반이 심각한 신체적 손상이나 죽음으로 이어진다. 그런데 이러한 심각한 결과의 원인은 병 자체의 위중함이 아니라 대부분 의사의 잘못된 사고에서 비롯된다. 진단 상황을 잘 떠올려보자. 의사는 투시 초능력자처럼 환자의 상태를 척척 맞추는 것이 아니다. 문진 과정을 통해 병의 전형적인 증상이나 징후를 찾아보고 환자의 이야기를 들으며 상황을 꿰어 맞춘다. 그래서 1분도 안 되는 시간에 자신의 판단에 확신을 가지고 추가 질문을 한 뒤 진단을 내린다. 전문적인 지식과 경험을 바탕으로 내리는 결정이지만, 인간의 인지적 제약 특성상 충분한 검토가 이뤄졌다고 보기 힘든 결정이 아닐 수 없다. 만약 환자가 고통에 비명을 지르거나 정신없이 울거나 다른 사람이 계속 밀려드는 진료실 상황이라면 오진율이 더 늘어날 수 있다. 생명을 살려야 하는 곳에서 생명을 위험하게 만들 수 있다는 것은 끔찍한 일이다. 이런 상황을 개선시키려면 의사와 환자 모두 인간의 인지적 성향에 대한 지식이 있어야 한다. 이러한 문제를 인식한 그루프먼 교수는 하버드 대학

의과대학의 정규교과 안에 인지심리학의 연구 결과와 기본 개념을 넣어서 가르치고 있다. 그들이 배우는 것은 꼭 의료 상황에 국한되는 것이 아니다. 다음과 같이 인간의 의사결정과 관련된 거의 모든 상황에 걸쳐 일관되게 나타나는 패턴이다. 이 패턴을 '휴리스틱heuristic'이라 부르는데, 합리적인 판단이 아니라 주먹구구식 판단이라는 느낌을 주기 위해 간편 추론법이나 편의법, 어림법으로 번역하기도 한다.

첫째, 사람들이 많이 보이는 휴리스틱으로는 대표성representativeness 휴리스틱이 있다. 대표성 휴리스틱이란 사람들이 어떤 사건의 확률을 추정할 때 실제 확률을 계산하는 것이 아니라, 그 사건이 모 집단에 대해 얼마나 대표적인지에 의해 확률을 추정하는 방법이다.

예를 들어 미국과 러시아 사이의 전면 핵전쟁이라는 시나리오가 있다. 그리고 다른 시나리오로 미국과 러시아 간에는 핵전쟁 의도가 없으나 이라크, 리비아, 이스라엘 또는 파키스탄과 같은 제3국의 행동에 의해 갈등이 발생하고, 그 갈등이 고조되어 결국 미국과 러시아 사이에 전면 핵전쟁이 일어나는 시나리오가 있다. 어떤 시나리오가 더 그럴듯한가? 영화에 많이 나온 것처럼 두 번째 시나리오가 더 그럴듯하게 느껴진다. 그러나 두 번째 시나리오대로 현실이 진행되려면 그만큼 변수가 많다. '베이즈 공식'에서 계산한 것처럼 조건부 확률에 의해 발생 확률은 급격히 낮아진다. 그럼에도 불구하고 사람들은 생생한 특징이 많은 두 번째 시나리오가 첫 번째 시나리오보다 더 발생 확률이 높다고 추정한다. 실제 확률을 계산하는 것이 아니라, 해당 국가와 상황을 대표할 수 있는 특징이 있느냐 없느냐로 판단을 내리기 때문이다.

다른 예로 동전을 여섯 번 던졌을 때 앞면-뒷면-앞면-앞면-뒷면-앞면의 순서일 확률과 앞면-앞면-앞면-앞면-뒷면-앞면의 순서일 확률을 추정하는 경우가 있다고 하자. 어떤 경우가 더 발생 확률이 높을까? 대부분의 사람들은 첫 번째 경우의 확률을 더 높게 추정한다. 통계학적으로는 동전의 앞면이 나오느냐 뒷면이 나오느냐는 무작위적이다. 그래서 첫 번째의 경우가 더 무작위적인 것처럼 보이기 때문에 확률을 높게 추정한다. 하지만 무작위적이기 때문에 첫 번째 경우와 두 번째 경우의 발생 확률은 똑같다. 이와 비슷한 예가 소위 '도박사의 오류gambler's fallacy'이다. 이 오류는 몇 판을 계속 잃은 사람은 다음 판에 자기가 이길 확률은 더 높다고 생각하는 오류이다. 로또에서 특정 번호가 일정 기간 동안 당첨 번호로 나오지 않았다면 '이번에는 나올 때가 되었군' 하고 생각하는 것도 바로 이런 오류이다. 로또는 무작위로 번호가 정해지기 때문에 일정한 순서 같은 것이 있을 수 없다. 하지만 사람들은 특정 번호를 선택할 경우 당첨 확률이 높아진다고 믿고 있다. 로또 당첨 번호를 알려주는 업체가 성업 중이고, 온라인 커뮤니티에서 회원들 간에 열띤 정보교환이 이뤄질 정도이다.

대표성을 바탕으로 확률 추정을 하다보면 기본적인 확률을 무시하는 생각을 하게 된다. 리차드 니스벳Richard Nisbett은 이것을 '아무개 논거man-who argument'라고 불렀다. 예를 들어 흡연과 폐암과의 관계에 대한 통계치를 보면 어떤 사람은 "내가 아는 아무개는 줄담배인데도 90까지 살았다"는 식의 논리를 펼친다. 전 세계에서 직간접 흡연에 의해 죽는 사람의 숫자를 무시하고 자신의 머릿속에 떠오르는 몇 명이 전체 집단을 대표하는 것처럼 생각하는 것이다.

둘째, 가용성availability 휴리스틱은 현재 사용 가능한 정보에만 근거해 판단을 내리는 것이다. 예를 들어 실업률이 얼마나 되느냐고 실업자에게 물어보면 주변에 자신과 같은 사례가 쉽게 떠오르기 때문에 실업률을 과대 추정하게 될 것이다. 이에 비해 직장인에게 실업률을 물으면 실업자에 비해 덜 심각한 것으로 추정하게 될 것이다. 가용한 정보에 차이가 있기 때문이다.

축구 경기가 끝나면 양 팀 모두 주심이 자신의 팀에게 불리한 판정을 내렸다고 생각한다. 자신의 팀에 유리하게 판정한 것은 마땅히 그렇게 했어야 하는 정당한 판정이지만, 그렇지 않고 반칙이 아닌 것을 반칙으로 선언한 것은 오심을 넘어선 악의적인 판정이라는 생각에서 특별히 감정적으로 기억을 한다. 그래서 나중에도 더 기억이 잘 난다. 가용한 정보가 부정적인 것이다 보니 주심에 대해서 공평하다는 판단을 내릴 수 없다. 2002년 월드컵에서 한국과 이탈리아전의 모레노 주심의 판정은 두고두고 이탈리아 사람들의 불공정한 경기의 대명사처럼 쓰이고 있다. 이에 비해 한국인은 이탈리아 선수 퇴장 선언과 추가 시간을 주기 전의 모레노 주심의 판정을 세부적으로 잘 기억하지 못한다. 고작 가용한 정보 두 개만으로도 충분히 긍정적인 판단을 내린다. 그러나 경기 전체를 다시 보면 모레노 심판이 한국 팀에 서운한 판정을 내린 경우가 많았음에 놀랄 것이다. 히딩크 감독이 격렬하게 항의한 순간도 있다.

가용성 휴리스틱의 가장 쉬운 예는 영어 단어 추리에서 찾을 수 있다. 'r'로 시작하는 영어 단어수와 'r'이 3번째 글자로 쓰인 영어 단어 수 가운데 어느 것이 더 많을까? 정답은 '3번째 글자로 쓰인 영어 단어가 더 많다'이다. 이 답을 들었어도 여러분은 정말일까 계속 고개를 갸우뚱거릴 수 있다. 왜냐하면 'car', 'arrange', 'surcharge'와 같은 단어를 떠올리기보다는, 'red', 'rain', 'road' 등을 기억에서 꺼내기가 쉽기 때문이다. 그러나 사전에서 직접 숫자를 세면 'r'로 시작하는 단어보다 다른 알파벳으로 시작했어도 3번째에 'r'이 들어가는 단어가 훨씬 많을 수밖에 없음을 확인할 수 있다.

가용성 휴리스틱과 더불어 알아두면 좋은 것으로는 '매력도 효과Valence effect'라는 것이 있다. 매력도 효과는 확률 추정에 있어서 부정적인 사건에 대한 과소 추정하는 경향을 뜻한다. 데이비드 로즈한David Rosenhan과 사뮤엘 메식Samuel Messick의 1996년 연구에 따르면 사람들은 부정적인 사건은 잘 잊는다. 그래서 긍정적인 것을 상대적으로 과대 추정한다. 연구자들은 실험 참가자에게 150장의 얼굴 표정 카드를 보도록 했다. 그런데 한 집단에게는 웃는 얼굴이 115장(70%), 찡그린 얼굴이 45장(30%)으로 구성된 세트를 주었다. 그리고 다른 집단에게는 반대로 웃는 얼굴이 45장(30%), 찡그린 얼굴이 115장(70%)인 세트를 주었다. 그리고 첫 번째 집단에게는 자신이 본 얼굴 카드 중에 웃는 얼굴이 얼마나 있었는지 추측해보라고 했다. 실험 참가자들은 거의 정확하게 평균 68.2퍼센트 정도의 웃는 얼굴 카드가 있었다고 답했다. 두 번째 집단의 실험 참가자들에게는 찡그린 얼굴 카드의 비율을 추측하도록 요청했다. 실험 참가자들은 평균 57.5퍼센트 정도의 찡그린 얼굴을 봤다고 답했다. 긍정적인 얼굴을 보고했던 정확도와는 확실히 차이가 나는 수치였다. 연구자들은 이 결과를 놓고 사람들은 부정적인 것은 심적 부담이 있어 회피하다 보니 실제와 다르게 판단하는 경향이 있다고 해석했다. 이 연구 결과를 확대해서 해석하면 당시에는 방황의 시간에 괴로워했던 젊은 시절을 나이가 들면 왜 긍정적으로 생각하는지를 설명할 수 있다. 혹은 전체 국민이 고생했던 독재자의 시대에 대해서 '그래도 그렇게 나쁜 것은 아니었다'며 향수를 느끼며 선거에 비슷한 인물을 선택하는 것도 어느 정도 설명할 수 있다.

세 번째, 기준점과 조정anchoring and adjustment 휴리스틱이다. 한 집단의 사람들에게는 8×7×6×5×4×3×2×1을 주고 답이 얼마나 될지 추정하게 하고, 다른 집단의 사람들에게는 1×2×3×4×5×6×7×8을 주고 답을 추정하게 했다고 하자. 그 결과가 어떻게 나왔을까? 8로 시작하는 집단에 있는 사람들이 훨씬 더 큰 숫자를 답으로 생각했다. 이것은 사람들이 처음 시작한 값에서부터 조정해 나가는 어림셈법을 쓰기 때문으로 볼 수 있다.

협상에서도 마음의 닻anchor, 즉 기준점을 어디에 놓고 시작하느냐가 이후 결과에 중대한 영향을 미친다. 중국에 여행을 간 사람들은 터무니없는 물건 가격에 놀란다. 상인이 1000위안을 요구하면, 200위안이나 300위안을 부르는 것이 익숙하지 않을 수 있다. 그러나 만약 250위안을 협상의 최저점으로 삼고 상인이 부른 값인데, 구매자가 기준점을 10퍼센트 정도 할인되는 900위안에서 시작하면 손해를 보는 셈이다. 자유무역협정FTA과 같은 국가 간의 계약에 있어서도 여러 분야의 이익을 놓고 조율을 하는 데, 첫 기준점 제시가 중요하다. 쟁점이 되는 사항을 미리 선심성으로 허용하는 것은 좋지 않다. 협상은 서로의 이권이 오가는 자리이다. 이권카드를 더 많이 갖고 있을수록 협상을 주도할 수 있다. 그런데 이권을 미리 내놓으면 상대방의 기대 심리를 크게 해서 제안의 기준점만 더 높일 수 있다. 기준점과 조정의 휴리스틱을 이용해서 여러 단계의 시나리오를 미리 만들어 협상에 나가야 승리자가 될 수 있다. 경제학에서 강조하는 합리적 선택이란 결국 최소 희생, 최대 효과의 경제 원리 실현이 아니었던가.

5 바보야, 선택은 네 마음대로야

선택 상황에서 사람들은 다양한 가치를 고려하기보다는 가장 중요한 차원만 고려한다. 성장을 위해서는 희생이 있을 수밖에 없다고 생각하거나, 환경보호를 위해서는 무조건 개발은 안 된다고 생각하거나, 반공을 위해서라면 무슨 짓을 해도 괜찮다거나, 혁명을 위해서는 폭력은 어쩔 수 없다고 생각하기도 한다. 인간은 인지적으로는 구두쇠이다. 자원을 조금 쓰고서 어떻게든 때우려고 한다. 그것이 때로는 외골수의 결정을 내린다. 그리고 문제를 일으킨다. 사회적 손실을 일으키는 갈등의 대부분은 선택 대안이 갖고 있는 다양한 속성을 충분히 고려하지 않고 뚜렷한 속성 한두 가지만의 비중을 과도하게 두는 인지적 오류에서 나오고 있다. 만약 인지적 오류 가능성을 인정하고 다른 추론을 하려고 노력한다면 다른 선택을 할 수도 있다. 그리고 그 선택에 따라 다른 현실이 만들어진다. 인지과학이 밝히는 휴리스틱의 가장 큰 사회적 의의가 바로 이것이다.

휴리스틱을 잘 이해하면 경제적 선택도 다른 사람의 의도에 조작되지 않고 좀 더 현명하게 할 수 있다. 우리는 쇼핑을 하면서 아주 잘 손익을 따진다고 생각한다. 마치 회계사처럼 숫자를 가지고 계산을 하기도 한다. 그러나 이득과 손실을 정확히 따지는 것은 아니다. 이득보다는 손실에 민감한 심리적 특성 때문에 선택이 뒤죽박죽 바뀐다.

예를 들어 다음과 같은 쇼핑 상황이 있다고 하자.

> "당신은 액세서리 5천 원짜리를 갖고 있다. 그런데 누군가 그것이 마음에 든다며 1만 원을 주고 사겠다고 한다. 당신은 그 액세서리를 팔 것인가?"

보통 때는 똑같은 액세서리를 5천 원을 주고 다시 사려고 하지 않았던 사람일지라도 1만 원을 받고 되파는 것에는 주저한다. 누군가 마음에 들어 하는 자신의 물건이 없어지는 심리적 손실 가치가 1만 원이라는 경제적 화폐가치보다 더 크기 때문이다. 연인 관계에서도 사귀기에는 뭣해서 소원해졌던 상대방이 다른 사람과 잘된다는 말을 들으면 아까워서 더 끼고 살게 되는 것도 같은 이유이다. 예전 물건을 못 버리거나 남과 교환하지 못하는 것도 마찬가지 이유이다. 어쩌면 구관이 명관이라며 수구 인물을 계속 뽑거나 옛 정책을 고수하는 것도 같은 휴리스틱이 작용한 것일 수도 있다. 사람들은 자신이 뭔가 노력을 투입했다고 생각하면 그것에 과도한 의미를 부여해서 합리적인 판단을 내리지 못한다. 5천 원을 불러도 감지덕지하며 팔 수 있는 철 지난 중고 액세서리를 두

배 가격에도 팔지 않는 것처럼 말이다.

이러한 현상을 설명하는 개념이 '선호 역전preference reversal'이다. 사람들은 자신이 내린 선택을 일관되게 고수하기보다는 선택 상황과 대안들을 기술하는 방식, 반응 과제 등에 따라 이전의 결론과 상반되는 결정을 내린다.

미국 심리학자 폴 슬로빅Paul Slovic 박사는 1975년 실시한 실험에서 참가자들에게 두 대안 중 하나를 선택하라는 과제를 주었다. 표의 맨 오른쪽에 있는 기대가치는 독자의 편의를 위해 집어넣은 것이다. 복권에는 승률과 당첨금만 나오는 경우가 많다.

복권	승률	당첨금	기대가치
A	0.90	10000원	9000원
B	0.10	100000원	10000원

그런데 슬로빅 박사는 실험 참가자들에게 두 가지 다른 과제를 주었다. 한 실험 조건에서는 똑같은 복권 문제 상황에서 "당신이라면 어느 복권을 가지겠느냐?"라고 물었다. 이 경우에는 실험 참가자의 절대 다수가 A를 선택하였다. 그리고 다른 실험 조건에서는 "당신이 위 복권을 가지고 있는 경우 얼마나 주면 다른 사람에게 팔겠느냐?" 또는 "위 도박권을 산다면 얼마 주고 사겠느냐?"라고 물었다. 그러자 실험 참가자들은 사는 경우나 파는 경우 모두에서 압도적으로 B의 가격을 더 높게 매겼다. 결국 복권을 처음에 선택하는 맥락에서는 A를 선호한 반면, 가격을 매기는 과제 맥락에서는 B를 선호하는 식으로 선호가 역전되었다.

그렇다면 이러한 '선호 역전'이 왜 일어나는 것일까? 첫째는 '우세성 원리prominence principle'로 설명할 수 있다. 대안 선택을 해야 하는데 어떤 대안도 결정적인 이점을 가지고 있지 못하는 것은 갈등 상황을 야기한다. 그래서 의사결정자는 갈등 해결 절차를 찾게 된다. 통상적 의사결정 상황에서 대안의 속성들이 정성적, 즉 질적으로 표현되는 경우가 많다. 그리고 또 정량적으로 표현된다고 하더라도 속성들 간의 평가 단위가 다른 경우에는 특정 속성 값을 다른 속성 값과 어떻게 상쇄시켜 계산해야 할 것인지가 불분명하다. 예를 들어 회사 지원자를 선발하는 경우 봉사 횟수와 영어 점수를 단순 합산해야 하는 것인지, 가중치를 어떻게 줘야 타당한 것인지가 모호하다. 그렇기 때문에 갈등을 해결하기 위해 흔히 중요한 속성의 값이 다른 대안보다 우수한 대안을 선택한다. 앞의 슬로빅 박사의 1975년 실험 예의 경우 승률이 가장 중요한 속성으로 보여 압도적으로 A 대안을 선택한 것이다.

두 번째는 '합치성 원리compatibility principle'로 설명할 수 있다. 합치성 원리에 따르면 입력 구성 요소들을 어떤 가중치를 줘서 평가할 것인가는 해당 요소들이 최종 산출과 합치되는 정도에 달려 있다. 즉 실험 상황의 경우 해당 복권의 선택 결과 최종 산출로 받게 될 당첨금이 B의 대안이 더 크므로 해당 대안에 대해서 더 높은 금액을 매긴 것이었다. 이때 최초 복권을 선택할 때 B의 대안을 포기한 이유가 되었던 상대적으로 아주 낮은 승률은 무시된다.

선호 역전은 객관적 확률에 의한 기대 가치가 아니라 과제의 요구, 상황 맥락, 시간 순서 등의 다양한 속성에 따라 선호도가 정반대로 나타날 수 있음을 보여주고 있다. 현실 정치에서도 도덕성을 논할 때는 최하위로 놓았던 후보를, 그가 경제적 이익을 가져다 줄 수 있다는 생각에 압도적으로 선택하는 것도 선호 역전으로 설명할 수 있다. 자동차의 경우 출고 가격을 가장 중시해서 일단 구매를 했지만, 이후 중고차 매매 시의 가격 경쟁력이 없는 것을 경험하거나, 자동차를 통한 최종 이익이라고 할 수 있는 안전성 및 승차감에 비중을 더 두게 되며 선호도가 반전되는 것도 사례가 될 수 있다.

6 불확실성이 변주하는 우리의 선택

우리가 뭔가 결정을 내려야 하는 상황은 그 결과가 어떻게 될지 알 수 없는 불확실한 상황이다. 이 모험적 상황에 대해 가장 유명한 이론은 카네먼과 트버스키Amos Tversky 박사가 제안한 '조망 이론prospect theory'이다. 현재는 행동경제학 책에서 거의 빼놓지 않고 나오는 이 이론은 기존의 고전 경제학에서의 기대 효용 이론과 계산 절차가 같다. 하지만 중요한 차이점이 있다. 조망 이론에 의하면 인간은 객관적 확률을 계산하지 못하고 왜곡시킨다. 즉 주관적 가치인 효용성을 부여해서 상황을 판단한다. 그래서 두 가지 두드러진 행동 패턴을 보이는데, 하나는 확실성 효과이고, 다른 하나는 확률을 과다 추정하기다.

우선 확실성 효과의 내용을 살펴보자. 조망 이론은 사람들이 객관적 확률을 왜곡하는 정도를 수리적 함수로 정리했는데, 이것을 파이 함수라고 한다.

주관적 확률 인식 곡선

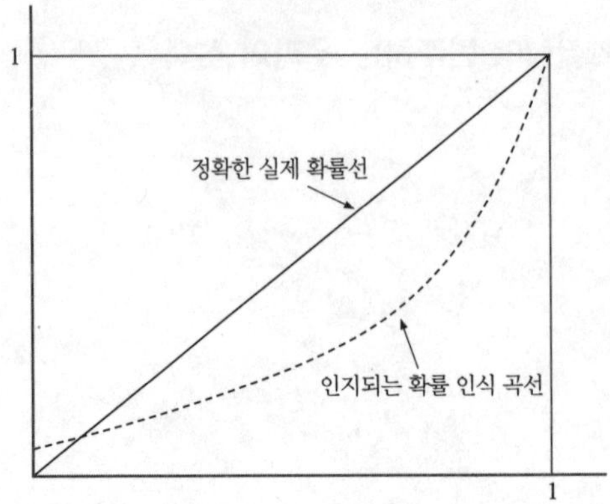

실선과 점선은 인지되는 확률은 정확한 실제 확률과는 차이가 난다는 사실을 나타내준다.

그림을 보면 파이의 값이 확률 p가 1에 가까워지면(즉 확실성이 커지면) 급속히 증가하는 것을 확인할 수 있다. 그리고 p가 1에서 멀어지면 급속하게 감소한다. 이것을 다음과 같은 상황에서 확인해보자.

> "여러분은 두 가지 대안 중 하나를 선택해야 한다. 첫 번째 대안은 1만 원을 받을 확률이 100퍼센트인 조건이다. 그리고 두 번째 대안은 1만 5천 원을 받을 확률이 80퍼센트인 조건이다. 둘 중 어느 것을 선택하겠는가?"

대부분의 사람들은 첫 번째 대안을 선택한다. 그렇다면 이번에 다음과 같은 상황에 처한다면 어떤 것을 선택할까?

> "여러분은 두 가지 대안 중 하나를 선택해야 한다. 첫 번째 대안은 1만 원을 받을 확률이 25퍼센트인 조건이다. 그리고 두 번째 대안은 1만 5천 원을 받을 확률이 20퍼센트인 조건이다. 둘 중 어느 것을 선택하겠는가?"

대부분의 사람들은 두 번째 대안을 선택한다. 객관적으로 계산하면 두 번째 상황은 첫 번째 상황보다 전체적으로 확률이 4분의 1인 것만 차이가 난다. 그런데 사람들의 선호는 완전히 반대가 된다. 객관적으로는 확률 법칙에 의해 기댓값이 똑같아야 하지만, 선택은 반대로 바꾼다. 왜냐하면 100퍼센트라는 확률에 마음을 전부 빼앗겨버리기 때문이다. 이렇게 확실한 상황에 대한 선호를 보이는 것을 '확실성 효과certainty effect'라고 한다. 진화적으로도 확실성 효과는 타당한 듯하다. 계속 모험 지향적으로 사냥을 다니는 것보다 확실히 자기 손에 들어올 수 있는 먹잇감부터 챙기는 것이 생존 확률을 높였을 것이다. 그런 습성이 이어져 현대인에게도 확실성 효과는 계속해서 나타난다. 사소한 경품이나마 100퍼센트 당첨을 약속하는 이벤트에 더 소비자가 반응하는 것을 보면 말이다.

사람은 낮은 확률에 대해서도 지나치게 비중을 두는 왜곡을 범하기도 한다. 실제로 사고가 일어나서 보험금을 받을 확률은 아주 낮다. 그러나 사람들은 사건이 발생할 확률을 실제보다 훨씬 더 높게 생각한다. 보험 광고에서도 보험금 수령자나 일반인에 가까운 무명 배우를 출연시켜 사건 발생률이나 보험금 수령에 대한 주관적 확률 기대치를 높인다. 비행기 사고, 암에 걸려 급사할 확률,

교통사고 사망 확률을 사람들이 가급적 왜곡해서 받아들일 수 있도록 드라마화하는 것까지 서슴지 않는다. 실감나는 광고를 보면 사실상 그런 일이 자신에게 벌어질 확률이 백사장의 모래를 잘못 차서 발이 부러질 수도 있는 확률과 비슷할 정도로 소수점 이하의 아주 드문 경우라는 사실을 생각을 하지 못한다. 바로 주변에서 줄기차게 흔히 일어나는 일인 듯하다. 그게 바로 보험회사가 노리는 것이다. 보험회사가 이야기하는 것처럼 자주 사건이 발생하지도 않지만, 보험회사가 주장하는 것처럼 선뜻 보험금이 팍팍 지급되지도 않는다. 이렇듯 가장 보수적인 것 같은 보험회사는 사실상 가장 진보적으로 인지과학 원리를 활용해 왔다.

발생 확률의 과다 추정은 의료 장면에서도 부정적인 영향을 미치기도 한다. 예를 들어 에스트로겐 호르몬 치료는 골소연화증을 치유하는 데 매우 효과적이지만, 암을 유발할 수 있는 확률이 1퍼센트 정도 있다. 그래서 의사들은 호르몬 치료를 기피하는 경향이 높다. 사실은 골소연화증이 심해져 죽을 확률이 훨씬 더 높지만, 그 1퍼센트의 확률을 과대 지각하는 것이다.

일상적인 결정을 가장 잘 설명하는 이론은 '프레임frame 이론'이다. 동일한 상황에 대해서도 어떻게 묘사하느냐에 따라 프레임이 달라지고 결국 선택 결과가 달라진다. 여기에 가치함수가 큰 역할을 한다.

한계 부정 효용 체감의 법칙

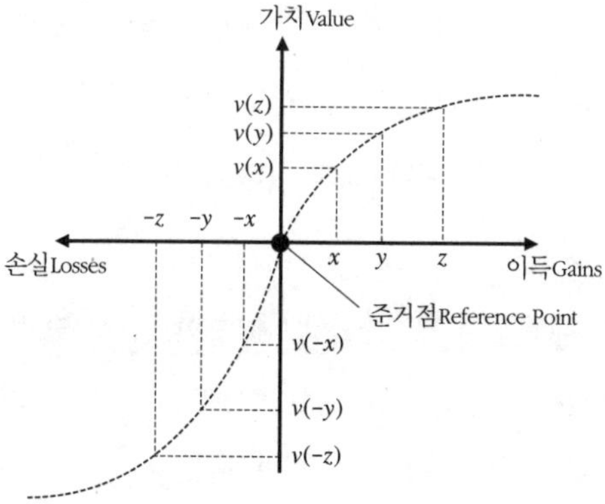

〔그림〕 가치함수: 그림에서 가로축은 객관적 이득과 손실을 나타내고, 세로축은 주관적 가치를 나타낸다. 고전 경제학은 주로 플러스 영역인 한계 효용 체감의 법칙에 대해서 이야기했다. 그러나 가로축과 세로축 모두 마이너스 영역에서는 전혀 다른 선택이 일어난다. 이것에 대한 설명이 바로 인지과학의 '조망 이론prospect theory'이다.

가치함수의 가장 큰 특징은 이득보다 손실 영역에서 더 기울기가 가파르다는 것이다. 즉 사람들은 동일한 정도의 이득보다는 손실에 더 마음이 움직인다. 무언가를 얻는 기쁨보다는 손실로 인한 속상함을 크게 느끼는 것이 인간이다. 쇼핑센터에서는 "지금 세일 시간에 사지 않으시면 내일 다시 정상가로 돌아가기 때문에 손해입니다"라는 말로 고객을 유혹한다. 이별을 하게 되면 그래도 사랑을 얻었던 감사함보다는 이별의 상처를 곱씹게 된다. 평상시에는 거의 잊고 살던 왕년의 스타가 죽었다는 소식을 들으면 새삼스럽게 안타까움을 느낀다. 사장은 영업사원이 그동안 벌어왔던 돈보다, 실수에 의해 잃게 된 손실에 대해 화를 내거나 심한 경우에 해고까지 한다. 내가 평소 쌓아놓고 잘 쓰지 않았던 마일리지이지만, 갑자기 그것을 소멸시키겠다고 회사에서 통지를 받으면 돈을 뺏기는 것 같아 서둘러 쓰거나 회사에 격렬하게 항의를 하게 된다. 그런데 정말 이 가치함수가 맞는 것일까?

다음과 같은 선택 상황에 여러분이 처해 있다고 하자.

> "여러분은 두 가지 대안 중 하나를 선택해야 한다. 첫 번째 대안은 10만 원을 받을 확률이 100퍼센트인 조건이다. 그리고 두 번째 대안은 100만 원을 받을 확률이 20퍼센트인 조건이다. 둘 중 어느 것을 선택하겠는가?"

10만 원에 대한 가치는 사람마다 다르다. 어떤 사람에게는 아주 귀하게 느껴지는 액수이지만, 누구에게는 그냥 길바닥에서 잊어버려도 별로 아깝지 않은 돈일 수도 있다.(만약 별로 아깝지 않게 느껴지는 독자가 있다면 금액을 10만 원에서 50만원으로 높여서 생각해주기를 바란다) 여하튼 대부분의 사람은 확실성 효과에 의해서 첫 번째 대안을 선택한다. 그렇다면 다음과 같은 선택 상황에서는 어떨까?

> "여러분은 두 가지 대안 중 하나를 선택해야 한다. 첫 번째 대안은 7십만 원을 잃을 확률이 100퍼센트인 조건이다. 그리고 두 번째 대안은 백만 원을 잃을 확률이 70퍼센트인 조건이다. 둘 중 어느 것을 선택하겠는가?"

사람들은 두 번째 대안을 선택했다. 그러나 계산을 해보면 기댓

값이 두 대안 조건 모두 똑같음을 알 수 있다. 그러나 사람들은 손실에 대한 확실성을 피해 모험을 더 하려고 한다. 똑같은 확률이라고 해도 다르게 표현하면 선택이 달라진다는 것은 확실히 경제학에서 가정했던 합리적 인간형과는 차이가 난다. 정부나 제약회사의 예방접종에 대한 정책을 떠올리게 하는 다음과 같은 상황에 있어서도 인간의 선택은 뒤죽박죽이다.

> "정부는 주민의 숫자가 모두 600명인 지역에 퍼진 새로운 전염병에 대비해서 두 개의 대안을 제시했다. A계획을 선택하면 200명을 구할 수 있다. 그런데 B계획을 선택하면 0.33의 확률로 600명을 구할 수 있다."

카네만과 트버스키의 실험에서는 이와 비슷한 제시문을 사용했다. 그러자 사람들은 대부분 방안 A를 선택했다. 그런데 다음과 같은 조건에서는 선택이 달라졌다.

> "A계획을 선택하면 400명이 죽게 된다. 그런데 B계획을 선택하면 0.67의 확률로 600명이 죽을 수 있다."

이 조건에서는 대부분의 사람들이 방안 B를 선택했다. 총 인구수 600명이니, 200명을 확실히 살린다는 말은 곧 400명이 죽는다는 이야기와 같다. 그러나 같은 말도 플러스 쪽으로 기술하느냐, 마이너스 쪽으로 기술하느냐에 따라 사람들의 결정은 달라졌다.

정치에 관한 이야기에서 소개했듯이 정치인들이 세심한 언어 선택을 하는 것도 이 때문이다. 우리는 기존 경제학이 강조했던 것처럼 객관적으로 이상적인 합리적 존재가 아니다. 행동경제학이 이야기하는 것처럼 뒤죽박죽 우리 마음대로 결정을 하는 존재이다. 단 그 뒤죽박죽 선택에는 일정한 패턴이 있다. 인지과학이 밝히고 있는 다양한 휴리스틱이 바로 그 패턴이다. 휴리스틱을 잘 알면 트렌드를 잘 읽는 투자나 사업적 판단을 통해 이득을 볼 수도 있고, 다른 사람의 조작에 내가 좌우되지 않을 수도 있다. 선택에 달려있다. 기존 경제학의 이상에 빠져 실제로 벌어지고 있는 판단과 결정의 모습을 오류라고 치부할 것이냐, 새로운 행동경제학을 이해하고 응용해서 새로운 현실을 만드느냐는 우리 자신에게 달려 있다.

7 문제의 형태를 바꾸면 답이 보인다

어떤 경우에는 똑같은 구조를 갖고 있는 과제라고 해도 어떻게 제시되느냐에 따라서 판단 결과가 달라지기도 한다. 이것을 잘 드러내는 사례가 웨이슨Wason 카드 문제 실험이다.

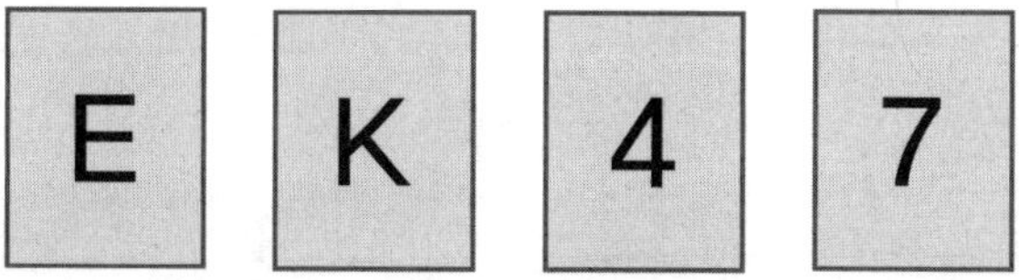

"위의 카드들은 카드 한 면에 모음이 있다면 다른 면에는 짝수가 있는 법칙에 따라 만들어졌다고 한다. 그런데 이 말이 맞는지 증명하기 위해 4개의 카드 중에 2개를 뒤집어 볼 수 있다고 한다. 어떤 카드를 뒤집어야 법칙이 맞음을 증명할 수 있을까?"

정답은 E가 적힌 카드와 7이 적힌 카드이다. 긍정적인 사례를 계속 모으는 것보다는, 부정의 부정으로 확정을 하는 '역의 법칙'에 따라서 말이다. 그런데 158명의 실험 참가자 중 5명(4%)만이 정답을 말했다. 사람들은 7 대신 4가 적힌 카드를 뒤집어야 한다고 생각했다. 가설을 지지하는 사례만 확인하려 한 것이다. 이런 판단 경향을 '확증 편향confirmation bias'이라고 부른다. 대표적인 사례가 사랑에 빠진 연인이다. 사랑에 빠지면 눈에 콩깍지가 쓰였다는 말처럼 상대방의 긍정적인 면만을 본다. 그러나 객관적인 실상은 다를 수 있다. 이것을 철저하게 드러낸 2009년 영화 『500일의 섬머500 Days Of Summer』도 있다. 영화 주인공인 톰은 자신의 인생을 바꿔줄 운명적인 사랑이 꼭 나타날 것이라 믿는 청년이다. 어느 날 이상형에 가까운 여자 섬머가 톰의 눈앞에 나타난다. 그녀는 사장의 새로운 비서이다. 섬머의 모든 면이 좋아 보인다. 톰은 자연스럽게 섬머에게 빠져든다. 그러나 섬머는 마음의 문을 쉽게 열지 않는다. 고민을 한참 어린 여동생에게 이야기할 정도로 톰의 사랑은 애절하다. 그러나 결국 500일이 안 되어 둘은 헤어지게 된다. 여동생은 그런 톰에게 다 큰 어른처럼 말한다.

"기억을 잘 하면 꼭 오빠가 말한 것과 같지는 않을 거야."

영화는 실제로 톰이 기억하는 장면과 다른 면을 보여준다. 레코드점에서 자신이 고른 음반을 함께 좋아해주던 섬머는 톰이 고개를 돌리자 시큰둥한 표정을 짓는다. 톰은 섬머가 활짝 웃던 모습만 본 것이다. 아니 톰은 섬머의 미소만 기억하고 싶었던 것이다. 천생연분이라고 믿었기에 자신과 공통적인 부분을 더 과장되게 생각했다. 하지만 실제로는 그렇지 않았다. 영화는 500일의 사랑 이야기를 날짜 순서를 뒤죽박죽 섞어 편집했다. 그래서 섬머에 대한 톰의 주장이 일방적 억지처럼 느껴진다. 그것을 통해 기억이 얼마나 연약한 것이며, 우리가 얼마나 확증 편향을 갖고 사태를 파악하는지 쉽게 느낄 수 있도록 했다.

어찌 보면 가정을 파탄으로 모는 고부 사이의 갈등이나 부부 갈등, 기타 가족관계의 갈등의 경우에도 확증 편향이 작용하기 때문에 심각해지는 것일 수 있다. 긍정적인 것이 아닌 부정적인 것만 찾는 확증 편향 말이다. 따지고 보면 분명 긍정적인 부분이 있을 수 있지만 판단을 할 때는 이를 왜곡시킨다.

그런데 확증 편향의 한계를 뛰어넘는 경우도 있다. 앞에 예를 든 웨이슨의 선택 문제와 구조가 똑같지만 구체적 상황을 묘사한 다음 문제를 과제로 받았다고 생각해보자.

> "당신의 직업은 경찰이다. 카페에 들어갔는데 어떤 젊은이 두 명이 맥주인지 콜라인지 모를 무언가를 마시고 있는 것이 보였다. 바텐더에게 물어보았더니 두 명은 25세의 청년과 16세 청소년이었다. 미성년자 보호법이 있으니 19세 이상이 아닌 사람에게 술을 파는 것은 위법이다. 이 술집이 철저하게 법을 지키고 있는지 위법을 하고 있는지를 확인하려면 어떻게 하면 될까? 단, 여러분에게는 딱 두 번의 질문 기회만 있다."

이 문제는 웨이슨 선택 문제처럼 네 장의 카드를 제시하는 상황과 똑같다. 알파벳 E가 쓰인 카드와 K가 쓰인 카드는 맥주를 마시는 카드와 콜라를 마시는 카드이고, 숫자 4와 7이 쓰인 카드는 25세 카드와 16세 카드로 바뀌었을 뿐이다. 즉 두 사람에게 맥주를 마시는 사람이 누구인지 물어봐서 맥주를 마시는 사람이 16세인지 아닌지만 검증하면 된다. 역의 검증 법칙에 따르는 것이 가장 효율적이다. 25세의 청년이 맥주를 마시는 것을 확인하는 것만으로는 준법 여부가 확인되지 않는다. 그래서 16세의 청소년이 맥주를 먹는지 아닌지를 봐야 확실한 판단을 할 수 있다. 그런데 이 문제 상황의 경우 실험 참가자들의 70퍼센트 이상이 답을 맞혔다. 웨이슨 선택 문제에서 고작 4퍼센트만이 정답을 맞힌 것과는 너무도 판이한 결과이다. 연구자들은 웨이슨의 과제는 추상적이지만, 맥주 마시기 문제는 일상에서도 경험하는 친숙한 상황이기 때문에 가용한 정보 덩이리가 많아 올바르게 판단할 수 있었다고 설명한다.

그런데 진화심리학자인 레다 코스미데스Leda Cosmides와 존 투비John Tooby는 다른 설명을 제안한다. 인간은 진화 과정에서 사회계약의 위반 여부를 탐지하는 능력을 발전시켰다. 배신자나 위법자보다는 선량한 사람과 함께 있을 때 생존에 더 안전하며 이익도 얻을 수 있기 때문이다. 따라서 맥주 마시기 문제와 같이 위법 사항을 골라내는 것과 같은 진화적 도식과 부합하는 상황에서는 판단의 오류가 적다는 것이다. 진화심리학자들은 각 문제 상황에 맞는 여러 도식을 인간이 갖고 있다고 보고 있다. 만약 인간의 발이 평상시 체중을 지지하는 기능 이외에 도망가는 것에만 효과적이게 진화가 되었다면 결국 비효율적이게 되었을 것처럼, 단일적인 목적으로 인간의 마음이 진화되었다면 환경에 적절하게 적응하지 못했을 것이라는 가정을 하고 있다. 인류는 여러 문제를 해결하기 위해 마음을 진화시키면서 주의, 기억, 사고, 정서 등 마음의 여러 기능을 마치 별개 체제로 보이는 모듈을 갖는 체계로 진화시켰을 것이다. 마치 스위스 등산용 칼처럼 말이다. 진화심리학은 각각의 모듈에 효과적으로 작용하는 진화론적 원리를 드러냄으로써 인간의 마음을 설명한다. 그 노력은 인지과학에 큰 영향을 끼치고 있다.

문제의 상황을 진화적으로 익숙한 도식으로 바꿔 생각하는 것 이외에 올바른 판단에 도움이 되는 방법이 있다. 인간은 상황을 왜곡시켜 자기가 보고 싶은 것만 보고, 믿고 싶은 것만 믿어서, 자기 마음에 드는 결정만 해서 행동할 수 있는 것만 행동할 때가 가장 위험하다. 그러니 그 위험을 피하려면 안전장치가 필요하다. 생각을 할 때 다음과 같은 사고 과정을 거친다면 좀 더 올바른 판단을 할 수 있다.

첫째는 단순화한 다음에 반복하기다. 복잡한 것을 분석할 수 있도록 시간적 제약의 한계와 주의 및 기억 용량의 한계를 뛰어넘어 오류를 최소화할 수 있다. 이때 멘토, 친구 등 자문 그룹의 도움을 받는 것도 좋다. 혼자 급하게 내리는 결정은 자신만의 생각의 함정에 빠져 나중에 후회할 확률이 더 크다.

둘째는 가장 우려되는 위험 신호를 발견하기다. 만약에 자신이 특별한 애착을 갖고 있는 것에 대해서 판단을 내려야 한다면 일부러 더 냉정하기 위해 노력해야 한다. 제롬 그루프먼 교수는 자신과 비슷한 취미를 갖고 있는 환자와 감정적 교류를 했다. 그래서 고통을 줄여주겠다며 적절한 조치를 미뤘다. 치료 과정의 고통은 없었지만, 결국 환자는 생명의 손실 직전까지 갔다. 환자를 도와주겠다는 것이 위험한 상황에 빠뜨린 것이다. 애착을 갖고 있는 것일수록 더욱 세심한 주의를 기울여야 한다. 일부러 객관적인 정보를 더 많이 보는 등 자신의 감정을 배제시키려 노력해야 한다.

셋째, 과거의 경험에서 배우기다. 뭐든지 완벽하게 좋은 것은 없다. 경험을 통해 얻은 교훈을 정확히 인식하고 계속 상황에 맞게 수정해 가며 활용해야 한다. 그렇게 하면 판단 오류는 최소화될 수 있다. 케네디 대통령처럼 쿠바에서의 주도권을 잡고자 피그만 침공을 수행하는 실수를 하더라도 그 실수에서 교훈을 얻어 안전장치를 또 만들어 다음 실수를 최소화시키는 현명한 선택을 해야 한다. 그게 행동경제학에서 이상으로 삼는 바로 실용적이면서도 합리적인 선택이다.

CHAPTER IV

예술—알수록 **더** 재미있는 **비밀**

1 도스토예프스키와 다른 예술가를 묶는 끈, 인지신경과학

표도르 미하일로비치 도스토예프스키Фёдор Михайлович достоевский, 빈센트 빌럼 반 고흐Vincent Willem van Gogh, 둘 다 19세기 예술사에 한 획을 그은 인물들이지만 활동한 분야는 각각 문학, 미술로 다르다. 그런데 이 두 사람을 이어주는 끈이 있다. 기존 비평가의 미학적 분석을 통해서도 둘을 연결시킬 수는 있다. 역사주의적 비평 접근으로 예술가로서의 고통을 승화시킨 작품 속의 내적 체험 요소를 확인할 수도 있고, 형식주의적 비평으로 오로지 작품 내의 요소들의 논리적 관계를 가지고 얼마나 정교하게 자기 주제 의식에 맞게 줄거리와 오브제를 구성했는지를 분석할 수도 있다. 그러나 21세기 인지과학은 이 두 예술가를 이어주는 색다른 분석을 시도한다.

도스토예프스키는 1821년 러시아 모스크바에서 태어났다. 아버지는 모스크바의 자선병원 의사였다. 하지만 아버지인 미하일 안드레예비치는 알코올중독자에다가 상당히 난폭한 인물로 자식들을 사랑보다는 엄한 벌로 다스렸다. 반면에 어머니 마리아 표도로브나는 신앙심이 깊고 상냥하며 자애로운 여성이었다. 하지만 의처증이 심한 남편의 학대 때문에 1837년 37세의 나이로 요절하고 말았다. 그런데 그녀가 도스토예프스키에게 읽어준 성경과 문학작품은 이후 작가로서의 삶에 큰 영향을 주었다.

어머니가 죽은 지 2년 뒤 아버지의 갑작스러운 죽음은 도스토예프스키에게 큰 정신적 충격을 준다. 아버지의 희망대로 공병학교에 입학해 가까스로 졸업하고 나중에 중위까지 진급하지만 문학에 대한 열망으로 제대를 한다. 그리고 1년 동안 집필에 몰두하여 〈가난한 사람들〉을 완성했다. 이 작품은 '제2의 고골리'라는 칭호를 그에게 선사하며 당대의 최고 비평가들로부터 극찬을 받았다. 하지만 그 이후 작품들은 연이어 평단과 대중 모두의 비판과 냉대를 받아야만 했다. 그러다 1849년 도스토예프스키는 페트라쉐프스키 비밀 모임에 연루돼 사형선고를 받았다. 처벌을 받기 위해 형장에 도착했을 때 영화 속 한 장면처럼 황제의 시호로 4년 동안의 시베리아 유형을 선고 받으며 목숨은 건지게 된다. 목숨이 오가는 극심한 스트레스를 겪으며 결과적으로 시베리아 유형에 처해졌지만, 그 후로 발작 증세를 보이다가 급기야 평생 간질병에 시달리게 된다.

유형지에서의 삶은 그의 작품 곳곳에서 탁월한 상황과 감정 묘사의 토대가 되었다. 1854년에 33세가 되어 형기만료로 출감한 이후 도스토예프스키는 새로운 창작 시기를 맞아 작품을 활발하게 한다. 그리고 도박도 열심히 해서 결국 무일푼이 되기도 했다. 다

급해진 그는 선불을 조건으로 출판업자와 가혹한 조건의 계약을 맺는다. 만일 약속을 이행하지 못할 경우 향후 9년 동안 아무런 대가 없이 저작권을 출판사에 내줘야 하는 불평등한 조건이었지만, 이미 이것저것 가릴 처지가 아니었다. 도스토예프스키는 작품을 빨리 써내기 위해 속기사 안나 그리고리예브나를 소개받고 그녀의 도움으로 〈도박자〉와 〈죄와 벌〉을 동시에 신문 연재할 수 있었다. 도스토예프스키는 엄청난 악필이었기 때문에 아무리 그가 기한 내에 원고를 준다고 해도 그 글씨를 해독하기가 어려워 펑크가 날 판국이었다. 두 사람은 작가와 속기사 인연으로 만난 후 1867년 25살의 나이차를 극복하고 결혼을 한다. 그 이후에도 계속 도박으로 재산을 탕진했지만 안나의 노력으로 문제는 해결되었고, 둘의 결혼 생활도 행복할 수 있었다.

프로이트는 이러한 도스토예프스키의 인생과 그의 작품을 연결시키며 1928년에 "도스토예프스키와 근친 살해Dostoevsky and Parricide"라는 제목의 논문을 발표했다. 그것은 심리주의 예술 비평 혹은 정신분석 비평의 모태가 되었다. 도스토예프스키의 만년의 작품이자 최대 걸작인 〈까라마조프가의 형제들〉은 아버지 표도르 까라마조프, 장남 드미트리, 둘째 이반, 셋째인 알료샤, 그리고 아버지 표도르와 거지 여자 사이에 태어난 사생아 스메르자코프를 중심으로 펼쳐지는 갈등이 중심 줄거리이다. 아버지 표도르는 탐욕스럽고 이기적인 냉혈한이다. 작가의 아버지와 많이 닮아 있는 인물임에 프로이트는 주목했다. 장남인 드미트리는 아버지와 닮은 면이 있으면서도 순수함에 대한 동경이 있다. 그래서 드미트리의 안에서는 선과 악의 싸움이 끊이지 않는다. 그렇게 그는 온전히 인간의 삶의 모습을 다 보여주고 있다. 둘째 이반은 드미트리와는 또 다른 인물형이다. 이반에게는 무엇보다도 인간의 지성에 대한 사랑이 눈에 들어온다. 그러나 그는 기본적으로 무신론자여서 미묘한 긴장의 씨앗을 계속 지니고 있다. 셋째인 알료샤는 둘째 이반과는 다르게 하나님에 대한 순수한 신앙심을 가진 인물이다. 그는 여러 모로 아주 이상적인 인간형인 모습을 보여줄 뿐만 아니라, 작가의 어머니를 연상시킨다.

어느 날 고향 마을에 세 형제가 모이면서 소설은 시작된다. 어머니가 물려준 유산을 아버지 표도르로부터 받아내려는 첫째 아들 드미트리와 중재 요청을 받은 둘째 아들 이반, 견습 수도사 생활을 하던 셋째 아들 알료샤가 고향 마을에서 만나는 바로 그 순간부터 까라마조프 집안에 숨어 있던 가정불화가 수면 위로 떠오르게 되면서 이야기는 급박하게 진행된다. 드미트리는 처음에 돈 문제로 아버지와 충돌한다. 그러다가 한 여인을 사이에 두고 아버지와의 삼각관계까지 겪게 되면서 갈등은 더 커지게 된다. 이반은 스메르자코프에게 자신의 생각을 주입시켜서 아버지의 살해를 은밀히 지시한다. 견습 수도사인 알료샤는 아버지와 형들 사이를 오가며 극한 갈등을 줄이려고 최선을 다하지만 결국 아버지는 피살당한 시체로 발견된다. 누가 범인인지 모르는 상태에서 평소에 아버지를 죽이겠다고 호언하던 드미트리가 여러 석연찮은 증거 때문에 법정에서 유죄 판결을 받는다.

프로이트는 "도스토에프스키와 근친 살해"라는 논문을 통해 인간의 근원적인 죄의식을 부친 살해 욕망과 연결시켰다. 작가가 왜 그 작품을 만들 생각을 갖게 되었는지, 작가의 인생 역정이 어떻게 예술로 변화했는지를 세세하게 보여주며, 작가의 속마음에 무엇이 있는가를 시원하게 펼쳐 보였다.

그러면 프로이트는 이 '작가의 속마음'을 무엇이라고 설명했을까? 프로이트의 에세이 "창조적 작가와 백일몽"에 다음과 같은 내용이 나온다.

> "누구나 어린 시절에는 놀고자 하는 욕망을 갖는다. 그의 놀이에는 사회적으로 용납되는 것도 있지만 그렇지 않은 것도 있다. 용납되지 않는 욕망은 초자아가 성장해가면서 점차 무의식으로 가라앉는다. 그러나 그런 욕망은 성장한 이후에도 결코 포기되지 않는다. 소위 말하는 백일몽이 바로 이에 해당한다. 그런데 그것을 위장하여 사회적으로 보여주는 사람들이 있다. 우리는 그들을 작가라고 말한다. 창조적인 작가란 사적인 백일몽을 공적인 문학으로 승화시키는 사람인 것이다."

그렇다면 도스토예프스키가 문학으로 승화한 백일몽은 무엇인가? 프로이트는 그에게 간질 발작이 있었다는 것을 주목하고 이를 히스테리의 증상으로 보았다. 히스테리 발작은 무언가가 억압되어 있다는 표시였다. 어머니를 학대하는 아버지에게 복수하고 어머니를 독차지하고자 하는 욕망, 바로 오이디푸스 콤플렉스이다. 갑작스러운 아버지 죽음에 충격을 받아 아버지 죽음 원인을 함구하고 지금까지도 미궁으로 남게 된 것도 작가가 자신의 욕망과 연관되는 이야기 자체를 꺼렸기 때문이었다.

프로이트의 이론에 따르면 남자아이는 어머니를 놓고 아버지와 라이벌이 된다. 어머니는 아니지만 〈까라마조프가의 형제들〉의 주인공 드미트리는 여자를 놓고 아버지와 라이벌이 된다. 프로이트의 이론이 말하는 긴장이 현실적인 형태로 드러난 셈이다. 그러나 근친상간의 욕망은 유아가 거세 위협을 느끼면서 단념하는데, 이때 아버지에 대한 감정은 성장 이후에도 사라지지 않고 남아 죄의식의 근원이 된다. 아버지를 살해하고픈 증오심과 아버지를 우러러보는 존경심 사이에서 양가감정ambivalence이 생겨나는 것이다. 이는 프로이트 이론의 요지인데, 작품 〈까라마조프가의 형제들〉의 전체 서사에서도 매우 드라마틱하게 드러난다.

프로이트는 작품에 아버지에 대한 도스토예프스키의 마음이 반영되어 있을 것이라고 추측했다. 그는 작품에서만이 아니라 실제 작가의 생활에서도 그 증거를 찾고자 했다. 프로이트는 아버지에 대한 양가감정, 도덕성과 공격적 소망 속에서 번민하던 작가의 심리를 추적했다. 그리고는 도스토예프스키에게서 떠나지 않았던 도박과 폭력, 감옥살이 등의 스캔들을 살부 충동이라는 죄에 대한 본인 스스로의 처벌이라고 결론지었다.

〈까라마조프가의 형제들〉의 주인공 드미트리와 이반은 아버지에 대한 라이벌 의식을 공공연히 드러낸다. 이에 대한 죄의식 역시 존재한다. 프로이트에 의하면 도스토예프스키는 사생아인 스메르쟈코프에게 자신의 간질 발작을 부가하고, 죄는 드미트리와 이반에게 전가하고 있다.

그의 모든 작품에서 죄인은 늘 자신의 분신이다. 이것이 그가 '죄'에 그토록 관심과 연민을 보이는 이유다. 그는 독일에 머물 때 도박에 돈을 몽땅 탕진하고서야 작품에 몰두했다. 그에게 있어 창작은 죄에 따른 일종의 벌인 셈이다. 그의 작품 중에 〈죄와 벌〉이 있는 것은 절대 우연이 아니다. 도박 중독자들은 단지 돈을 따거나 빚을 갚기 위해서가 아니라, 도박 자체를 위해 내기를 멈추지 못하는 사람들이다. 프로이트에 따르면 도스토예프스키에게는 도박은 많은 돈을 잃어 죄에 걸맞는 벌을 받아 죄의식에서 벗어날 수 있는 기회이다.

도스토예프스키는 훌륭한 작가로서 자의식이 큰 인물이었다. 이로 인해 높은 수준의 도덕률과 초자아를 지니고 있었으며, 동시에 인간이기에 죄인인 자신을 고스란히 들여다보아야 했다. 그렇기에 지극히 사적인 그의 백일몽은 보편적인 인간의 고뇌와 갈등을 표현하는 예술작품으로서, 많은 사람의 공감을 불러일으킨 것이다.

지금까지의 심리주의 비평에 의한 작가와 작품 분석을 보면 고개가 끄덕여진다. 그러나 다른 인지과학적 분석도 가능하다. 도스토예프스키는 도박으로 재산을 열심히 탕진하던 1865년 〈죄와 벌〉의 집필을 시작했다. 그리고 말 그대로 무일푼이 되어 1866년 〈죄와 벌〉과 〈도박사〉를 동시에 집필하기 시작한다. 바로 이듬해인 1867년 안나와 결혼했지만 여전히 도박에 열중한다. 그리고 또 다른 명작인 〈백치〉를 집필하기 시작하는 한편 〈죄와 벌〉을 단행본으로 출간한다. 1868년 맏딸 소피아가 태어났으나 5월 폐렴으로 죽는 와중에서도 나중에 〈까르마조프가의 형제들〉의 모태가 되는 소설 〈무신론자〉를 구상한다. 이렇게 그를 쉼 없는 창작의 세계로 밀어 넣은 것이 참을 수 없는 작가의 예술적 열정 혹은 도박에 의한 경제적 빈곤 때문이었을까?

인지과학자들은 그가 심각한 악필이었다는 점에 주목한다. 흔히 '천재는 악필'이라는 말이 있다. 천재들은 많은 지식을 글로 접하고, 자신의 지식을 글의 형태로 표현할 기회가 상대적으로 많은 사람들이다. 하지만 어떤 천재들은 도통 글쓰기가 나아지지 않는다. 베토벤, 레오나르도 다 빈치, 아인슈타인, 에디슨, 톨스토이 등은 유명한 천재이지만 가족이나 전문 해독자가 없이는 무슨 글자인지 모를 정도로 악필가였다. 베토벤의 소나타 "엘리제를 위하여Für Elise"는 본래 "테레제를 위하여Für Therese"였다. 베토벤의 글씨를 알아보지 못한 출판사 담당자가 '테레제'를 '엘리제'로 오독한 것으로 전문가들은 보고 있다. 천재들이 여러 영역을 넘나들며 활발하게 사회적 활동을 하기 위해 악필을 수정해야 함에도 불구하고 (특히 도스토예프스키의 경우 원고를 넘겨야 했던 작가였기 때문에) 그런 악필이 된 것은 글쓰기를 아무리 연습해도 나아지지 않도록 뇌가 형성되어 있기 때문은 아닐까? 뇌의 왼쪽 오른쪽 부위에 해당하는 측두엽에 이상이 있으면 정상적인 뇌 기능이 안 되어 악필이 될 확률이 높다. 이런 이유로 '천재는 악필이다'는 말이 생겨났다. 천재들이 악필인 이유에 대해 '떠오르는 영감을 잊기 전에 기록해야 해서 글씨의 모양을 생각하지 않고 휘갈겨 쓰는 경우가 많기 때문'이라고 해석할 수도 있지만 평소의 글에서도 같은 악필이 반복된다는 사실에서 다른 원인이 있을 수 있음을 추리해 볼 수 있다.

도스토예프스키는 여러 발작을 일으켰고, 간질 증상을 보였다고 알려져 있다. 하지만 이것이 의사의 진단은 아니었다. 도스토예프스키는 졸도, 근육 경련, 순간적인 무기력 현상을 느꼈고, 이를 간질이라고 스스로 생각했다. 프로이트는 이러한 간질 증상을 보고서 도스토예프스키가 자신이 많이 경험한 무의식에 의해 마음에 병이 생긴 신경증 환자로 보았다. 왜냐하면 아버지가 죽은 18세까지는 이러한 증상이 나타나지 않았기 때문이었다. 하지만, 인지신경과학자는 다른 식으로 해석한다.

도스토예프스키의 질병은 인간 두뇌의 정서와 기억중추에서 발작이 시작되는 '측두엽 간질'이었을 수 있다. 측두엽 간질이란 네 개의 대뇌 중 좌측 또는 우측에 있는 뇌 부위에 이상이 생겨 발생하는 정신질환이다. 측두엽 간질은 가벼운 두통에 머물기도 하지만 환청, 환시, 환취 등의 환각을 경험하는 등 증상이 매우 다양하며 정확한 원인은 밝혀지지 않았다. 대개의 측두엽 간질 환자들 중에는 도스토예프스키처럼 여러 사건에 대해서 남다른 극적인 체험을 하기도 한다. 또한 특정한 성격의 변화를 보이는 경우도 있다. 첫 번째 아내에 대한 죄책감에 그녀의 병간호에 힘썼으면서도 바로 도박에 빠지고 다른 여자와 교류를 하며, 종교적으로 신실하면서도 천박한 욕망에 노예가 되는 식으로 말이다. 그리고 이런 그의 극단적 성격 변화는 그의 작품 속 인물들로 고루 반영이 되었다.

도스토예프스키를 좀 더 잘 이해하기 위해 잠시 다른 예술가들을 살펴보자. 영국의 시인이었던 윌리엄 블레이크는 10대에 천사를 만났다고 주장했다. 프레드릭 쇼팽은 피아노 앞에 앉아 있다가 유령이나 정체를 알 수 없는 생물을 목격했다. 이들은 정신분열증 환자가 아니었다. 고도의 지적 능력을 지켰으며, 각자의 분야에서 독보적인 성과를 거둔 사람들이다. 특히 쇼팽의 기록에는 그가 체내 염소 운반 유전자에 이상이 생겨 신체기관에 문제가 많이 나타나는 유전적 질병인 '낭포성 섬유증'을 앓았다고 되어 있으나, 쇼팽이 살던 19세기 중반에는 간질에 대한 이해가 부족해서 의사들이 간질을 오진했을 가능성이 크다.

빈센트 반 고흐 역시 '측두엽 뇌전증'에 걸렸던 것으로 추측되고 있다. 인지신경학에서는 참을 수 없는 글쓰기 충동을 '하이퍼그라피아hypergraphia'라 하는데 이 증세를 보이는 대표적 질환이 측두엽 뇌전증이다. 고흐는 1888년부터 프랑스 아를에 머문 1년여 동안에 무려 200점의 그림과 200점의 스케치를 남겼다. 같은 기간에 동생 테오에게는 200통이 넘는 편지를 썼다. 도스토예프스키가 1865년부터 1968년까지 그의 대부분 명작을 집중적으로 탈고하거나 구상했던 것처럼 말이다. 고흐는 1888년쯤 뇌전증 발작을 보인 뒤부터 그림이 더 격정적으로 변했다. 고흐 특유의 제3색은 원색과 등화색等和色(2원색을 등분 혼합한 색)을 혼합한 것인데, 측두엽 뇌전증 환자들 그림에서 공통적으로 나타나는 현상이다. 고흐 특유의 그림 속 소용돌이도 이후에 나온 것인데, 이것은 그가 일부러 계산해서 그린 것이라기보다는 뇌의 이상으로 예민해진 그의 눈에는 실제로 그렇게 보인 것일 수 있다. 고흐뿐만 아니라 고갱이 지독한 난시 때문에 자신의 회화가 아주 과감한 색 사용 및 형태 묘사의 효과를 갖게 된 것처럼, 딴에는 보이는 그대로 그린 것이 명작 탄생의 비결일 수 있다.

고흐가 작가가 아님에도 그림뿐만 아닌 동생에게 보낸 편지의 횟수와 양이 증가한 것에 주목할 필요가 있다. 글을 쓰려는 욕구는 감정 조절에 큰 역할을 하는 변연계와 관련이 있다. 그런데, 변연계 연결 구조에 변화가 생기면 측두엽은 외부 자극에 아주 민감해진다. 그렇게 민감해진 상황에서 주변을 관찰하면 모든 일을 아주 중요하게 여겨 철학적이고 종교적이 되고 꼼꼼하게 기록으로 남기려 한다. 그것이 바로 참을 수 없는 글쓰기 충동인 '하이퍼그라피아hypergraphia'의 실체이며, 화가와 문학가가 특정 시기를 거치며 왕성한 활동을 보이는 것도 뇌의 변화 때문일 수 있다.

2 예술 인지과학

예술은 작품을 만드는 예술가나, 감상하는 사람이나 모두 뇌와 신체의 감각기관을 활용해서 정보를 처리한다. 즉 추상적인 미의 가치를 논하기 전에 일단 인지적인 특성에 의해 좌우되는 구조를 갖고 있다. 따라서 인지과학은 인간의 인지 특성이 어떻게 작품을 만들고, 어떻게 작품을 느끼게 하는지에 주안점을 두고 예술을 설명하려고 한다.

「뉴스위크」가 센추리 클럽(가장 주목해야 할 21세기 뛰어난 인물) 100인 가운데 한 명으로 선정한 세계적인 신경과학자 빌라야누르 라마찬드란Vilayanur Ramachandran은 〈뇌가 나의 마음을 만든다*The Emerging Mind*〉(바다출판사, 2006)를 통해 예술에는 보편적인 10가지 원칙이 있다는 이론을 내놓았다. 만약 보편적인 원칙을 따라 예술 작품을 만들거나 감상하지 않는다면 세계인이 각자 다른 문화적 환경에 있음에도 불구하고 위대한 작품에 대해서 공통적으로 칭송하는 현상은 벌어지지 않을 것이기 때문이다. 라마찬드란은 예술의 10개 원리를 다음과 같이 밝혔다.

첫째, '피크 이동Peak Shift'이다. 동물이 먹이라는 보상과 연관된 자극에 대해서 더 민감하게 반응하는 것처럼 사람들이 특정 예술적 요소에 대해서 반응을 하도록 조건 형성이 되어 있는 것일 수 있다. 라마찬드란 박사는 쥐에게 직사각형에는 반응하도록 훈련을 시키는 한편, 정사각형에는 반응을 하지 않도록 훈련을 시켰다. 정사각형과 직사각형은 넓이와 높이의 비율에서 차이가 있을 뿐이다. 훈련받은 쥐는 직사각형의 비율이 더 과장될수록 더 강렬하게 반응할 것이다. 반면에 직사각형의 가로 세로 비율이 정사각형과 별 차이가 없다면 반응의 강도는 낮아질 것이다. 즉 반응의 정점이 더 극단적인 쪽으로 이동하는 원리는 예술작품을 만들거나 작품을 감상할 때에도 적용된다. 예를 들어 남녀의 조각을 묘사할 때도 남자는 현실 속의 남자보다 더 남자다운 근육이, 여자는 부드러운 곡선이 실제보다 과장되게 나타날 때 더 심미적인 만족감을 준다. 이런 현상은 캐리커처에서만 나타나는 것이 아니라 힌두교의 여신 묘사, 미켈란젤로의 조각, 피카소의 그림 등에서 시대와 문화를 아울러 공통적으로 나타나고 있다.

둘째, '그룹짓기Grouping'이다. 인간의 시각은 무의미한 자극 중에서 유의미한 신호를 찾아내도록 설계되었다. 덕분에 배가 고플 때는 길거리를 가다가도 좌판에 펼쳐진 음식을 보도블록의 문양보다 더 주의해서 볼 수 있는 것이다. 그리고 그렇게 탐색을 잘하는 사람은 배고픔에서 더 빨리 벗어날 수 있는 보상을 받게 된다. 이러한 설계와 보상의 상호연관성은 특정한 자극을 더 잘 보는 능력을 강화시킨다. 그런데 세상의 사물들은 각 요소가 분해되어 있는 경우보다는 하나의 완결된 형태로 되어 있을 때 제 기능을 잘 발휘하는 경우가 많다. 라디오도 버튼만 있다고 들을 수는 없고, 생물도 특정 신체기관만 있다고 움직일 수는 없다. 해당 사물이 내게 뭔가 의미가 있으려면 일단 제 기능을 다할 수 있는 온전한 상태인 것이 유리하다. 그 유용성은 예술작품 감상에도 그대로 전이된다. 그림 속에 어떤 사람이 얼굴을 내밀고 있다고 해서 얼굴만 둥둥 떠다니는 괴생명체로 인식하지는 않는다. 전체의 일부분으로 인식한다. 또한 전체 맥락을 고려해서 개별 대상들이 어떤 의미를 갖고 있는지도 그룹을 지어 해석한다. 만약 다양한 지각적 차원에 대해서 전체의 상을 그룹짓기를 못하고 각각 부분 부분만 인식할 수 있다면 심미적인 기쁨은 그만큼 줄어든다. 낱개 요소조차 제대로 인식할 수 없는 완벽한 추상화보다 모네의 "베니스의 일몰"과 같은 작품에서 더 감동을 받게 되는 것도 바로 이 이유 때문이다.

셋째, '대조Contrast'는 우리 감각기관의 세포들이 각각 다른 자극에 반응하도록 세팅되어 있는 것에서 나온다. 예를 들어 모서리에 반응하는 세포는 색깔에는 반응하지 않도록 전문화되어 있다. 그래서 때로는 칼라로 모든 그림을 그리는 것보다 흑백으로 된 만년필로 선을 날렵하게 그려 만화를 완성했다면 색깔에 반응하는 세포보다 선에 반응하는 세포들이 더 많이 활성화될 것이다. 그 결과 선이 더 강조되는 것으로 주의를 집중하게 되면서 해당 선을 중심으로 만화를 더 인상적으로 볼 수 있다. 선이 많이 몰릴수록 더 어둡고, 성길수록 더 하얗게 될 수 있기에 흑백의 만화도 명백히 색 차이가 있지만 선에 대해 활성화되는 세포와 비교한다면 아주 대조되는 세포 반응 차이가 나는 것은 당연하다. 만약 흑백 선이 몰려 있는 곳에 하나의 대상을 칼라로 한다면 이번에는 해당 색에 대한 세포가 상대적으로 더 많이 활성화되면서 그것을 중심으로 정보를 처리하게 될 것이다. 이렇게 세포 수준의 반응의 차이는 곧 주의 집중의 차이로 이어지며 흥분한 정도가 클수록 더 재미있다고 해석한다. 앙리 마티즈Henry Matisse의 그림에서 대상과 배색의 차이가 더 대조적일수록 더 재미있게 즐길 수 있는 것도 이런 이유이다.

넷째, '격리Isolation'는 '과유불급過猶不及', '적을수록 더 좋은 것이다,' '모든 것을 강조하면 아무 것도 강조가 되지 않는다' 등의 격언과 딱 맞는 원리이다. 이 원리는 뭔가를 강조하고 싶다면 감각기관 전체를 흥분시키려 하지 말고 자신이 강조하고 싶은 모듈을 다른 것과 격리시킬 수 있는 방법을 찾는 것이 효과적이라고 제안한다. 사람들은 정밀 묘사한 미대생의 누드화보다 몇 개의 선으로 스케치된 피카소나 드가의 낙서에서 더 큰 감동을 받는다. 부적절한 모든 정보들은 작품 감상자를 산만하게 만들고 주의를 분산시킨다. 반면에 낙서는 다른 정보들로부터 격리시켜 특정 정보에만 집중하게 함으로써 해당 정보에 대해서 더 뇌를 활성화시키고 결국 그것에서 쾌감을 느끼게 한다. 라마찬드란 교수는 자폐증을 앓고 있지만 예술적 능력은 뛰어난 사방 신드롬Savant Syndrom 환자들의 뇌를 조사했다. 그러자 다른 뇌의 부위는 손상이 되었어도 정수리에 가까운 오른쪽 두정엽은 멀쩡하다는 사실을 확인할 수 있었다. 정보들이 손상되지 않은 두정엽에 집중적으로 몰리다 보니 오히려 전체 뇌 부위가 정상인 사람들보다 더 지각적으로 생생한 관찰 및 묘사를 할 수 있었다. 즉 정상인들은 손상되지 않은 부위를 활용하며 개념적인 처리에 더 인지적 노력을 분산시켜가며 그림을 그리려 하지만, 사방 신드롬 환자들은 제한된 뇌 기능의 특성상 시각적 정보에 더 집중해서 오히려 더 독특한 작품을 내놓게 된다. 고흐가 측두엽 간질에 걸려 각 작품이 독창적이 된 것처럼.

다섯째, '지각적 문제 해결Perceptual Problem Solving'은 인간의 능동적 정보처리의 특성에서 나온다. 인간은 자극을 수동적으로 받아들이는 것이 아니라, 변형, 조작, 재구성하며 능동적으로 처리하는 특성을 갖고 있다. 덕분에 같은 것을 보고서도 저마다 표현하는 바가 다른 것이다. 능동적 정보처리의 특성은 앞서 설명했던 배경 속에서 무엇인가 의미 있는 신호를 찾아내는 기쁨이라는 보상을 통해 더 강화된다. 그래서 신호를 찾을수록 더 기쁨을 누린다. 그림에서도 노골적으로 다 벗은 누드보다 보일 듯 말 듯 베일 뒤에 몸을 숨긴 누드에서 더 즐거움을 느낀다. 이것은 보이는 것 이상의 능동적 정보처리를 하면서 신호를 찾으려는 노력을 기울여 나름대로 신호를 찾는 문제 해결에 성공하는 경우 주어진 것 이상으로 부가적 쾌감을 더 주기 때문이다. 예를 들어 도상학의 경우 작품 속에 숨어 있는 글자, 인물, 사물을 통해 어떤 실마리를 찾았을 경우 기쁨을 안내하고 있다. 한스 홀바인Hans Holbein의 1533년 작품인 일명 "사절들The Ambassadors"로 더 유명한 "장 드 댕

트빌과 조르쥬 드 셀브Jean de Dinteville and Georges de Selve"는 차라리 퍼즐에 더 가깝다. 이 작품은 언뜻 보면 두 남자를 그린 단순한 초상화처럼 보이지만 형태를 알 수 없을 정도로 일그러진 해골, 선반에 있는 각종 도구들의 의미를 발견할수록 더 큰 재미를 더한다.

여섯 번째, '대칭Symmetry'은 일상생활에서도 쉽게 확인할 수 있는 원리이다. 사람은 대칭적인 얼굴을 가진 사람을 선호한다. 더 좋은 유전자를 갖고 있다는 표시이기 때문에 진화적으로 대칭성을 선호하게 된 것이다. 우리가 먹는 음식도 정상적인 경우에는 대칭적이다. 동물들도 대칭적일수록 더 선호한다. 이렇듯 대칭은 자세히 알아보기 전에 일단 해당 자극을 판단하는 데 큰 역할을 하고 있다. 따라서 사람들이 쉽게 긍정적으로 판단을 내릴 수 있도록 대칭으로 그림을 그리는 것이 화가에게는 중요했다. 상식을 깨는 기괴한 추상의 세계를 펼쳐 보인 에셔Escher(원어 발음으로는 에스헤르이지만 일반인이 알고 있는 영어식 표기를 따름)의 그림들조차 대칭으로 구성했다는 사실이 대칭성의 중요성을 방증한다.

일곱 번째, '우연에 대한 혐오Abhorrence of Coincidence'이다. 사람들은 예술을 통해 아주 기괴한 우연의 조합이어도 좋으니 새로움을 추구한다고 흔히 말한다. 하지만 실상은 사람들은 자연스러운 것을 선호한다. 현실 속에서 우연에 의해 많은 일들이 변하고, 실제로 그런 사항을 관찰하지만 우연성이 도드라지는 작품에 대해서는 반감을 가진다. 예를 들어 서로 사랑하는 남녀가 알고 보니 이복남매일 수도 있다. 하지만 그런 우연으로 이야기가 풀리면 허황되다고 생각한다. 풍경화에서도 보는 시점에 따라 정원에 심은 나무 하나가 우연히 산과 산 사이에 경계를 가르는 것처럼 보일 수도 있다. 하지만 이렇게 그린 그림은 어색하거나 수준 낮은 화가가 제대로 구현하지 못한 것이라고 생각한다. 대신 정원을 배경으로 산이 있고, 두 산 중 어디 하나에 나무가 중첩해서 위치하는 시점으로 그림을 그리면 자연스럽다고 생각한다. 즉 우연을 포착한 것일수록 혐오하고, 자연스러운 관념이나 관찰에 가까울수록 더 선호한다.

여덟 번째 '반복Repetition, 리듬Rhythm, 질서Orderliness'이다. 사람들은 매번 새로운 자극을 처리하는 것은 부담이다. 반복되는 자극은 이미 확보한 처리 경로를 통해 쉽고 빠르게 처리할 수 있어 상대적으로 만족감이 높다. 그래서 반복적인 자극, 일정한 리듬이 느껴지는 것, 예측 가능한 질서가 있는 요소로 이뤄진 작품을 선호한다. 형식을 깨는 반전으로 재미를 주는 개그 코너나 영화에서도 일정한 패턴이 반복된다. 그림에서도 비슷한 의미를 담고 있는 상징 요소가 반복된다. 마그리트 그림에서 중절모를 쓰고 양복 입은 사람이 나오거나, 샤갈의 그림에서 자주 등장하는 염소나 날아다니는 사람들이 그 예이다.

아홉 번째는 '균형Balance'이다. 사람들은 어떤 사물이 균형적일 때 마음의 편안함을 느낀다. 탁자 위에 사과를 그린 정물화가 있는데, 만약 사과가 굴러 떨어질 것 같다면 빨리 가서 손을 내밀어 받아야 할 것처럼 스트레스를 받는다. 왜냐하면 실생활에서 위태로운 것은 피하거나 미리 막도록 훈련을 받았기 때문이다. 반대로 균형이 잡힌 것은 좋은 것으로 교육을 받았고, 또 그런 것이 자신에게 유리하다는 것을 경험적으로 알고 있다. 자연은 무질서한 패턴이 많으며 균형을 지키는 것에는 그만한 노력이 들어간다. 그래서 노력이 더 들어간 것에 대해서 더 많은 가치를 두고 더 좋은 평가를 하게 된다. 이러한 태도가 작품 감상에도 이어진다.

열 번째 '비유Metaphor'는 어떤 것을 설명하려 할 때 다른 것에 빗대어 하는 것이다. 그림이라는 것 자체가 어떤 주제, 어떤 대상을 화폭의 대상에 빗대어 표현하는 것이고, 음악도 추상적 주제를 멜로디와 리듬 등으로 빗대어 표현하며, 문학도 등장인물들의 이야기로 전환시켜 설명한다는 점에서 모두 비유라고 할 수 있다. 즉 예술 자체가 비유인 셈이다. '사과 같은 네 입술'이라고 해서 입술에 사과가 붙어 있다고 생각할 사람은 없다. 특별 문학 교육을 받거나 자세한 설명을 하지 않아도 이 말의 의미는 통한다. 분명 현실을 있는 그대로 묘사한 것은 아님에도 강렬하게 의도를 전달할 수 있다는 점에서 비유는 애초에 인간의 사고 특징 중 하나라고 주장하는 노스웨스턴 대학의 데드레 겐트너Dedre Gentner 교수나 UCLA의 키스 홀리오크Keith J. Holyoak 교수와 같은 학자들도 있다. 라마찬드란 교수는 비유가 가장 기본적인 예술 원리이며, 인간의 뇌가 여러 감각 정보를 통합하여 공감각적 처리를 하고 추상적인 사고를 동시에 할 수 있는 능력을 갖고 있기 때문에 가능한 원리라고 주장한다.

고대인이 그린 알타미라 동굴 벽화를 놓고 흔히 '생생한' 묘사라고 평가한다. 하지만 자세히 보면 외양이나 움직임이 실제보다 과장된 것임을 알 수 있다. 고대인이 생생한 묘사로 털을 자세히 그리거나 있는 그대로 몸의 비율을 그리지 않은 이유는 무엇일까? 미술 대학이 없었던 고대에서 누군가 그런 묘사법을 가르쳐주지는 않았을 것이다. 혹시 하나의 비유로서 예술을 하는 것에 대한 자생적 이해가 있었던 것은 아닐까? 수천 년이 지난 현대인이 별다른 설명이 없어도 그 그림이 의미하는 바를 추적할 수 있는 것도 진화적으로 발전된 뇌가 고대인과 별 차이가 없어서는 아닐까? 라마찬드란 교수의 주장대로 아름다움도 뇌의 신경세포인 뉴런의 과다 활성화 상태에 불과할까? "예술이라는 것은 결국 현실적인 묘사가 아니라 뇌 속에 기쁨을 주는 효과를 창조하기 위한 자의적인 과장과 왜곡"을 위한 것이며, 그것은 고대인이나 현대인이나 똑같이 갖고 있는 것일까? 그리고 그런 과장과 왜곡에도 일정한 법칙이 있는 것일까? 만약 있다면 라마찬드란 교수의 주장대로 예술의 보편적인 원칙은 10가지일까? 더 많지는 않을까? 그렇다면 다른 요소로는 무엇이 있을까? 이러한 원리는 문학과 미술 등 다른 예술작품에 얼마나 적용될 수 있을까?

예술 인지과학의 질문은 기억, 지각, 철학, 언어학, 미학 등과 관련된 영역에 걸쳐 아주 다양하다. 예를 들어 다음과 같이 말이다. 일반적인 지각 원리와 예술작품에 대한 지각 원리는 어떻게 서로 연관되어 있을까? 왜 사람들마다 예술작품에 대한 지각과 이해, 평가가 다른 것일까? 인지적 특성, 지각적 특성, 다른 인지 기술 등은 예술작품을 만들거나 감상하는 것에 어떤 영향을 줄까? 물리적으로 제시된 자극을 바탕으로 한 지각적 이미지와 인지적으로 재구성한 상징적 이미지는 어떻게 다를까? 영화관에 가서 관람을 할 때나 문학작품을 읽거나 공연을 볼 때, 실제가 아닌 허구의 자극인 것을 아는 것인데도 진심으로 감정의 변화를 겪게 되는 이유는 무엇인가? 다른 사람의 행동을 모사할 수 있는 거울 뉴런mirror neuron으로 앞의 질문에 대해 답을 얼마나 효과적으로 할 수 있는가? 기존에 갖고 있던 지식 체계가 완전 새로운 자극(예를 들어 전위 예술)을 해석하는 것에 있어 어떤 역할을 할까? 혹은 새로운 자극은 기존의 지식 체계 변화에 어떤 영향을 줄까? 음악, 미술, 영화 등에 공통된 예술 요소가 있음을 찾는 것이 생산적인 연구 방향일까, 아니면 각각 독특한 예술 요소가 있다는 가정에서 예술을 분석하는 것이 더 효과적일까? 만약 각기 다른 예술들이 각기 다른 예술적 문법으로 이야기를 하고 있다면 일반인들은 어떻게 그것을 이해할 수 있을까? 각기 다른 예술의 문법(소통 법칙)은 일반적인 언어의 문법과 어떤 차이가 있을까? 미술을 음악으로, 음악을 문학으로, 문학을 미술로 호환 가능하게 표현하는 것이 얼마나 가능한 일일까?

이러한 예술작품의 탄생, 감상, 평가 등에 대한 질문들을 하고 있는 것이 바로 예술 인지과학이다. 질문은 많지만 아직 답을 찾지는 못했다. 하지만 신경과학, 인류학, 심리학, 미학, 인공지능 등의 다양한 지식 분야를 결합시켜 지금까지와는 다른 예술 분석의 시도를 한다는 측면에서 아주 고무적이라 할 수 있다. 예술 자체가 창의성과 관련되니 더 많은 창의적 시도를 할수록 예술의 비밀도 잘 드러날 수 있다. 예술을 과학으로 설명할 수 있다고 해서 예술의 가치가 더 낮아지는 것은 아니다. 미학자가 예술작품에 녹아 있는 비밀을 밝히려 노력하듯이, 인지과학자도 예술작품의 비밀을 밝히려 노력하는 것이다. 그리고 대부분의 예술 인지과학의 연구는 그 작품이 왜 가치 있게 느껴지는지에 대한 분석이다. 과학적으로 설명되었으니 예술적으로 감상할 필요가 없다고 주장하고자 하는 것이 절대 아니다.

3 나도 예술가다

노벨 경제학상 수상자인 인지과학자 허버트 사이먼Herbert A. Simon 교수는 1970년대 초반부터 예술, 스포츠, 학문 등의 분야의 전문가들을 연구했다. 그 결과 각 분야를 아우르는 전문가들의 공통적 특징을 발견했다. 즉 전문성을 얻기 위해서는 재능보다도 최소 10년의 경험이 필수적임을 알게 된 것이다. 재능이 아닌 경험. 그런데 문제는 그 경험을 어떻게 하는가이다. 바이올리니스트가 무조건 바이올린만 매만진다고 파가니니가 될 수 있는 것은 아니니 말이다. 미국 플로리다 주립대학 심리학과의 앤더스 에릭슨K. Anders Ericsson 교수는 여러 분야의 영재와 전문가를 추적 조사한 결과 '신중하게 계획된 수련deliberate practice'이 성공의 비법임을 찾아냈다. 쇼팽과 파가니니는 자신의 연주 실력을 보여주고자 일부러 고난도의 곡을 연주했다. 당대의 천재가 최고의 정점에서 선보였던 바로 그 연주. 그런 연주를 들을 생각만 해도 황홀하다. 그러나 비록 그와 똑같은 수준의 감성적 연주는 아니더라도 웬만한 음대 졸업생에게서 비슷한 기술적 수준의 연주를 들을 수 있다. 왜냐하면 천재의 자랑용 곡이 현대에는 연습곡 목록에 들어와 있기 때문이다. 즉 누구나 연습을 열심히 하면 천재처럼 될 수 있다.

위의 이야기는 어디선가 많이 들었던 이야기일 것이다. 말콤 글래드웰Malcolm Gladwell의 〈아웃라이어*Outlier*〉(김영사, 2009)에 소개된 '1만 시간의 법칙'은 바로 에릭슨 교수의 연구에 바탕을 두고 있다. 하루 3시간씩 몰입해서 10년 이상 연습한다면 1만 시간 이상의 경험을 쌓을 수 있다. 그렇게 수련을 하기만 하면 어떤 분야에서든 최고의 수준에 도달해서 성공할 수 있다는 것이 '1만 시간의 법칙'의 핵심 내용이다. 말콤 글래드웰이 들으면 실망할 말이지만 어쩌면 웬만한 수준에 오르는데 1만 시간도 필요 없을지 모른다. 에릭슨 교수의 신중하게 계획된 수련도 별반 필요 없을 수도 있다. 고대인이 알타미라 동굴 벽화를 그릴 수 있었던 것처럼 어쩌면 우리는 태생적으로 예술을 할 수 있게 되어 있는지 모른다.

2003년 MIT의 진 뱀버거Jeanne Bamberger 교수는 음악에 문외한인 공대 학생을 대상으로 실험을 했다. 뱀버거 교수는 악기를 다룰지 모르는 학생들에게 컴퓨터 프로그램을 통해 작곡을 하도록 가르쳤다. 학생들은 처음에 기본 화음도 제대로 만들지 못했다. 하지만 몇 주 만에 스스로 자신의 곡을 전문 작곡가와 비슷한 수준으로 화음을 맞춰가며 편곡을 할 수 있었다. 연구자는 어떻게 이런 결과를 얻은 것일까? 실험 참가자가 똑똑한 MIT 학생이었기 때문은 아니다. 뱀버거 교수는 모든 사람에게 직관이 있기에 작곡이라는 복잡한 문제도 적절한 훈련을 통해서 금방 해결할 수 있다고 주장했다. 이것은 복잡한 지뢰 탐지 과제를 연구한 카네기멜론 대학의 심리학과 교수인 짐 스타제프스키Jim Staszewski의 결론과도 일치한다.

스타제프스키 교수는 2003년 미 육군 병사들을 대상으로 한 지뢰 제거 교육 프로그램을 만들었다. 스타제프스키의 교육 프로그램 덕분에 일부 공병들은 30년 경력의 지뢰 제거 전문가처럼 탁월한 수행을 내놓을 수 있었다. 30년의 노하우를 단 30분의 훈련으로 따라잡다니, 어떻게 이런 일이 가능한 것일까?

최신 기술을 장착한 탐지기라고 해도 고작 10~20퍼센트의 지뢰 탐지 성공률을 보인다. 하지만 스타제프스키의 훈련법을 익히자 병사들의 지뢰 탐지 성공률이 90퍼센트 이상으로 치솟았다. 더 신기한 사실은 탐지 작업을 최신 탐지기를 갖고 하건 구닥다리 탐지기를 갖고 하건 간에 성공률은 모두 90퍼센트가 넘었다는 점이다. 성공의 비결은 최신 기계 기술이 아니었다. 인지적 특성에 대한 이해였다.

스타제프스키는 효과적인 교육 프로그램을 만들기 위해 지뢰 탐지를 잘하는 사람들을 찾았다. 그리고 그들은 보통 사람과 어떤 점에서 다른지를 연구했다. 전문가들의 지뢰 탐지 영상을 녹화했다. 그리고 전문가들에게 자신들의 생각을 가능한 많이 겉으로 말하면서 작업하도록 부추겨서 녹음했다. 그런 뒤에 자료를 분석했다. 스타제프스키는 6개월 동안 지뢰 탐지 분야에서 수십 년 동안 활동한 전문가들의 자료를 연구한 결과 전문가들이 지뢰탐지기를 사용할 때 정규 매뉴얼과 다르게 사용한다는 사실을 깨달았다. 전문가들은 탐지기의 단점을 만회하기 위해 그들만의 방법을 고안했다. 예를 들어 금속 성분이 낮은 지뢰를 탐지할 때는 1초에 1미터씩 탐지기를 땅 위에서 휘휘 저었다. 매뉴얼에서는 너무 빠른 속도라고 금지했던 사항으로서 1초에 50센티미터가 최대 허용 폭이었다. 이 밖에도 전문가가 지뢰를 판단하는 것은 단순히 몇 가지 정해진 단서를 특정 기준에 꿰어 맞추는 것 이상의 복잡한 과정으로 되어 있다는 사실에 스타제프스키는 주의를 기울였다. 그리고 그는 이러한 전문가적 사고 패턴과 기법을 병사들이 적극 활용하도록 하는 인지 전략 훈련 프로그램을 만들었다. 덕분에 병사들은 금속탐지기로는 잘 잡히지 않는 플라스틱 대인지뢰를 포함한 모든 종류의 지뢰를 찾는 능력이 놀라울 정도로 높아지게 되었다.

스타제프스키는 지뢰 탐지 전문가가 되기 위해서 굳이 천재가 될 필요는 없다는 사실을 강조한다. 미 육군 병사들 모두가 지뢰 탐지 전문가로서의 특별한 적성이 있어서 이런 놀라운 성과가 나온 것은 아니다. 스타제프스키는 적절한 훈련과 경험만 있으면 누구나 전문가처럼 탁월한 수행을 보일 수 있다. 1만 시간의 노력도 필요 없다. 기본적인 인지만 갖고 있고, 전문가와 자신의 수행을 비교할 수 있는 체계적 매뉴얼만 있으면 된다. 서점에 가보면 여러 예술가들의 자서전, 평전뿐만 아니라, 작법에 대한 책이 나와 있다. 어찌 보면 매뉴얼은 이미 풍성한 셈이다. 그 속에서 자신에게 적절한 단서를 찾아 실행하는 것이 관건이다.

스타제프스키 교수는 단서를 다양하게 분류해서 병사들에게 무엇을 더 분석해야 하는지, 무엇을 직관적으로 구별하면 되는지를 잘 가릴 수 있도록 하는 30분의 훈련 프로그램을 짰고, 그 결과 병사들은 30년의 노하우를 단번에 따라 잡을 수 있게 된 것이다. 해당 내용을 이해하고 실행하는 데 꼭 천재가 될 필요는 없다. 자신의 성향을 파악하고 성공을 향해 나아가 열정과 용기만 있으면 된다. MIT의 진 뱀버거 교수에 따르면 여러분은 이미 예술가이다. 적어도 카네기멜론 대학의 심리학과 교수인 짐 스타제프스키 교수에 따르면 여러분은 곧 예술가가 될 수 있을지도 모른다. 예술가 앞에서 당당히 기를 펴고 살아도 된다. 단, 누구나 예술가라면 대중적 인정을 받기 위해 그들보다 더 좋은 예술가가 되기 위해 노력해야 한다는 것이 치명적 문제점이겠지만 말이다.

사람들은 이야기를 잘 만드는 타고난 작가이기도 하다. 어릴 적 곤란한 상황을 모면하기 위해, 혹은 뭔가를 얻기 위해 허구의 세계를 창의적으로 만드는 기술을 저절로 터득하는 것을 봐도 그렇다. 다른 것은 학교에서 가르쳐줘도 잘하기가 힘들지만, 거짓말 학교가 없는데도 10살이 되기 이전에 이미 거짓말을 스스로 예술적으로 하게 되는 경지에 오른다. 거짓말을 하기 전, 일단 말을 배우는 것만 봐도 그렇다. 처음에 정규적인 문법을 배우기도 전에 이야기 형태로 자신의 생각을 효과적으로 소통하는 법을 터득한다. 어떻게 이런 일이 가능한 것일까? 그 답은 인지과학에서 찾을 수 있다.

1956년 9월 11일 MIT에서 개최된 '정보 이론 심포지엄Symposium of Information Theory'은 인지과학의 태동을 알리는 중요한 사건이다. 그 자리에는 심리학, 컴퓨터과학, 철학, 정보과학 등의 각 분야 전문가가 모였다. 거기에서 당시 28세의 젊은 언어학자였던 노암 촘스키Noam Chomsky는 행동주의에 반대하여 인지주의 태동에 중대한 영향을 주는 연구를 발표했다. 행동주의는 스위치를 눌러 먹이를 받아먹는 쥐처럼, 인간도 단순히 '자극-반응' 연결에 의한 학습을 한다고 보았다. 언어에 대한 학습도 마찬가지라고 행동주의는 주장하며 무한히 많은 반복을 강조했다. 지금도 언어 학습에서 무조건 단어를 암기하게 하고, 특정 문법 패턴을 암기시키는 교재가 있는 것도 그 뿌리는 행동주의적 교육 방법에 있다.

하지만 촘스키는 이런 생각에 반대하여 세 가지 논지를 펼쳤다. 첫째, 어린아이들이 언어를 배우는 것을 보면 행동주의 이론이 주장하는 것처럼 단순한 모방이나 강화에 의한 학습만으로는 설명할 수 없다. 행동주의에서는 수많은 반복 경험을 통해 자극-반응의 연합을 익히는 조건 형성이 되어 언어를 배운다고 가정한다. 하지만, 어린아이들의 경우에는 다양한 표현을 익히는 속도가 너무 빠르다. 즉 시행착오에 의한 강화로 학습이 일어난다고 보기에는 무리가 있다. 또한 부모들이 아이들의 잘못된 표현에 대해 일일이 처벌하는 식으로 강화를 주는 것도 아닌데 상당히 정확한 언어 표현을 익히는 것을 행동주의는 제대로 설명하지 못한다. 둘째, 언어를 배우는 것에는 단순한 단어의 덩어리를 배우는 것 이상이 필요하다. 문법에 대한 규칙, 발음, 의미 변형 등등에 대한 지식이 있어야 한다. 단지 겉으로 드러난 언어 행동만으로는 설명할 수 없다. 하지만 행동주의는 객관적 행동만을 연구 대상으로 삼고 있기 때문에 심적인 언어능력 전체를 온전히 설명할 수는 없는 한계가 있다. 셋째는 가장 핵심적인 것으로서, 행동주의는 언어의 폭발적인 생산성을 설명하지 못한다. 인간은 이전에 학습하지 않은 새로운 문장을 자유롭게 만들어낸다. 하지만 행동주의는 이전의 학습이 된 자극-반응 연결로 언어를 설명하기 때문에 입력되지 않은 새로운 문장의 생성에 대해서는 설명을 하지 못한다.

촘스키는 이러한 행동주의의 문제점을 지적하면서, 사람은 태어날 때부터 언어능력을 가지고 있는 것으로 보았다. 그리고 변형문법 이론을 주장했다. 변형문법 이론에 따르면 유사한 의미를 내포하는 각기 다른 유형의 문장들은 그 저변에 유사한 기저구조를 감추고 있으며, 이러한 기저구조에 변형이 작용하여 통사적으로 정확한 문장의 구조가 만들어진다. 변형이 적용되어 실제로 발화되는 문장의 구조를 표면구조라 하고, 표면구조에 언제나 나타나지 않는 기저구조를 심층구조라 한다. 즉 심층구조에 변형이 적용되어 표면구조가 만들어 지는 것이다. 그래서 온갖 언어적 표현이 심층구조로부터 표면구조로 산출되어 언어의 생산성과 다양성이 확보되는 것이다. 요약하자면, 촘스키 이론의 핵심은 인간의 마음이 행동주의의 가정처럼 수동적인 것이 아니라 상당히 능동적이라는 것이다. 또한 생득적으로 보편적인 것을 갖고 태어나기 때문에 자발적인 발화 역시 가능하다. 이러한 능동성과 창발성의 상호작용 때문에 우리는 이해도 역동적으로, 소통도 주어진 입력 이상의 것을 할 수 있다.

예를 들어 똑같은 글이라고 해도 해당 글의 내용에 대한 지식이 많으냐 적으냐, 저자의 의도를 추리하기 쉬우냐 아니냐, 흥미가 있느냐 없느냐 등에 따라 이해의 정도가 달라진다. 그리고 이해의 정도에 따라 글 읽기의 경험이 달라진다. 톨스토이의 작품을 통속적인 인생 드라마로, 톨스토이의 종교적 사상을 쉽게 풀어낸 계몽서로 읽는 것처럼 말이다. 예술의 특성상 정답은 없다. 저마다 다양하게 읽는 것이, 더 많은 논의와 감동을 이끌어 내는 것이 예술의 본질에 더 가깝다.

인간이 생득적으로 언어적인 기제를 갖고 있고 그것을 기반으로 소통한다는 것은 장점이다. 하지만 때로는 오류를 만들어내기도 한다. 미국 UC 버클리 대학 언어학과의 조지 레이코프 교수는 2002년 신실한 종교적 신념을 갖고 있으면서도 정치적으로 활동적인 성인 128명을 인터뷰했다. 그 결과 인터뷰 대상자들이 보수와 진보를 구별하는 데 있어서 일종의 가족 이야기 상황과 같은 비유를 갖고 있음을 밝혀냈다.

예를 들어 정치적 지도자는 부모와 같은 존재이고, 정치가의 정책은 마치 부모가 아이들을 키우는 방법에 대한 것인 것처럼 유권자들은 생각하고 있었다. 그래서 자신의 가족 이야기 모델에 맞는, 즉 부모로서 아이들을 잘 키울 것 같은 정치가에게 표를 주고 있었다. 한편 보수 진영의 정치적 지도자는 엄격한 아버지와 같은 존재로 받아들여지고 있었다. 엄격한 아버지는 정책을 만들고 실행할 수 있는 권위를 가질 뿐만 아니라 가족을 보호해야 하는 책임을 지고 있는 것으로 여기고 있었으며, 나머지 가족은 그를 존경하고 복종해야 하는 것으로 인식하고 있었다. 이에 비해 진보의 지도자는 마치 자애로운 양육의 부모처럼 여기고 있었다. 자애로운 부모는 사랑과 공감을 우선시하고, 나머지 가족이 존중을 받고 배려를 받는 것으로 인식하고 있었다.

그런데 이러한 가족 비유 모형은 그럴 듯해서 충분히 정치적 입장 차이를 이해하는 데 도움이 될 것 같다. 하지만 실제 현실에서의 정치가들은 이런 모형과 맞지 않는 행동을 할 때가 더 많으며, 이 비유는 아주 복잡한 정치 상황을 아주 간단하게 묘사한 것이기에 사실과 부합하지 않아 오류를 낼 수 있는 가능성이 있다는 데 문제가 있다. 돈 많은 이기적인 엘리트주의자로서 진보를 선택한 사람이나, 따뜻한 정책을 펼치려는 보수 정치가도 있기는 있다. 이렇듯 자신이 비유적으로 이해한 바와 실제 사례가 다른 경우가 있음에도 불구하고 사람들은 이 가족 비유 모형에서 벗어나지 못한다. 이야기로 그럴 듯하게 풀리면 충분하다고 여기는 이야기 '모델 편향story model bias'이 작용하기 때문이다.

미국 콜로라도 대학 심리학과의 낸시 페닝톤Nancy Pennington과 레이드 해스티Reid Hastie 박사는 1986년 연구에서 실험 참가자들에게 일종의 법정 영화를 보여주었다. 영화 장면으로 나오는 재판에 여러 요소가 있었지만 실험 참가자들은 하나의 맥락으로 이어지는 이야기를 만들어 자신이 본 사건을 기억했다.

그리고 낸시 페닝톤과 레이드 해스티 박사가 다른 실험을 실시한 결과, 이야기를 구성하기 쉬운 순서로 정보들이 제공될수록 실험 참가자들이 똑같은 이야기를 구성할 확률도 높아졌다. 그리고 유죄를 입증하는 법정 증거가 이야기 순서로 편하게 제공되면 실험 참가자의 78퍼센트가 피고인이 유죄라고 판단한 것에 반해, 증거가 이야기 순서를 따르지 않고 뒤섞여 나오면 실험 참가자의 31퍼센트가 유죄라고 판단했다. 즉 이야기 구성 용이성에 따라 판단이 크게 차이가 났다.

낸시 페닝톤과 레이드 해스티 박사의 연구 시사점은 사람들을 설득하려면 이야기로 구성하기 쉬운 형태로 정보를 제공해주는 것이 유리하다는 것이다. 반대로 자연스러운 흐름의 이야기로 들린다고 해서 더 쉽게 그것이 사실이라고 판단해서는 안 된다. 사람들이 갖고 있는 이야기적 본성에 얼마나 호소하느냐에 따라 사람들의 판단이 달라지기에, 작가에게도 지성뿐만 아니라 스토리텔링 능력이 중요한 것이다. 어디 작가뿐인가. 일상적인 모임에서 대화를 잘 주도하는 사람도 같은 이야기라도 재미있게 이야기하는 스토리텔러가 아니던가.

사람의 마음을 사로잡는 스토리텔러 중에는 사기꾼도 있다. 사기꾼의 말은 청산유수로 하나의 이야기가 되지만 그 속에 진실은 거의 없다. 예술가는 그 효과를 위해 때로는 사기꾼과 같이 짐짓 의도를 숨기고 능치기도 하면서 관객을 속여 반전의 재미를 주기도 한다. 하지만 그것은 어디까지나 사기꾼이 예술적으로 이야기를 하는 것과는 다른 경지이다. 이야기가 예술이 되기 위해서는 그저 그럴 듯함 이상의 진실한 가치가 필요하다.

이야기가 진실한 가치를 담는다고 해서 꼭 심각할 필요는 없다. 사람들은 이왕이면 스트레스를 피하고 싶어 하기에, 유머가 있는 이야기를 선호한다. 유머humor라는 용어는 고대 그리스의 '약humours(그리스어로는 υμός)'에서 유래했다. 이 약은 건강과 정서를 조절하기 위해 체액의 균형을 맞추는 데 작용하는 것으로 알려져 있다. 그런데 현대에 와서 유머는 약이 아니라, 주로 농담이나 우리가 겪는 상황을 뜻하는 말로 더 많이 쓰이고 있다.

유머 관련 이론은 플라톤에서부터 시작한다. 플라톤은 그의 스승이 진지한 철학적 가치를 발견하고자 문답법을 구사하면서 보여주었던 풍자에 주의를 기울였다. 그리고 플라톤은 세상 사람들의 유머를 살폈다. 그 결과 얻은 결론을 자신의 저서 〈필레부스 *Philebus*〉에서 밝히고 있다. 플라톤은 풍자가 강자로부터 무시를 받는 약자가 직접적으로 상대방에게 보복하기 힘들기 때문에 하는 정서적 방어 책임을 지적하고 있다. 한편, 플라톤의 제자였던 아리스토텔레스는 그의 저서 〈시학*Poetics*〉을 통해 혐오감을 주지 않는 정도에서의 추함은 유머의 기본 요소라고 주장했다. 그리고 아리스토텔레스의 시학 이후에 '희극comedy'과 풍자satire는 동의어처럼 쓰이게 되었다.

그러다가 독일 철학자 엠마누엘 칸트Immanuel Kant에 이르러 유머에 대한 체계적인 이론인 '불일치Incongruity 이론'이 나오게 된다. 칸트는 그의 이론을 통해 유머가 기대와 상반되는 반전 때문에 나온다고 주장했다. 프랑스 철학자 앙리 베르그송Henri Bergson도 비슷한 주장을 내놓았다. 우리가 재미있어 하는 것을 보면 빤한 것이 아니다. 뒤통수를 치는 듯한 반전이 있어야 더 큰 재미를 느낀다. 이 원리는 약자인 쥐가 고양이를 놀리는 만화 "톰과 제리Tom and Jerry"나 권위적인 주인공이 실수를 하고 속 좁게 전전긍긍하는 식의 다양한 시트콤의 기본 세팅에 사용될 정도로 일반적이다.

영국의 토마스 홉스Thomas Hobbs와 같은 철학자는 '우월성Superiority 이론'을 펼쳤다. 그에 따르면, 유머는 우리가 다른 사람보다 낫다는 생각을 하게 될 때 갑자기 느껴지는 감정이라고 한다. 플라톤도 타인을 놀림으로써 잠시나마 우월한 위치를 차지하게 되는 유머의 측면을 강조했을 정도로 이 이론의 뿌리는 깊다. 샤를 보들레르Charles Baudelaire도 이 학파에 속한다. "악의 꽃"을 쓴 시인이자 철학자답게 그는 '웃음은 악마적이다'라고 말했다.

하지만 현대 철학자인 로버트 솔로몬Robert Solomon은 이 우월성 이론을 뒤집어, '열등inferiority 이론'을 만들었다. 사람들은 자신을 일부러 비하함으로써 실제 자기보다 더 못한 상태를 생각한다. 그리고 자연스럽게 자신의 현재 상태와 비교함으로써 안도감을 느끼고 문제를 심각하게 받아들이지 않게 된다. 자기 비하의 유머를 하는 사람이 진정 비참한 심정으로 햄릿의 대사와 같은 진정성을 담아 말하지 않는 한은 그렇다. 로버트 솔로몬의 이론은 적어도 타인에 대한 우월성이 유머의 필수적 요건은 아님을 지적한다는 측면에서 의의가 있다.

인지과학자 조지 레이코프 교수는 '은유metaphor 이론'으로 유머를 설명하기도 한다. 은유는 뭔가를 또 다른 무엇인가에 빗대어 설명하는 방식이다. 그런데 이 방식을 잘 보면 서로 다른 구조 맞추기임을 알 수 있다. 사람들은 자기가 갖고 있는 개념과 현재 자신이 경험하는 것을 끊임없이 짝 맞추기를 하며 살고 있다. 예를 들어 '달덩이 같은 내 얼굴'이라는 말을 들으면 얼굴과 달덩이라는 개념을 조합해서, 현재 그 말을 한 눈앞에 있는 사람의 얼굴과 짝을 맞춘다. 짝을 맞추면서 그냥 얼굴과 달덩이가 아닌 제3의 생각이 머릿속에 떠오른다. 그런데 그게 '물탱크만한 얼굴'이라면 상대방 앞에서 웃음을 지어 보일 수도 있다.

인지과학자에 따르면 유머는 웃음을 유발하는 인지적 경험이다. 이 경험은 진화적 이유로 우리의 뇌에 구조화되어 있다. 유머는 뇌가 놀라운 패턴을 보고 반응을 할 때 나타난다. 놀라운 패턴을 발견하는 능력은 위험을 감지해서 목숨을 구하는 데 아주 중요한 요소이다. 패턴을 잘 발견하는 능력을 갖고 있으면 여러모로 도움이 된다. 원시시대에는 모두 다 그게 그것처럼 보이는 나무들로 가득 찬 숲 속에 숨어있는 맹수를 발견하도록 하는 데 큰 도움을 주었을 것이다. 현대에서는 시험에 잘 나올 항목을 찾거나, 보고서의 빈틈을 찾거나, 배필을 알아보거나 하는 것들에 더 많이 쓰이는 능력이지만 말이다. 뭐가 되었든 무의식적이며 즉시적으로 패턴에 반응하는 능력은 예나 지금이나 중요하다. 그리고 그런 능력을 계속 길러줄 수 있는 유머 감각을 갖는다는 것도 아주 중요하다.

유머를 사람들이 좋아하는 것도 우수함을 드러내는 표현이기 때문이다. 일처리 자체에 허덕이는 사람은 여유를 갖고 유머를 구사할 수가 없다. 머리 회전이 빠르지 않은 사람은 반어를 생각해내거나, 주어진 말 이면에 있는 의도를 파악할 수가 없다. 정확한 타이밍을 찾아 적절한 항목을 이야기할 수도 없다. 과장이나 대조 등의 다양한 수사법을 동원해서 상황을 다르게 묘사할 창의성도 가질 수 없다. 여러모로 유머는 우수함을 드러내는 수단이다.

매번 실시간으로 아이큐 검사를 할 수도 없는 상황에서, 사회는 계속 유머를 잘 구사할 수 있느냐 없느냐로 사람의 능력을 판단했다. 그리고 유머 감각이 우수한 사람에 대한 보상을 확실히 해왔다. 승진을 시키거나, 모임에 더 자주 초대하다가 결국 리더로 만들어주었다. 덕분에 성공을 하려면 유머가 있어야 한다는 사실이 널리 퍼지게 되었다. 유머는 이런 과정을 거치며 계속 강화되고 있다. 유튜브 사이트에 동영상을 올려 정말 아무런 생각 없이 바보 같은 짓을 해서 무조건 웃기려는 사람들의 모습을 보면 이런 진화적 방향을 의심하게 되지만 말이다.

4 감정의 동물

인간은 이성의 동물이라고 한다. 그런데 한편 감정의 동물이라는 말도 있다. 아니, 어찌 보면 사람들은 감정의 동물이라는 말에 더 잘 맞는 듯한 행동을 잘한다. 사람들은 놀라움, 두려움, 기쁨, 분노 등 다양한 종류의 감정을 갖고 있다. 감정은 어떤 자극이 주어졌을 때 갑자기 일어났다가 곧 사라지는 것이 특징이다. 예를 들어 병원 간판에서 '성형'이라는 단어를 볼 때 떠오른 특정 감정은 바로 옆 '장례식장' 이정표를 보면 또 금방 바뀐다. 이처럼 단기간인 감정을 기준으로 사람들은 결정을 내린다.

미국 미시건 대학 심리학과 피오트르 빈키엘만Piotr Winkielman 교수 등의 공동 연구팀은 1997년 연구에서 실험 참가자들에게 이미지를 아주 짧게 노출시켰다. 즉 미소를 띤 얼굴 사진, 찡그린 얼굴 사진, 감정적인 측면에서 중립적인 자극 중 한 장의 사진을 실험 참가자가 인식하지 못할 시간인 250분의 1초 동안 제시했다. 그러고 나서 실험 참가자에게 한자漢字를 보도록 하고 얼마나 그 한자가 마음에 드는지를 평가하도록 했다. 실험 참가자들은 자신이 해당 얼굴 이미지나 도형 사진을 봤는지를 의식하지 못했음에도 불구하고, 미소 띤 얼굴 사진 다음에 해당 한자가 제시된 경우 더 긍정적으로 평가를 했다. 같은 제품도 예쁜 모델이 소개한 경우에 더 긍정적으로 평가하게 되는 것도 이 때문이다. 또한 자신이 기분이 좋을 때 봤던 작품은 더 긍정적으로 보게 되고, 반대로 기분이 나쁠 때 보았던 작품은 부정적으로 보게 되는 것도, 감정에 쉽게 휘둘리는 '감정 전이affect transfer'를 보이는 것도 인간의 '정서 편향affect heurisitc' 특성을 잘 보여주는 사례라고 할 수 있다.

미국 심리학자 토마스 키다Thomas Kida, 제임스 스미스James Smith, 마리오 말레타Mario Maletta 박사는 1998년 실시한 공동 연구에서 실험에 참가한 회사 간부들에게 주식 투자의 잠재력 관점에서 10개의 회사를 평가하도록 했다. 첫 번째 실험은 10개 기업 중 5개 기업을 평가하는 과제로 진행되었다. 각 회사는 자산 규모와 시장 점유율 등 회계 가치가 10점 만점 중 해당 점수로 각각 평가되어 있었다. 연구자들은 특정 회사 B가 다른 회사들보다 훨씬 더 좋은 감정을 불러일으키도록 조작했다. 그런데 B회사는 객관적으로 회계상의 가치는 세 번째에 해당하는 회사였다. 그리고 한 시간 후 나머지 5개 회사들을 평가하도록 했다. 그런데 이번 두 번째 평가 회사들에 대해서는 연구자가 아무 회사도 도드라지지 않게 조작했다. 또 한 시간이 지난 후, 연구자들은 회사 간부들에게 아무런 회계 자료도 주지 않고 여태까지 본 10개의 회사들 중 투자 가치가 가장 나은 회사를 고르도록 했다. 그러자 간부들 중 82퍼센트는 실상은 세 번째 대안인 B회사를 선택했다. 연구자들은 객관적인 지표로서는 최고의 대안이 아니었던 B회사가 압도적으로 선택을 받을 수 있었던 배경 원인이 바로 감정의 차이였다고 해석했다. 흥미로운 것은 실험 참가자인 간부들이 갖고 있는 특정 회사에 대한 과거의 감정 상태의 기억이 과거에 보았던 수치에 대한 기억을 이겼다는 점이다. 3시간이면 완벽한 망각이 일어나기 힘든 시간이다. 더구나 회사 간부들은 동시에 여러 대안을 놓고 판단을 하는 일에는 단련되어 있는 사람들이다. 그럼에도 불구하고 객관적 자료가 아닌 주관적 감정에 바탕을 두고 판단을 내린다는 점은 얼마나 감정의 효과가 강한지를 방증하는 사례라고 할 수 있다.

정서 편향은 예술작품의 판단에 영향을 미친다. 감정적인 것이 개입되지 않고 객관적으로 기능을 평가하라고 하면, 사람들은 논리적으로 분석을 한다. 예를 들어 변기가 눈앞에 있으면 그것이 변기로서 얼마나 훌륭한 기능을 할 수 있는지를 판단한다. 주로 기능적인 수준에서. 그러나 그 변기가 어두컴컴한 화장실이 아니라 긍정적 감정을 불러일으키는 우아한 미술관에 놓여 있으면 그것이 자신에게 어떤 감정적 영향을 주는지에 포인트를 둬서 생각하며 변기를 바라본다. 그 전에 했던 기능적 분석은 다 사라진다. 마치 토마스 키다 박사의 연구에 참가했던 회사 간부들이 그랬던 것처럼. 마르셀 뒤샹Marcel Duchamp이 선택한 기성품이었던 변기가 작품으로 바뀌게 된 이유도 이것이다. 그가 전시회에 출품했던 변기는 지금 다른 주요 예술가의 창작물과 함께 프랑스 파리의 퐁피두 센터의 주요 소장품이 되었다. 그 변기는 예술가가 색다르게 만든 것이 아니라 공장에서 찍어낸 것이었다. 그것을 예술작품으로 출품한 것은 예술가이지만, 그것에 높은 가치를 부여한 것은 평론가와 관람객이다. 참고로 뒤샹은 해당 변기를 출품할 때 작품명을 '얼간이'라는 뜻으로 'R. Mott'라고 적었다.

5 냉정과 열정 사이

일본 소설 〈냉정과 열정 사이〉(소담출판사, 2006)는 일본뿐만 아니라 한국에서도 큰 반향을 일으켰던 베스트셀러였다. 원래 이 소설은 월간지에 연재된 연애 소설이었다. 여자 작가인 에쿠니가 여자 주인공인 아오이의 이야기를 한 회 실으면, 다음 호에는 남자 작가가 남자 주인공인 쥰세이의 이야기를 싣는 형식으로 연재되었다. 그렇게 2년이 넘게 인기리에 연재되었던 것을 출판사에서 각각 남자의 이야기(Blu)와 여자의 이야기(Rosso)로 출간한 것이 장기 베스트셀러가 된 것이었다. 이 소설은 나중에 일본에서 영화로도 만들어져서 호평을 받았다.

그런데 이 소설의 성공 배경에는 남다른 기획이 숨어 있다고 이야기하고 있다. 흔히 소설가는 혼자서 작품을 쓴다. 공동으로 쓸 경우에도 서로 상의하면서 이야기를 만들어 하나의 책으로 내놓는 것이 통례이다. 그러나 〈냉정과 열정 사이〉는 에쿠니 가오리와 츠지 히토나리라는 두 남녀 작가가 마치 남녀 주인공인 아오리와 쥰세이의 입장에서 독자에게 이야기하듯이 각각 한 권씩 릴레이로 써 내려간 소설이라는 점에서 기존 소설과는 다르다. 두 권을 번갈아 읽으면 두 주인공이 함께 겪은 사건이라고 하더라도 각각 주인공의 입장에서 사건의 의미가 다르게 이성적으로 파악이 되며 묘한 감성을 자극한다. 즉 사랑하면서도 이별을 하고, 이별하고 나서도 사랑을 하고 있는 두 주인공처럼 독자도 차가운 이성과 뜨거운 감성을 모두 미묘하게 오가며 경험하게 된다. 그러나 이런 식의 작품 감상의 즐거움은 비단 〈냉정과 열정 사이〉에서만 가능한 것은 아니다. 안노 히데야키 감독의 애니메이션 『그 남자 그 여자의 사정』처럼 남녀 주인공의 속마음을 오가는 연애 작품은 아주 많다.

어디 심각한 연애 작품뿐인가. 코미디에서도 각 주인공들의 속마음이 내레이션으로 깔리면서 서로 그 상황을 모르고 열심히 자기 욕심을 채우기 위해 노력하는 상황을 보면서 재미를 느끼게 된다. 상황이 이성적으로 이해될수록 감성적인 재미가 더 커진다. 사회적 약자를 다룬 다큐멘터리에서도 계속 눈물샘을 자극하는 불쌍한 장면만 나오면 마음이 불편해 채널을 돌리기 쉽다. 그러나 객관적인 자료와 통계, 전문가의 의견 등이 삽입되면 주인공에 대해 단순히 불쌍한 마음만 갖게 되는 것이 아니라 공감을 하면서 다큐멘터리의 가치를 더 높게 평가하게 된다. 왜 이런 것일까? 사람의 마음은 차가운 이성과 뜨거운 감성으로 이뤄져 있으며 그 둘을 모두 자극을 받았을 때 가장 풍성하게 정보처리가 이뤄지기 때문이다.

노벨 경제학상 수상자이기도 한 미국 프린스턴 대학 심리학과의 다니엘 카네만 교수는 인간의 마음을 두 개로 정리한다. 즉 감성을 제1체계(system 1)로 이성을 제2체계(system 2)로 나누어 설명한다. 그의 연구에 따르면 감성은 자동적으로 활성화되고 빠른 처리 과정이라면, 이성은 느리고 의식적인 처리 과정인 특징을 갖고 있다. 즉 직관은 힘이 들지 않아 별다른 노력을 필요로 하지 않는다. 그에 비해 제2체계는 별도의 노력과 논리와 같은 형식이 필요하다. 어떤 탤런트가 드라마에서 처음 등장하면 뭔가 판단을 내릴 수 있을 만큼 이야기가 별로 진행되지 않았는데도 '나 왠지 저 사람 싫어'라고 느끼는 것도 제1체계가 먼저 자동적으로 처리되기 때문이다. 그래서 악역을 잘 맡았던 사람이 선한 역을 맡거나, 반대로 선한 역을 맡았던 사람이 악역을 맡으면 처음에 잘 정보처리가 되지 않아 불편한 긴장을 느끼게 된다. 긴장을 하면 정보처리에 더 예민해진다. 등장인물의 행동과 말에 대해서 섬세하게 처리하게 된다. 만약 똑같은 역할을 그 전에 비슷한 연기를 펼쳤던 사람이 맡았다면 그렇게 느끼지 못했을 것까지 잡아내게 된다. 즉 연기 요소마다 영향을 받아 감동을 받게 된다. 그리고 그런 연기를 펼친 배우도 더 좋아하게 된다. 이미지 변신에 성공한 배우가 더 역량이 높은 것으로 평가를 받게 되는 것도 바로 이 때문이다. 기존의 연기를 생각하며 보지 않고 객관적으로 해당 작품만 따로 놓고 본다면 그 작품에 필요한 연기를 했을 뿐이며, 그 연기는 다른 배우도 할 수 있었던 것일 수 있다.

카네만의 연구에 따르면 대부분의 사람들이 진화적으로 더 오래된 정서 중심의 정보처리에 예민하다. 원시시대에 만약 아이가 몇몇 사람들이 말하는 대로 정말 수풀에 맹수가 있는지 없는지 이성적으로 확인해봐야 한다며 들어갔다면 어떻게 되었을까? 그 아이는 후손을 남기지 못하고 죽어버렸을 것이다. 겁쟁이라는 말을 들어도 왠지 수풀이 많이 우거져 있으면 기분이 나쁘다며 들어가지 않은 아이가 더 오랫동안 살아남아 후손을 만들었을 확률이 더 높다. 즉 인간이 알 수 없는 불확실성이 많은 현실에서는 명백한 증거가 아닌 느낌에 의존한다는 것은 불완전한 것인 줄은 알지만, 정서에 더 많이 기대는 것이 '똑똑한 일'은 아니지만 그래도 '유리할 수 있는 것'임이 진화적으로 프로그래밍 되어 있을 가능성이 더 크다. 그러나 근대 이후의 교육은 이성적 사고를 더 중시한다. 정서적인 것은 인간적인 결함에 더 가깝고, 이성적인 것이 더 이상적인 것으로 가르친다. 덕분에 이성적인 처리가 없으면 뭔가 부족하다고 느끼게 되었다. 그럼에도 불구하고 감성적인 정보처리는 자동적으로 활성화된다. 그래서 사람들은 감성과 이성 모두 충족되는 작품에 더 큰 박수를 보낸다.

아무리 감동적인 혹은 눈길을 사로잡는 자극적인 내용을 갖고 있다고 해도 객관적으로 비현실적이면 좋은 평가를 내리지 않는다. 가령 절절하게 만남을 이어가던 연인이 알고 보니 이복 남매였다면(실제로 그럴 수 있는 확률이 있더라도) 시청자들은 배신감을 느끼며 '막장 드라마'라는 칭호를 안겨준다. 힘든 상황에서도 씩씩하게 살아가던 주인공이 알고 보니 재벌 그룹의 숨겨진 후계자라는 설정도 '억지'라는 비판을 피하지 못한다. 주인공들을 짓누르던 복잡한 문제가 어느 새로운 사람이 등장하거나 특정 사건으로 술술 풀리면 사람들은 '허무하다'라고도 말한다. 실화 속에서도 드라마보다 더 드라마틱한 상황이 있지만, 아무리 드라마라고 해도 이성적으로 '그럴 것이다'라는 기준점을 넘는 식으로 이야기가 전개되면 반감을 갖게 된다. 감성이 자동적으로 강하게 먼저 처리되지만, 이성이 뒤늦게라도 쫓아와 그것을 모니터링하기 때문이다. 그러나 감성은 역시 먼저 강하게 처리된다. 그래서 욕을 하면서도 사람들은 '막장 드라마'가 하는 시간에 채널을 누른다. 그리고 이러니저러니 의견을 말해가면서 계속 드라마를 본다. 그리고 드라마가 끝나고 다른 사람에게 이야기할 때는 '말도 안 되는 이야기'라며 다시 욕을 한다. 그리고 또 다시 그 드라마를 본다. 그 결과 방송국에서는 비판을 받아도 늘 시청률을 유지하는 자극적인 내용의 '막장 드라마' 기획을 포기하지 않게 된다. 그리고 시청자는 또 잔잔한 내용보다는 정서적으로 흥분이 많이 되는 자극적인 막장 드라마를 보게 되며 시청률을 올리는 악순환이 계속된다.

영국의 대문호 윌리엄 세익스피어는 "끝이 좋으면 모든 것이 좋다"라고 일찍이 이야기했다. 그러나 길지 않은 한국 시트콤 역사에서 연속 시리즈의 신기원을 쓰고 있는 MBC의 『지붕 뚫고 하이킥』과 『거침없이 하이킥』은 일부러 끝을 비극적으로 끝냈다. 이 프로그램의 프로듀서는 우리의 삶이 기본적으로 비극적 요소가 더 많음을 강조하고 싶었다는 기획 의도를 밝혔지만, 평소 즐겁게 시트콤을 보아왔던 시청자들은 반발했다. 그리고 그 전의 에피소드를 볼 때 가졌던 좋은 기억까지도 있는 그대로 갖기보다는 결국 더 슬픈 감정을 만들어내는 원천으로 여기며 부담스러워했다. 이러한 감정이 생기는 이유를 노벨 경제학상 수상자인 다니엘 카네만 교수가 강연 중에 자주 드는 다음과 같은 예시로 이 현상을 간단히 설명할 수 있다.

"오디오를 통해 클래식 음악을 들으며 좋은 시간을 보내고 있었다. 그런데 곡의 마지막 부분에 이르러서 '끼이익'하는 소음이 나오며 곡이 끝나버렸다면 여러분은 어떻겠는가?"

음악을 오랜 시간 즐겼고, 소음은 상대적으로 훨씬 적은 시간이다. 즉 좋은 기억과 나쁜 기억의 양이 다르다. 하지만 상대적으로 훨씬 더 긴 시간 동안 그 음악을 통해 좋은 시간을 보냈음에도 불구하고 직전의 그 소음이 모든 것을 망쳐버렸다라고 기억한다. 현재 상태에서 과거의 것까지도 판단하는 '일관성 편향Consistency bias'이 강하게 작용하기 때문이다.

일관성 편향은 어떤 사람이 과거에 보인 행동과 태도가 현재의 행동과 태도를 닮아 있는 것으로 부정확하게 기억하거나 생각을 몰아가는 인지적 오류이다. 미국 심리학자인 엘레인 샤퍼Elaine Scharfe와 킴 바솔로메우Kim Bartholomew 박사는 1998년 평균 연령 24.5세인 커플을 대상으로 애착 패턴에 대해서 객관적인 질문지를 보고 자신들의 관계에 해당 사항들과 그 정도를 답하도록 했다. 그리고 연구자들은 9개월 후 다시 실험 참가자들을 불러 다시 현재의 커플 사이의 애착 정도 상황을 생각해서 질문지에 답하도록 했다. 그리고 연구자들은 현재 상태뿐만 아니라 8개월 전의 애착

관계에 대해서 기억해서 질문에 답하도록 했다. 8개월 시점에서 실시한 실험 참가자의 응답을 분석한 결과 현재 상태와 과거 상태에 대한 응답의 78퍼센트가 겹쳤다. 그러나 8개월 전에 실제로 자기 자신들이 했던 응답과는 차이가 있었다. 실험 참가자의 59퍼센트만이 8개월 전에 실제 자신이 응답한 내용과 현재 기억하는 내용이 일치했다. 응답 결과를 세부적으로 분석하자 사람들이 현재 애정 상태에 따라 과거의 기억도 달라지는 일관된 패턴이 보인다는 것이 밝혀졌다. 즉 사람들은 현재 상태가 긍정적이든 부정적이든 간에 현재와 과거의 태도와 행동이 일관된 것처럼 판단을 하는 편향을 보였다.

일상에서도 안 좋게 헤어지고 나서는 상대방을 여러 면에서 나쁜 사람으로 기억을 하는 사람이 많다. 분명 처음에 만날 때는 좋은 면이 보여서 만났을 텐데도, 원래 지금과 같은 문제가 보였던 사람으로 기억하면서 부정적으로 평가한다. 반대로 현재 긍정적으로 보는 상대방은 과거의 것도 긍정적인 것으로 기억하면서 그 사람에 대한 평가의 일관성을 지킨다. 해피엔딩인 드라마는 중간에 눈물을 쭉쭉 빼내게 했던 사건 내용은 잘 기억나지 않고, 새드엔딩인 시트콤은 중간에 한껏 웃겼던 에피소드가 잘 기억나지 않게 되는 것도 현재 끝난 시점에서의 감정 정보를 중심으로 과거의 내용을 판단하려는 일관성 편향 때문이다. 만약 인간이 이성적으로 정보를 고루 평가할 수 있다면 이런 반응은 일어나지 않을 것이다.

이성보다는 정서에 휘둘리는 경향 때문에 사람들은 이른바 '스토리텔링story telling'이 강한 정보에 이끌리기도 한다. 예전에는 그저 이성적인 개념들이 나열된 내용으로 되어 있어도 이상하게 생각하지 않았던 철학 책 등의 교양서, 다큐멘터리, 시사 프로그램 등에서도 이제는 감성적인 코드, 재미 코드가 들어간 이야기가 녹아 있기를 바란다. 심지어는 핵심 개념과 별 상관이 없는 이미지가 산뜻하게 삽입되어 있다는 이유로 사실은 심각한 주제를 건드리는 내용의 영화나 다큐멘터리, 책을 선택하기도 한다. 아예 정보는 아주 조금이지만 만화 삽화 등의 편집은 아주 잘된 영어책을 선택해서 딱딱한 지문 내용으로 구성된 각종 시험 준비를 하기도 한다. 최근에 시중에 나온 영문법 책은 초등생의 참고서보다 더 화려하게 꾸며지고 있다. 시험 양식은 조금도 물러지지 않고 더 엄격해지는데도 말이다. 한편 독자들은 심지어 내용을 하나도 모르지만 제목이 왠지 강렬하다는 이유로 특정 교양서를 쉽게 구매하기도 한다. 이성적인 판단을 내리기 전에 감성적인 영향력을 워낙 크게 받았기 때문에 이런 일이 벌어진다.

블로그에 객관적인 정보를 올릴 때도 각종 인터넷 용어를 간간히 삽입해서 친밀감을 높이려 하고, 가급적이면 생동감 있는 필치와 이미지를 넣어 자신의 글을 읽는 사람들에게 좋은 인상을 주려고 노력한다. 결과적으로 이성적인 정보처리를 할 대상은 동일하지만, 감성적으로 처리될 수 있는 이미지나 소리 혹은 블로그의 전체적 분위기를 조성하는데 많은 공을 들인다. 이것은 이미 많은 사람들이 냉정과 열정 사이에 있는 콘텐츠가 성공할 수 있다는 것을 그야말로 감성과 이성으로 알고 있다는 사실을 말해준다.

인간의 마음이 두 가지 체계로 이뤄져 있다면 작가나 감상자 모두 두 가지 체계를 갖고 있음을 의미한다. 즉 어떤 작품을 만들거나 어떤 작품을 감상할 때 어느 한 쪽에만 치우칠 이유가 없다. 주로 정서적인 감흥에 의해서 만든 작품이라고 평가를 받았던 작품을 작가가 이성적으로 계산한 것이라고 분석한다고 해당 작품을 깎아 내리는 것이 아닌 이유도 인간의 마음 자체가 감성과 이성을 모두 통합해서 움직이기 때문이다. 오히려 마음의 두 요소를 통합해서 예술의 비밀을 이해하는 것이 더 올바르면서 더 재미있고 유익하지 않을까?

CHAPTER V

사회—응용 인지과학의 세계

1 인지과학으로 밝히는 법정 미스터리

1980년대와 90년대에 미국 여성들 사이에서는 심리치료사를 찾아 상담하는 것이 유행처럼 번졌다. 그런데 미국 여성들의 상당수가 자신을 괴롭히는 심리적 문제의 근원을 찾다가 어린 시절 부모나 친척에게 당한 성추행 기억을 되찾았다. 그리고 그들은 아주 생생하고 상세한 기억 내용에 정서적 충격을 받고 가해자를 고발했다. 기억 회복과 치유에 관한 책들은 베스트셀러가 되었고, 이에 자극을 받아 유년 시절의 상처를 발견한 사람들의 소송이 줄을 이었다.

가장 인상적인 것은 미국 워싱턴 주의 폴 잉그램Paul Ingram이라는 남자의 사례이다.

1988년 폴 잉그램의 딸들은 경찰에게 자기 아버지를 신고했다. 딸들은 자신의 아버지를 무자비한 살인범이자 가족을 성추행하고 사탄을 숭배한 인간 말종으로 고발했다. 그리고 경찰들은 적어도 딸들이 자신의 아빠가 학대했다는 진술을 믿고 폴 잉그램을 체포한 다음 강도 높게 계속 심문을 했다.

"당신이 무죄라면 무엇 하러 딸들이 당신을 고발했겠소?"

일단 죄를 지었다는 가정 하에 기억을 해내서 자백을 강요하는 말에 결국 잉그램은 굴복하게 되었다. 그리고 오랜 심문으로 심신이 쇠약해진 잉그램은 유도 심문을 하는 대로 자신의 기억을 만들어냈다. 물론 본인은 그게 어렴풋해서 사실인지 꿈인지 영화인지 신문 기사 속 내용인지를 구분할 수 없었지만 말이다. 자백을 바탕으로 그는 유죄를 판결 받게 된다.

소송의 진행 과정과 결과를 본 미국 UC 어바인 대학의 인지과학과의 엘리자베스 로프터스Elizabeth Loftus 교수는 자신이 오랫동안 연구한 바를 바탕으로 이 소송에 문제가 많다고 생각했다. 그녀의 연구에 따르면 인간의 기억은 상당히 부정확하다. 기억하는 어떤 사건의 내용이 생생할수록 세부 사항까지 잘 기억하고, 그리고 그 기억의 출처까지 확실하다고 여길수록 자신의 기억하는 바가 사실이라고 믿기 쉽다. 하지만 로프터스 교수의 잘못된 기억 연구에 따르면 생생하거나 구체적인 여부와 상관없이 기억하는 바는 진짜가 아닐 가능성도 있다.

엘리자베스 로프터스 교수는 심리치료사가 치료 과정에서 소위 '유년 시절의 억압된 기억의 회복'을 촉진하는 과정에서 잘못된 기억이 만들어졌을 가능성을 생각했다. 그래서 1993년 다음과 같은 간단한 실험을 실시했다. 로프터스 교수는 실험 참가자들에게 참가자의 가족에게서 미리 받은 내용을 토대로 세 가지 이야기를 구성한 소책자를 읽게 했다. 그런데 사실 그 소책자는 진짜 기억(각자 유년 시절에 실제 겪은 사건) 두 개와 가짜 기억(쇼핑몰에서 길을 잃어버린 기억) 한 개를 담은 내용이 섞여 있었다. 로프터스 교수는 실험 참가자들에게 소책자를 읽은 후 자신이 직접 기억하는 내용을 상세히 적고, 기억이 나지 않는 내용은 적지 말라고 했다. 논리적으로 생각한다면 사람들은 진짜 있었던 일에 대한 기억만 적고, 연구자가 일부러 만들어 놓은 쇼핑몰 기억은 적지 않았어야 한다. 그러나 전체 실험 참가자 중 25퍼센트는 자신이 쇼핑몰에서 길을 잃어버린 기억이 난다며 상세한 묘사와 정서적 충격을 토로하기도 했다. "어머니가 다시는 그러지 말라고 했어요." "그날 저는 너무나 놀라서 가족을 두 번 다시 못 보는 줄 알았어요. 큰일이 생겼다는 것을 알았죠." "장난감 가게에 들어갔다가 길을 잃었어요. 전 주변을 두리번거리며 큰일이 났다고 생각했죠. 다시는 가족을 보지 못할 것 같았어요. 정말 무서웠죠. 그때 파란색 옷을 입은 한 할아버지께서 제게 다가왔어요. 꽤 나이가 드신 분이셨죠. 할아버지는 머리는 벗겨지셨고요, 남아 있는 머리칼은 희끗희끗한 회색이었어요. 안경을 쓰고 계셨고요."

생생하고, 자세하고, 정서적 충격까지 기억한다. 진짜 있었던 일이라고 믿기 쉬운 내용이다. 하지만 모두 연구자가 심어 놓은 가짜 기억에 따라 자신이 만든 기억, 즉 잘못된 기억이다.

연구자가 실험실에서 나눠준 소책자를 보기 전에는 한 번도 꺼내지 않은 기억이었다는 점에 주목해야 한다. 마치 심리치료사를 찾은 여성들이 한 번도 그동안 꺼내지 않았던 성추행 기억을 떠올린 것처럼 말이다. 로프터스 교수는 그 어떤 유도 질문을 하지 않고, 기억나지 않는 것은 아예 적지 말라고까지 말했지만 이런 놀라운 결과가 나타났다. 하지만 심리치료사의 경우에는 억압된 기억을 찾아야 한다며 유년 시절의 기억에 대한 단서를 먼저 던진다. 영화나 신문 기사에서 봤던 유아 성추행 장면과 자신의 경험이 교묘하게 결합하면서 혹시 그랬을 수도 있다는 생각이 들면, 점점 기억을 만들어낼 수도 있다.

로프터스 교수는 다른 연구에서 어린 시절 디즈니랜드에 가본 적이 있는 학생들에게 그 테마 공원을 구경하는 장면을 찍은 광고 사진을 보여주었다. 그 사진에는 벅스 버니가 한 아이의 손을 잡고 서 있었다. 피험자들에게 어린 시절 디즈니랜드에서 벅스 버니를 만난 장면을 구체적으로 묘사해보라고 했을 때, 그 중 62퍼센트가 벅스 버니와 악수를 했다고 기억했고, 45퍼센트는 벅스 버니와 포옹을 했다고 기억했다. 어떤 학생들은 벅스 버니의 귀나 꼬리를 만져 보았다고 기억했다. 심지어 벅스 버니에게 당근을 준 사실을 생생하게 기억하는 학생도 있었다. 실제로 그 학생이 아주 뛰어난 기억력을 가지고 있을 수도 있다. 하지만 문제는 벅스 버니는 워너브라더스의 고유 캐릭터이기 때문에 디즈니랜드에서는 절대 만나볼 수 없다는 점이다. 그 광고 사진은 가짜였다. 결국 실험에 참가한 학생들의 기억 역시 가짜였다. 흔히 상황을 자세히 묘사하면 더 사실에 가까울 것이라고 (남이나 본인 자신이) 생각하지만 실제로는 전혀 아니다. 우리의 마음은 외부 환경을 수동적으로 복사한 것을 '꺼내는 것'이 아니라 계속 의미를 능동적으로 재구성하도록 프로그램이 되어 있기 때문에 얼마든지 생생하게 기억을 '만들어낼' 수 있다. 로프터스 교수뿐만 아니라 많은 인지심리학자들은 기억은 밀랍처럼 한번 본을 뜨면 정확히 상태가 남아있는 특성을 갖고 있는 것이 아니라 '분필과 지우개로 끊임없이 썼다 지웠다 하는 변화무쌍한 칠판'과 같다고 설명한다.

로프터스 교수는 최면과 유도 질문의 효과 등을 연구하는 피암시성Suggestibility 전문가에게 잉그램을 방문할 것을 부탁했다. 피암시성 전문가는 잉그램에게 그의 아들들 중 한 명과 딸들 중 한 명이 잉그램을 고소했다는 이야기를 전했다.

"아니 왜요?"

피암시성 전문가는 단호하게 말했다.

"당신이 보는 앞에서 아이들이 성행위를 하도록 강요했잖소?"

잉그램은 처음에는 범행을 부정했다. 하지만 피암시성 전문가가 "그 장면을 떠올려 봐요" 하고 계속 다그치자 다음날 범행을 자백했다. 그러나 고소 내용은 가짜였다. 피암시성 전문가가 자신의 아이들 이야기를 꾸며낸 것이다. 그리고 잉그램이 이전에 했던 자백들도 모두 자신이 만든 것과 같은 가짜 내용에 대해서도 유도 심문을 한 결과 상세하게 기억을 자백한 것에 지나지 않으며, 이에 바탕을 두고 유죄라고 판단하는 것은 안 된다는 내용의 보고서를 제출했다. 딸들이 기소한 사건의 미스터리도 새롭게 풀리기 시작했다. 잉그램의 변호인들이 사건을 더 자세히 살펴보니 딸들이 기억한 실제 살인 사건도 여러 신문 기사가 나온 것 중 오류가 있는 것까지 그대로 기억하고, 앞뒤가 맞지 않으며 자꾸 내용이 재구성되는 등 문제가 많았다. 즉 실제로 있던 사건을 기억한 것이 아니라, 자신이 듣고 생각한 것을 바탕으로 기억난 것을 믿어서 아버지를 고발하기까지 한 것이라는 사실이 기억 내용을 세부적으로 대조하면서 속속들이 밝혀졌다. 결국 폴 잉그램은 무죄로 풀려나게 되었다. 그 이후 사회를 정신적 혼란에 빠뜨렸던 친족간의 성추행에 대한 다른 소송들 중에서도 비슷한 사례가 발견되어 많이 해결되었다. 오히려 심리치료사들이 잘못된 소송으로 피해를 입은 사람들에게 고발을 당하게 되는 결과가 생기게 되었다.

로프터스 교수가 1996년 발표한 저서 〈우리 기억은 진짜 기억일까*The Myth of Repressed Memory*〉(도솔, 2008)에는 여러 잘못된 기억 사례가 나온다. 어린 시절의 홀로코스트에서의 생생한 체험을 책으로 펴내 찬사를 받았지만 그 모든 기억이 거짓으로 드러난 빌코미르스키의 사례나, 외계인에 납치되었다가 구사일생으로 탈출한 이야기를 전하는 체험자들의 사례 등이 그것이다.

2000년 5월 31일, 「뉴욕 타임스」 1면에 한국전쟁 참전 용사인 에드워드 달리Edward Daly의 이야기가 실리기도 했다. 그는 자신이 대학살에 참여했다는 것을 비롯하여 자신의 전투 공적에 대해 상세하게 설명했다. 사람들은 그의 생생한 참전 이야기를 쏟아내었다. 하지만 이 모든 이야기가 그의 상상에서 비롯된 것이었다. 달리는 그 대학살에 참가했던 참전 용사들과 이야기하면서 자기도 모르는 사이에 없던 기억이 만들어졌다. 그리고 참전 용사들에게 자신의 영웅적인 행동을 이야기했다. 달리의 이야기가 일종의 암시로 작용하자 이제 거꾸로 참전 용사들은 자신의 기억에서 있지도 않은 일을 회상하기 시작했다. 에드워드 달리가 거짓말쟁이처럼 몰리자 한 참전 용사는 강하게 이야기했다. "나는 달리가 거기에 있었던 것을 기억해요." 다른 참전 용사도 맞장구를 쳤다. "맞아요. 기억해요."

로프터스 교수는 잘못된 기억은 작은 암시에 의해서도 만들어질 수 있으니 주의해야 함을 강조한다. 그러나 잘못된 기억이라고 해도 본인들은 모두 사실이라고 철석같이 믿고 있다. 로프터스 교수의 실험 참가자들도 실험이 끝난 다음에 해당 기억이 거짓말이었다는 말을 듣고 깜짝 놀랐고, 심지어 부정하려고까지 했다.

사람들은 유도 질문에 의해 기억의 내용을 재구성하는 경우가 아주 많다. 로프터스 교수는 1975년과 1978년 실시한 실험에서 자동차 사고 장면을 실험 참가자에게 보여주고 세 가지 다른 조건으로 질문을 했다. 첫 번째 집단에게는 "방금 두 대의 자동차가 달려오다가 세게 '쾅' 하고 부딪히는 동영상을 보셨죠? 자동차가 달려오는 속도가 어느 정도였나요?"라고 묻고, 두 번째 집단에게는 "방금 두 대의 자동차가 달려오다가 '탕' 하고 부딪힌 동영상을 보셨죠? 자동차가 달려오는 속도가 어느 정도였나요?"라고 묻고, 마지막 세 번째 집단에게는 "방금 두 대의 자동차가 달려오다가 '살짝' 접촉 사고가 난 동영상을 보셨죠? 자동차가 달려오는 속도가 어느 정도였나요?"라고 물었다. 실험 참가자들은 각기 똑같은 동영상을 봤음에도 답변은 모두 질문의 내용에 따라 달랐다. 첫 번째 집단은 시속 90킬로미터, 두 번째 집단은 65킬로미터, 세 번째 집단은 50킬로미터라고 답했다. 추가 질문으로 "아까 교통 신호등이 노란색이 아니었나요?"라고 물어보면 신호등이 실제로 빨간불이었음에도 불구하고 실험 참가자들은 그것이 노란불이었다고 기억했다. 다른 연구에서 텅 빈 거리에 복면을 한 남자가 등장하는 영화를 보여주고 "그 남자의 얼굴에 수염이 있었던 것을 기억하십니까?"라고 물으면, 대부분의 실험 참가자들은 남자의 얼굴에 수염이 있다고 기억한다. 하지만 실제로 그는 복면을 하고 있었다. 목격자 증언을 신뢰하기 힘든 이유가 이렇듯 유도 심문뿐만 아니라 가짜 자극에 대한 자발적 회상의 사례에서(디지니랜드의 벅스 바니, 쇼핑몰에서 길 잃기) 살펴본 것처럼 인간은 기본적으로 잘못된 기억이 발생하기 쉬운 인지적 특성을 갖고 있기 때문이다. 같은 상황에 있더라도 사람들은 기억을 되살릴 때 주어진 주변 환경이나 필요, 유도에 따라서 기억을 재구성하는 경향이 강하다. 그리고 그렇게 재구성한 기억이 실제 있었던 일이라고 굳세게 믿는다.

특정 방향으로 기억을 하라는 요구를 받을 때는 특별히 조심해야 한다. 압력에서 벗어나 가급적 자유로운 상태에서 기억을 해내려 해야 그나마 잘못된 기억을 막을 수 있다. 특히 예전에 잘 기억나지 않았던 것이 갑자기 기억난 경우에는 그것이 잘못된 기억이 아닌지 의심을 해봐야 한다. 가장 좋은 것은 자신의 기억에만 너무 의지하지 않는 것이다. 다른 사람의 기억과 대조를 하고, 객관적 자료와 비교하려는 노력이 필요하다.

2 기억하는 방법의 변화

잘못된 기억이 무섭기는 하지만 현재까지 자신의 경험을 탐색하려면 머릿속을 뒤지는 수밖에 없었다. 피암시성 때문이 아니라 생물학적 한계 때문에 우리의 기억은 제한되기도 한다. 즉 우리의 뇌는 상당히 놀라운 능력을 갖고 있지만, 인터넷 검색처럼 특정 키워드로 검색 결과를 일목요연하게 모아주지는 못한다. 그리고 때로는 그 검색 결과가 부정확하다. 있지도 않은 일을 있었던 것으로 기억하는 경우도 있고, 있던 일을 없었다고 잊어버리기도 한다. 그러나 앞으로는 이러한 일이 줄어들 수 있다.

개인의 기억을 획기적으로 변화시킬 수 있는 프로젝트로는 개인 정보처리PIM(Personal Information Management) 개발 프로젝트가 있다. 이 프로젝트는 개인의 생애에 대한 정보를 조직화하는 도구를 만든다. 대표적 사례이기도 한 마이라이프비트MyLifeBits라는 마이크로소프트 사의 프로젝트가 있을 정도로 이미 상업적인 애플리케이션으로 제시되고 있다. 마이라이프비트 프로젝트는 개인의 일상 정보를 디지털화된 영상, 음성 정보로 저장했다가 필요할 때 쉽게 검색하여 확인할 수 있는 시스템 개발을 목적으로 한다. 개인이 접하는 일상의 모든 것, 그리고 개인이 살아오면서 본 모든 웹 사이트, 텔레비전 프로그램, 이메일, 디지털 사진, 통화 내용까지 통째로 저장할 수 있는 시스템으로, 바쁜 일상에서 기억을 망각할 경우 기억을 되살리거나 확인할 수 있는 보조적인 수단으로 마이크로소프트 사가 개발하고 있으며 개인의 일상에 대한 데이터베이스 구축으로 사생활 침해 가능성도 제기되고 있다.

마이라이프비트 프로젝트는 1998년에 컴퓨터 전문가인 고든 벨Gordon Bell이 그 자신의 논문, 책, 카드, 시디, 편지, 메모, 서류, 사진, 그림, 홈 비디오, 비디오로 찍은 강의, 음성 녹음을 다 스캔해서 컴퓨터에 넣어 관리하기 시작한 것에서 유래했다. 전화번호나 이메일 메시지 같은 새로운 정보가 실시간으로 디지털로 붙들 수 있고, 마이크로소프트 사가 개발한 센스캠senseCam을 통해 자신의 움직임을 다 찍고 있다. 영국 캠브리지에 있는 마이크로소프트 리서치 연구소가 개발한 입는 카메라 센스캠은 주변 온도와 조명, 행동에 변화가 감지되면 바로 사진을 찍는 것이 특징이다. 고든 벨은 직접 개인화된 완전 기억 시스템을 만들려 하고 있다. 현재 이 초기 버전만으로도 기억력 상실 문제로 고생하는 환자들에겐 큰 도움이 될 수 있을 것이다. 그러나 마이크로소프트 사의 꿈은 더 크다. 이 회사는 2021년 이내에 휴대용으로 검색이 가능한 대용량의 기억/저장/인출 장치(개인화된 장치)를 만들어 인간의 의사소통에서 큰 변화가 (마치 이메일을 통해 의사소통에 큰 변화가 왔듯이) 일어날 것으로 전망하고 있다. 마이크로소프트 사는 그 변화의 중심에 서려고 연구 개발에 박차를 가하고 있다.

개인 정보처리 시스템을 통해 사용자는 어릴 적 기억을 이야기 형태가 아니라 직접 멀티미디어 동영상으로 친구와 확인할 수도 있다. 혹은 했던 일을 하지 않았다거나 안 했던 일을 했다고 말하는 거짓말쟁이를 가려내는 데 쓸 수도 있다. 하지만 제3자가 개인 정보처리 시스템을 조작해서 사용자가 경험하지 않았던 것을 기억으로 믿게 만들 수도 있다. 이렇게 되면 기억에 의존해서 자신의 정체성을 생각하는 인간의 특성상 시스템을 통해 사용자의 정체성까지도 좌우할 수 있게 되는 것이다.

뻔히 자신이 경험한 일인데 왜 다른 사람의 기억 조작에 좌우될 수 있을까 의문이 갈 수도 있다. 하지만 인간의 기억은 원래 왜곡이 심하다. 있는 그대로를 복사하는 것이 아니다. 기억은 저장하고 인출하는 과정에서 계속 재구성되는 특성을 갖고 있다. 그래서 목격자 증언을 못 믿는 것이다. 마찬가지로 자신의 기억도 믿지 못할 수 있다. 어떤 때, 누가, 어디서 물어보느냐에 따라 기억하는 양상이 달라지는 것을 여러분도 일상에서 경험하고 있을 것이다. 열심히 암기한 지식도 시험장에 가면 다르게 기억이 나거나 아예 기억이 나지 않는다. 혹은 뜬금없이 시험지를 내고 나서 기억이 나기도 한다. 동창회 나가서 꼭 자신이 경험한 것이라고 믿어 의심치 않는 중요한 사건을 이야기하면, 어떤 친구들은 그 사건을 완전히 다르게 기억하고 있거나 아예 주인공이 자신이 아니라는 말을 듣게 되어 당황한 경험이 있을지도 모른다. 인지과학이 생활

속에 들어올수록 기억의 역동적인 과정에 대한 대중의 이해도 더 넓게 퍼질 것이다. 그러면 정확한 기억을 저장하고 인출하기 위해서 개인 정보처리 시스템을 구입하는 사용자가 늘어날 것이다. 그리고 사람들은 개인 정보처리 시스템에 의존하는 습관이 들어 자신의 뇌에 굳이 기억을 저장하지 않을 것이다. 현재 우리가 친구들의 전화번호를 휴대폰에 저장해 놓고, 굳이 기억을 하려는 노력을 기울이지 않는 것처럼 말이다. 인지를 뇌 안에만 머물게 하는 것이 아니라, 외부의 저장/감각 센서 기계로 확장시키는 것은 분명 효율적인 일이지만 그만한 위험성도 있다. 어떤 사람은 미래에도 개인 정보처리 시스템을 이용하지 않을 수 있다. 마치 요즘 자연 친화적인 삶을 고집하며 '느리게 살자'는 생활양식을 고수하는 사람처럼 열정적이게 말이다.

마이크로소프트 사의 주장처럼 2021년에는 우리는 뇌가 아닌 곳에 기억을 저장할 수 있다. 물론 아닐 수도 있다. 그런데 개인 정보처리 시스템은 반드시 그 해가 아니더라도 여러 실용적 목적에 따라 개발될 가능성이 크다. 그리고 사람들은 아이폰에 열광하듯 새로운 생활양식을 위해 개인 정보처리 시스템을 구매할 가능성이 크다. 그러나 그렇게 되려면 개인 정보처리 시스템이 사전에 해결해야 할 과제가 있다. 전 생애를 저장하려면 엄청난 용량의 저장 장치가 만들어져야 하지만 기억 용량이 중요한 과제는 아니다. 사람들이 마이라이프비트MyLifeBits와 같은 시스템에 기대하는 것은 편리하고 똑똑한 기억 검색 결과이다. 그냥 무한대로 저장만 잘하는 카메라 백업 시스템에는 매력을 느끼지 않을 것이다. 지능적인 검색을 구현하려면 기억에 대한 인지과학 연구가 뒷받침되어야 한다. 특히 효율적인 정보 탐색 소프트웨어부터 개발되어야 한다. 그래서 현재로서는 전 생애의 정보를 담을 저장 장치의 용량이 아니라, 자료를 뒤져 의미 있는 정보를 기억해내는(즉 생성해내는) 소프트웨어 개발에 집중하고 있다. 음성/화상/텍스트를 넘나들며 정보를 검색하고 하나의 의미로 구성해서 나와야 하는데 현재로서는 명확한 성과를 보이기보다는 계속 개발 중인 상태이다. 이미 여러 상품이 시장에 나오고 있다. 개인 정보처리 관련 상품은 마이라이프비트MyLifeBits 이외에도 Contact Map, Haystack, Chandler, Dashboard, KDE PIM, segusoLand, BrainEKP, Tinderbox 등 많은 예가 있다. 앞으로는 더 역동적인 정보 관리 시스템이 나올 것이다.

개인 정보처리 시스템은 아니지만, 해당 기술과 관련해서 다른 응용 프로젝트 사례로는 IBM과 마르스트Marist 대학이 함께 개발한 프랭클린 루즈벨트 대통령 박물관이 있다. 이 박물관의 가상 세계는 그냥 '3D 모델링'에 의한 작업 결과가 아니라, 여러 정보를 다 저장한 뒤 그것을 통합한 가상 세계를 만든 것임에 주의해야 한다.(www.fdrlibrary.maist. edu 혹은 www.mcah.columbia.edu/divine/nsf.html 참고)

현재 여러 사진들을 조합해서 새로운 환경을 가상 현실로 재창조한 사례가 늘고 있다. 이것은 그저 상상으로 그린 것이 아니기에, 컴퓨터의 도움으로 여러 속성이 유의미하게 연결되어 사진의 주인의 성격을 이해하는 데 도움을 줄 수도 있다. 예를 들어 사진에 나와 있지 않던 역사적으로 당시 보통 사람들의 집에 있었던 물건 배치와 사진 속 아이템 배치의 차이를 체크해서 기억 요소를 배치하는 식이다.

혹은 여러 사진마다 특정 아이템의 배치의 차이가 틀려진 것을 통해 주인의 심리 변화나 상황 변화 등을 추론할 수도 있다. 앞으로 이런 프로젝트를 발전시키면 그냥 개개의 사진을 볼 때는 찾아낼 수 없었던 새로운 정보가 창출될 수도 있고, 이것을 바탕으로 새로운 학문적 결과와 개인의 인지능력을 향상할 수 있다. 혹은 모든 정보에 대한 기억이 가능하기에 인지적 부담을 더 상위 인지에 집중하는 식으로 또 다른 형태의 인지 과정을 도모할 수도 있다. 이른바 인지과학의 응용이 우리 인지 자체를 변화시키는 방향으로 전개되는 것이다.

연세 대학 컴퓨터공학과 조성배 교수의 주장에 따르면 급속한 정보기술의 발전과 유비쿼터스 환경의 구축에 따라 다양한 디지털 장비들이 융합되어 하나의 장비로 다양한 서비스를 활용할 수 있는 시대에 접어들고 있다. 불과 몇 년 전까지만 해도 전화 기능이 주를 이루던 휴대폰이 이제는 카메라, MP3 플레이어, 게임기, 개인용 컴퓨터의 기능을 모두 아우르게 되었으며, 저가의 센서를 네트워크화하여 다양한 정보를 유기적으로 관측하고 활용할 수 있게 되었다. 특히 휴대폰으로 대변되는 모바일 장비는 모든 사람이 언제, 어디서, 무엇을, 어떻게 하였는지에 대한 개인의 일거수 일투족을 모니터링하고 필요한 정보를 저장할 수 있는 획기적인 디지털 문화를 열고 있다. 이에 따라서 인간의 사고 과정이나 기억과 유사한 방식의 정보처리 메커니즘을 통해 새로운 차원의 디지털 융합 시대를 열어가고자 하는 시도가 진행되고 있다. 개인용 일정 정보PIMS나 디지털 사진과 같이 의도적으로 모은 정보 이외에, 통화기록이나 위치 정보와 같이 암묵적으로 수집되는 개인과 관련된 수많은 정보를 인간의 기억 메커니즘과 유사한 형식으로 저장하고 관리하면서, 상황에 따라 대화 인터페이스로 사용자의 욕구를 충족시켜줄 수 있는 인공 생명 소프트웨어의 출현이 멀지 않으리라 예상된다.

그런데 이런 응용 애플리케이션은 그저 단순한 기술의 진보에 의한 것만이 아니라 인간의 마음에 대한 새로운 인지과학의 관점에 바탕을 두고 있음에 주목해야 한다. 그것은 바로 '동력학 체계적 접근mind as a society of dynamic systems' approach'이다. 이 입장은 종래의 전통적 인지주의의 계산주의식 모델링에서 벗어나 동역학적, 비선형 수리 모형을 사용하여 심리 현상들을 설명하려고 한다. 즉 인간의 심적 상태를 시간의 어느 지점에 고정되어 있는 정적인static 것으로 파악하는 것이 아니라, 심적 상태가 시간에 따라 어떻게 변하는가하는 역동, 그 궤적을 연구하는 것이 올바른 해석이라고 주장한다. 따라서 실시간상에서 세상과 어떻게 상호작용하느냐를 관찰하게 되며, 이런 개념적 배경에서 예전과는 전혀 다른 자료 관리 애플리케이션까지 나오게 된 것이다. 개념적 틀의 변화뿐만 아니라 구체적인 언어 관련 연구와 추론에 대한 연구의 발전도 자료에서 그 궤적을 분석하여 의미를 추출하여 재구성하는 애플리케이션 개발에 영향을 주고 있다. 심지어는 문자로 된 텍스트뿐만 아니라 멀티미디어 자료에 대한 재구성에도 영향을 주고 있다. 새로운 인지과학의 접근법이 어떤 변화를 가져올 수 있는지 확인할 수 있는 사례이다.

3 사회적 파장을 몰고 올 인지과학의 응용 사례

누구든지 시험을 앞두고 공부를 하지 않아도 기억을 잘 할 수 있다면 얼마나 좋을까 하는 마음을 가졌던 적이 있을 것이다. 지금은 실제로 그런 약이 있다. 기억 약Memory drug은 원래 노화와 관련된 인지적 수행 능력 저하(기억력 저하)를 막고자 만들어졌다. 2010년이 되면 대표적인 치매인 알츠하이머병에 걸린 사람이 전 세계 2천1백만 명 정도가 될 것으로 추산되어 이 분야에 대한 여러 제약회사의 연구가 활발하게 이루어지고 있다. 현재 제약 도매업체의 관계자는 국제 시장 규모를 100억 달러로 추산하고 있으며, 적어도 40개의 약이 임상 시험을 하고 있다. 비즈니스 저널에 실린 대표적 관련 제약과 업체를 정리하자면, SGS742(Saegis Pharmaceuticals), CX516(Cortex Pharmaceuticals), Mem 1414(Memory Pharmaceuticals), Aricept(Pfizer), memantine (Merz/Forest Labs) 등이 있다. 2003년 11월 FDA는 이미 알츠하이머 관련 의약품인 메만틴memantine(상품명 Namenda)을 승인한 바 있다. 현재 다른 약품들은 임상 시험 중이다. 그러나 현재와 미래의 연구 방향은 치매 환자가 아니라 정상인을 대상으로 한 약 개발로 더 많이 옮겨가고 있다. 정상인의 숫자가 훨씬 많아 시장이 더 넓기 때문이다. 의료 관련 기관인 엠피엠캐피탈MPM Capital의 2002년 발표에 따르면 30세 이상 성인의 80퍼센트가 기억력 저하로 손해를 본 경험이 있다고 한다. 그러니 이 수요를 해결할 수 있는 약을 내놓는다면 엄청난 부를 얻게 될 것이다. 하지만 FDA에서는 현재 오로지 환자를 대상으로 한 약만을 승인해주기 때문에 시중에 나온 정상인을 위한 약은 없는 상태이다.

병을 치료하는 목적의 기억 약에 대해서는 윤리적 문제 제기가 없다. 하지만 정상인의 기억력을 좋게 하는 약에 대한 연구에는 윤리적 문제 제기가 되고 있다. 돈 있는 사람이 경제력을 통해 머리가 좋아지는 것은 사회적 불평등을 조장하고, 돈을 가진 사람이 더 많은 능력을 갖게 되어 더 많은 것을 자손에게 물려주면 지금 현재의 경제력이 급기야 고착화되어 세습되게 될 것이라는 반론이 심각하게 제기되고 있다.

이 분야 대표적인 연구자로는 네 사람이 꼽힌다. 노벨상 수상자인 에릭 칸델Eric Kandel 박사는 메모리Memory Pharmaceuticals라는 회사를 설립하고 신약 개발에 몰두하고 있다. 권위자인 팀 툴리Tim Tully도 헬리콘Helicon Therapeutics이라는 업체를 설립하고 연구 및 신약 개발을 계속하고 있다. 이들은 c-AMP 와 CREB의 수준을 높이는 약을 만들어내려고 하는데, 그 이유는 뉴런 사이의 연결을 강화시키면 기억력이 증강되기 때문이다. 이에 비해 캘리포니아 대학의 게리 린치Gary Lynch는 글루타민산염glutamate이라는 신경전

달물질과 그에 반응하는 단백질인 AMPA 수용기receptor에 대한 연구를 하고 있다. 게리 로저스Gary Rogers 박사도 비슷한 연구 대상으로 실험을 하고 있다. 특히 게리 로저스 박사와 관련된 코텍스Cortex 사는 1997년 엠팔렉스Ampalex라고 하는 약을 건강한 사람에게 투여하는 실험을 한 결과 실효를 거두었다.

문제는 FDA의 원칙은 정상인을 위한 기억 약은 승인을 하지 않는다는 것이다. 이러한 법적인 문제만 해결되면 쏟아져 나올 기억 약은 많을 것이다. 단 임상 시험을 거쳐야 하며, 장기적으로 뇌에 어떤 영향을 줄지 충분한 검토가 먼저 이뤄져야 한다. 기억을 향상시키는 대신 다른 뇌의 활동에 치명적이면 도입해서는 안 되기 때문이다. 하지만 지금 뇌의 인지적 기능에 대한 도해가 완벽하지 않은 상태에서는 인지과학의 연구 결과를 좀 더 기다려야 한다.

살다 보면 꼭 기억 약만 필요한 것은 아니다. 스트레스를 주는 일(사건, 사고)에 대해서는 잊게 만드는 망각 약도 필요하다. 2007년 NSF의 발표보고서에 따르면 약 1300만 명의 미국인이 '외상 후 스트레스 증후군PTSD(posttraumatic stress disorder)'에 시달리고 있다. 현재까지는 프로프라놀롤Propranolol이라고 하는 혈압 약이 망각에 효과가 있는 것으로 알려져 있다. 호프만-라로쉬Hoffman-LaRoche 사에서 만든 버스트Versed라는 약도 망각 약 중의 하나이다. 뉴욕대학의 신경과학자인 조세프 르두Joseph LeDoux는 2007년 7월 자신이 개발 중인 망각 약인 U0126을 쥐에게 투여해서 효과를 얻었다. 하지만 구체적으로 이런 효과가 어떻게 일어나는지는 밝혀내지 못하고, 다만 단백질 합성을 막아 뉴런이 기억을 강화하지 않게 하는 것이라고 추측만 할 뿐이다. 망각 약에 대한 연구는 계속되고 있다. 만약 스트레스를 줄일 수 있으면, 그에 의한 범죄나 2차 사건 · 사고를 방지할 수 있기 때문에 국가 차원에서 신중하게 검토를 하고 있다. 현재 약 개발에 대한 초기 연구를 하고 있다. 앞으로 윤리적 문제나 남용시 기억 복구의 문제 등에 대한 검토 이후 관련 제도 장치가 생긴다면 본격적인 개발을 할 수도 있다. 현재로서는 기억 약에 비하면 개발 정도가 미비한 실정이다. 그러나 언젠가는 짐 캐리가 주연한 2004년 영화 『이터널 션샤인Eternal Sunshine on the Spotless Mind』과 같은 상황이 벌어질 수도 있다. 영화 속에서는 짐 캐리가 망각 처리 회사에 가서 뇌 스캔을 받은 뒤 특정 기억을 지우는 장면이 나온다.

인지과학이 융합 과학기술에서 큰 역할을 하고 있는 분야는 재활 분야이다. 사람의 두뇌와 컴퓨터를 연결하는 뇌-컴퓨터 인터페이스 연구를 통해 재활/복지에 새로운 변화가 불고 있다. 미국 매사추세츠에 거주하는 척수마비 20대 청년 매튜 네이글은 BCI 기술을 통해 재활에 성공했다. 그는 칼에 찔려 척수가 절단되는 사고를 당해 전신이 마비됐지만, 2004년에 로드아일랜드 병원에서 BCI 전문기업 사이버키네틱스 뉴로테크놀로지 시스템스 사가 개발한 신경 인터페이스 시스템 '브레인게이트BrainGate'를 이식받은 다음 결국 재활에 성공했다. 사이버키네틱스의 연구 개발 최고책임자인 브라운 대학 뇌과학자 존 도나휴가 개발을 주도한 브레인게이트는 마이크로미터 단위의 100개의 미소 전극을 포함한 4밀리미터 정도의 알약 크기 센서로 이뤄졌다. 이 장치는 뇌에서 자신이 마음먹은 대로 할 수 있는 운동을 담당하는 운동피질 표면에 이식했다. 여기에서 전극은 주위의 뉴런으로부터 전기 신호를 포착해 환자의 두피에 3센티미터 정도 돌출한 티타늄 받침대로 전송한다. 전송된 신호는 복잡한 케이블을 타고 컴퓨터에 연결돼 원하는 동작을 이끌어낸다. 브레인게이트를 이식한 사람은 움직임을 상상만 하면 된다. 그러면 그런 상상을 하는 뇌의 뉴런의 움직임을 모니터링해서 시스템이 어떤 동작을 원하는지 판단을 하여 그에 맞는 반응을 하게 된다. 앞으로 BCI에 들어가는 탐침probe이 나노 수준으로 내려가거나 더 효율적으로 기능할 수 있도록 최적화를 거친다면 몇 년 안에 훨씬 더 나은 결과를 얻을 수 있는 것으로 융합기술 전문가들은 보고 있다. 이런 획기적 변화는 탐침에 연결된 뇌의 전기적 패턴을 분석해 마음을 읽었을 수 있게 한 인지과학의 연구가 없으면 불가능한 것이다.

미래학자 레이 커즈와일은 수없이 많은 나노미터 규모의 로봇들을 뇌나 인체 다른 기관에 집어넣어 그 기능을 향상시킴으로써, 생물학적 인간을 기계인 '휴머노이드'에 가깝게 변화시키는 일이 2030년 전에는 가능할 것으로 보았다. 그런 기술의 핵심은 나노 크기의 기계를 만들 수 있는 나노 과학기술이다. 하지만 나노 과학기술이 전부는 아니다. 인지과학과 나노 과학기술이 접목되어야 한다. 인공 눈의 개발 사례만 해도 그렇다. 미국 옵토바이오닉스사가 개발한 인공 망막은 망막 아래에 구멍을 뚫어 칩을 이식시키는 방식이다. 하지만 그다지 좋은 시력을 환자에게 제공해주지 못했다. 한편 인공 안구는 디지털 카메라가 캡처한 데이터를 디지털 신호로 처리하고 그 처리한 결과를 환자의 망막에 이식된 전극을 통해 환자에게 전달하는 기능을 수행한다. 2002년 이 장치를 개발한 마크 휴마윤Mark Humayun 박사는 "시각 장애인들이 이 인공 안구를 착용할 경우 컵에 물을 따르거나 테이블에서 포크와 나이프를 사용해 식사를 하는 등의 간단한 동작이 가능하다"고 인터뷰에서 밝혔다. 연구진이 개발한 인공 안구 시스템은 안경에 부착된 초소형 카메라와 연결 회로, 그리고 전극으로 구성되어 있다. 카메라가 물체를 포착, 신호를 발생시키면 이 신호는 피부 밑에 심어진 회로를 따라 망막에 심어진 전극을 자극한다. 그러면 전극은 시신경을 자극해서 '영상 신호'를 만든다. 그러나 이 인공 안구는 아직 문제점이 많다. 영상 신호가 너무 미약해서 인공 안구를 착용한 시각 장애인들은 큰 물체의 어슴푸레한 윤곽만을 인식할 수 있다. 또한 나노기술을 통해 인공 안구 시스템을 좀 더 작고, 가볍게 만들어야 미래학자가 예견하는 것과 같은 수준의 편리한 인공 눈을 개발할 수 있다. 하지만 가장 중요한 것은 인지과학의 문제이다.

인간은 고속의 3축 안구 운동을 수행하고 있으며, 아직 알려져 있지 않은 방식으로 작동하고 있다. 따라서 인간의 3차원 안구 운동의 제어 원리 규명과 이를 적용한 인공 안구 시스템을 개발해야 하는데, 여기에 감각과 지각에 대한 인지과학의 연구 뒷받침이 필요하다. 그러자면 인간의 시선 운동 분석 기술이 먼저 만들어야 한다. 그래서 인간 시선 이동 기구가 무엇인지를 확인하고 특징을 규명하며, 초점 시각 처리 원리를 먼저 규명해야 진짜 인공 안구가 만들어질 수 있다. 그 전까지는 망막 이식과 같은 보형물 대체의 수준을 면하기 힘들다. 이것을 응용해서 목표 인식 미세 추적 로봇을 만들려면 좀 더 세부적인 3축 안구 운동의 시스템이 갖춰져야 한다. 그저 나노 과학기술만 발전해서는 나노봇을 만들 수가 없다. 나노봇의 지능적 행동을 가능하게 하고, 기본적 상황 인식을 가능하게 할 인지과학 기술이 먼저 밑받침 되어야만 한다.

4 교육 방법의 변화

사회가 교육 문제로 몸살을 앓고 있는 한국에서는 인지과학기술이 어떻게 교육을 변화시킬 것인지 궁금하지 않을 수 없다. 그 대표적인 사례가 바로 지능형 교수 시스템intelligent tutoring system이다. 어떤 교육자 한 사람이 제공할 수 있는 교육 서비스의 양과 질에는 한계가 있으며 효율성 측면에도 문제가 있다. 이에 교육자를 지능형 시스템으로 대체하는 것에 대한 연구 개발이 한창 진행 중이다. 대표적인 프로젝트로는 '오토 튜더Auto Tutor' 개발 프로젝트가 있다(www.AutoTutor.org 참고). 오토 튜더는 웹 기반 지능형 교수 시스템으로서 학습자와 대화를 나누는 방식으로 작동하는 것이 특징이다. 심리학, 언어학, 물리학, 공학, 교육학 등 35명의 연구원이 인지과학의 상호작용을 통해 이 시스템을 만들어 냈다.

'오토 튜더'는 애초 1997년부터 2001까지 미국 NSF의 지원으로 진행될 예정인 컴퓨터 교육의 일환으로 시작하였다. 그러나 이후 2000년부터 2005년까지 해양청의 지원이 추가되면서 물리학 교육에 대한 것으로 그 성격이 변하였다. 그런데 이 과정에서 다시 인지과학의 요소가 더 많이 추가되어 2003년부터 2008년까지 3단계 프로젝트로 '오토 튜더'를 통해서 학습자가 공부를 할 때 일어나는 감정의 변화를 모니터링 하는 모듈이 삽입되었다. 왜냐하면 인지과학의 발전을 통해 정서적인 측면이 학습과 사고에 큰 영향을 끼치고 있다는 연구 결과가 많이 나왔기 때문이었다. 주어진 계획대로 그대로 밀어붙이는 것이 아니라, 인지과학의 연구 성과를 적극적으로 받아들여 프로젝트 진행 중에 내용을 바꿀 정도로 융합과학기술 선진국들은 인지과학에 대한 열린 자세를 가지고 있다는 것을 확인할 수 있는 대목이다. 현재 이 프로젝트는 학습 이론을 직접 적용해서 그 효과를 검증하는 데 쓰일 뿐만 아니라, 학습과정에서 일어나는 인지적 변화를 연구하는 데도 쓰이고 있다. 앞으로 '오토 튜더'는 신호 처리 알고리즘과 여러 가지 얼굴 패턴을 분류하고 학습자의 정서 상태를 분류할 수 있는 감지기를 결합시킬 예정이다. 이렇게 하면 의자에 부착한 센서를 통해 사용자가 너무 뒤로 기대어 모니터를 보면서 눈가에 부착한 센서에서 눈꺼풀이 감기는 신호가 나오면 더 재미있는 다른 학습 내용으로 바꿔주거나 적절한 경고 메시지를 줄 수도 있다. 마치 눈높이에 맞게 수업을 세심하게 진행하는 선생님처럼 말이다. 결국 지능형 교수시스템은 학습자와의 커뮤니케이션을 좀 더 사용자 친화적으로 일어나게 해서 학습 효과를 높이는 방향으로 발전할 것이다.

이 외에 미국 NSF가 NBIC 틀 안에서 야심차게 준비하고 있는 프로젝트로는 사이버인프라스트럭처CyberInfrastructure가 있다. 사이버인프라스트럭처는 2006년에 시작해서 2010년 종결된 연구 프로젝트이다. 이 프로젝트의 의의를 확인하려면 그 이전의 뿌리가 되었던 프로젝트인 ITR(Networking and information Technology)부터 찾아봐야 한다. ITR은 NSF에서 1999년부터 2003년까지 진행한 연구 프로그램이었다. 그런데 ITR을 가능하게 만들었던 것은 별도로 진행된 두 개의 프로그램이 있었기 때문이다. 그것은 바로 KDI(Knowledge and Distributed Intelligence) 프로그램과 PITAC (President's Information Technology Advisory Committee)이었다.

KDI는 ITR보다 2년 전에 시작했던 프로그램이었다. KDI는 NSF에 의해서 1998년부터 1999년까지 수행한 프로젝트로서, 컴퓨터과학을 생물학, 화학, 물리학, 수학, 지리학, 공학, 그리고 사회과학과 연결시킨 프로젝트였다. 그리고 이 프로젝트는 '학습과 지능적 시스템'이라는 기치 아래에서 인지과학을 특별히 강조했다. KDI는 다음 네 가지 원칙을 바탕으로 미래 융합 과학기술의 길을 열고자 했다.

1) 누구나, 언제, 어디서든 필요로 하는 정보를 제공할 수 있는 유비쿼터스 정보 환경을 창출한다.
2) 인간과 동물, 기계의 지능의 본질을 이해한다.
3) 새로운 과학 지식과 기술력에 기초해서 경제성장을 꾀한다.
4) 여러 학문 간의 협력을 바탕으로 해서 과학, 공학, 교육을 위한 지식 환경을 구축한다.

KDI는 총 71개의 프로젝트를 지원했으며, 각 프로젝트에 대한 평균 지원금이 각각 약 150만 달러에 달했다. 이 프로젝트의 최종 보고서에는 KDI의 철학을 다음과 같이 밝혔다. "다학문적 프로젝트는 창조성을 증진시킬 수 있다. 그리고 새로운 탐구영역을 발달시키고, 과학과 공학의 새로운 개척지에서 참여자들이 경력을 개발할 수 있도록 격려할 수 있다." KDI의 가장 중요한 교훈은, 새로운 도전을 하기 위해 다학문적인 팀을 만드는 것이 성공적일 수 있다는 결과를 경험한 것이다.

1999년 2월 24일, PITAC는 당시 대통령이던 빌 클린턴에게 "IT 과학기술: 미래에 투자하라Information Technology Research: Investing in Our Future"라는 제목의 보고서를 제출했다. 그런데 이 보고서는 IT가 사회와 인간의 본질을 본질적으로 변화시킬 수 있음을 강조하기보다는, 내용의 대부분을 슈퍼컴퓨터 등 전통적인 컴퓨터과학의 입장에서 본 발전 사항들과 그 시사점을 나열에 그쳤다. 그리고 인지과학이나 인간 지능에 대한 과학과 컴퓨터과학 사이의 융합에 대한 그 어떤 언급도 없었다. 즉 PITAC은 미래 융합 과학기술의 트렌드를 정확히 예측해서 보고하는 데 실패한 셈이다. 1999년에, NSF는 PITAC보다 더 넓은 내용을 담고 있는 ITR을 위한 5개년 계획을 발표했다. 하지만 이 계획에서는 예전의 KDI에서 중시했던 인지과학에 대한 내용이 빠져 있었다. 5개년 계획 시행 2년째에 ITR은 과학과 공학을 아우르는 IT가 애플리케이션에 대한 연구를 포함시키는 것까지 확대한다. 3년차에는 "여러 학문 영역에서의 연구와 교육을 가능하게 하기 위해서 IT와 다른 학문 간의 인터페이스에 더 집중"하였다. 이렇게 사업을 진행시키면서 ITR은 기술 융합을 강조하게 되었다. 4년차에 911 테러에 자극받아 연구에서는 보안 영역을 추가하기도 했다. 마지막 5년이 지나고, 결산 보고서를 통해 NSF는 ITR 사업에 총 698백만 달러를 투자했다고 발표했다.

ITR의 프로젝트 중에는 컴퓨터화 나노과학computational nanoscience, 나노 컴퓨터nanocomputing 등 양자 나노기술과 관련된 것이나 바이오센서 등 새로운 영역에 대한 것이 많았다. 그러나 융합 IT의 사회적 영향 등을 포함한 인간과 기술의 상호작용에 주안점을 둔 프로젝트는 소수에 지나지 않았다. 그런데 2003년 ITR이 끝나갈 무렵 변화가 생겼다. 미국 정부는 IT와 관련되어서 태스크포스Grand Challenges Task Force 팀을 운영하기 시작했다. 이 태스크포스 팀은 과학과 기술을 선도할 수 있는 16개의 포인트, 즉 위대한 도전grand challenge을 찾아냈다. 이 16개의 포인트는 기술 융합을 포함하는 개념이며, IT를 바탕으로 인간의 '웰빙'을 증진시키는 내용으로 되어 있었다. 그리고 이 16개의 포인트를 생각하면서 결국 인지과학을 다시 포함시켜 NBIC의 커다란 틀 안에서 재검토하게 되었다. 계속되는 전문가 위원회의 고심 끝에 프로젝트 미션과 액션 플랜이 나왔다. 그리고 그에 맞는 프로젝트로 나온 것이 바로 사이버인프라스트럭처CyberInfrastructure 프로젝트이다. NSF의 웹사이트에 올라가 있는 사이버인프라스트럭처 프로젝트에 대한 특별 보고서는 이것을 '위대한 융합grand convergence'이라고 부른다. 지금까지의 과정을 놓고 보면 돌고 돌아서 결국 인지과학을 포함시켜 놀라운 성과를 내는 프로젝트를 기획하게 된 셈이다. 사이버인프라스트럭처의 의의는 2007년 3월에 발표한 해당 프로젝트 보고서에 실린 NSF 책임자의 추천 글에서 찾을 수 있다.

> 사이버인프라스트럭처는 분산되어 있는 지식 커뮤니티들을 학문의 벽, 공간의 벽, 문화의 벽을 넘어 소통하게 하고 협력하게 할 것이다. 이런 (새로운 융합의) 연구와 교육은 전통적인 물리적 시설의 한계를 뛰어넘어 가상 조직으로까지 확장될 것이다. 이런 비전은 새롭고, 흥미로운 것이며 대담하기까지 한 것이다.
>
> — 아덴 버멘트 박사Dr. Arden L. Bement, Jr.(NSF 소장)

사이버인프라스트럭처 프로젝트는 고성능의 IT 환경을 통해서 자료가 효율적으로 저장/교환/유통되게 하여 개인과 개인, 개인과 집단 간의 의사소통이 활성화되게 하는 데 목적이 있다. 또한 활발한 의사소통을 통해 서로를 지적/감성적으로 자극시켜 결국 집단적으로 '창의성'을 증진시켜 과학과 교육의 비약적 발전을 이루기 위한 목적으로 이 프로젝트는 추진되고 있다. 그런데 왜 이런 고성능 컴퓨팅 개발과 함께 학습 커뮤니티 및 연구자 교류 프로그램이 모두 융합되어 있는 프로젝트를 기획하게 되었을까? IBM의 CTO인 스포러Spohrer 박사가 NBIC관련 2002년 NSF 보고서에 쓴 다음과 같은 말에서 그 이유를 찾을 수 있다.

> 현재 지구에는 10의 18승이나 되는 트랜지스터가 있다. 그리

고 하나의 마이크로프로세서마다 약 1천만 개의 트랜지스터가 있고, 매해 10억 개의 PC가 생산된다. 그리고 100억개의 임베디드 프로세서embedded processor가 생산된다. 이런 상태에서 어떻게/어디서/어떤 정보를 저장하고 교환해야 할까를 이해하고 통제하기 위해서는 인류 역사를 되돌아 볼 필요가 있다.

역사적으로 보면 직립보행을 시작한 후 지난 200만 년 동안 인간은 신체적으로 똑같은 진화의 단계에서 머물고 있다. 하지만 인간의 현재 처해진 상황을 자세히 분석해보면 과학 기술의 비약적 발전에 바탕을 둔 지식 사회가 고도화되고 융합 과학기술이 성숙하게 되면서 인간의 본질과 과학의 목적까지도 혁명적으로 바꿀 수 있는 단계에 서 있음을 알 수 있다. 사이버인프라스트럭처 프로젝트는 인간과 사회가 기존의 인간과 사회와는 질적으로 전혀 다른 수준으로 발전하기 위해 기획된 프로젝트이다. 이 프로젝트의 기본 뼈대와 상호작용 도구, 방법은 모두 인지과학에서 빌려오고 있다.

사이버인프라스트럭처 프로젝트는 인지과학의 연구를 바탕으로 사람이 그냥 텍스트를 처리하는 것보다 '시각화'시켰을 때 더 많은 영감을 받을 수 있고, 언어의 제약(통역의 부담, 문화권 차이 등)을 뛰어넘어 이해/학습이 촉진되는 점에 착안하여 이 프로젝트에서는 시각화 도구visualization tool를 개발하기도 했다. 또한 가상 조직 안에서 학습하도록 해서 오프라인의 제약을 뛰어넘게 하며, 응용인지과학의 분야인 휴먼 컴퓨터 인터렉션Human Computer

Interaction에 바탕을 둔 사용자 편의성을 고려한 IT 시스템을 구현했다. 이것은 미래 융합 과학기술로서의 응용인지과학의 시사점을 확인할 수 있는 대목이다.

사이버인프라스트럭처는 국가적인 디지털 자료 도서관 프레임워크를 확보하여 추후 국제적인 연구 교류(전문가 간 뿐만 아니라 전문가와 비전문가 간의 교류까지 포함)를 촉진하고 있으며, 학습과 이해, 인간 사이의 효율적 커뮤니케이션에 대한 인지과학 연구를 적극 활용하여 IT와 접목 시킨 대표적 사례로서의 의의를 지니고 있다. 또한 미래의 경쟁력의 핵심 요소인 '지식'과 '창의성'을 만들어내는 '학문 연구'와 '교육'의 수준이 'IT를 통해서' 달라지는 획기적인 정책 구상이 이뤄질 수 있음을 보여주는 소중한 사례이기도 하다.

사이버스트럭쳐 프로젝트의 세부 프로젝트 중 하나인 NEESNEES (Network for Earthquake Engineering Simulation)를 통해서 전문가들은 실제 지진을 모니터링하기도 하고, 이것을 외부인(학생과 일반인)에게 공개해서 교육 자료로 실시간 활용할 수 있게 한다. 또한 거꾸로 일반인이 보내온 정보를 바탕으로 분석을 해서 지진을 예측할 수도 있다. 지식과 정보의 네트워크가 교육 장면에 활용되면서 새로운 지평을 열고 있는 것이다.

최근 들어 학문 사이의 명확한 경계가 사라지고, 다양한 분야 사이의 융합으로 인한 새로운 분야의 탄생이 빈번하게 일어나고 있다. 이러한 변화 중에서도 전통적으로 상당한 거리가 있어 왔던 신경과학과 교육의 연결은 주목할 만하다. 신경과학의 비약적 발전과 뇌과학 연구와 인지과학 연구의 활발한 협력은 기존의 '학습과학'에 대한 새로운 가능성을 열어주고 있다. 그 가능성이 바로 '뇌 기반 학습과학Brain-Based Learning Science', '교육 신경과학Educational Neuroscience' 혹은 '신경 교육학Neuro-Education'이라 일컫는 연구 분야이다.

뇌 기반 학습과학은 모든 학습은 뇌에서 이루어진다는 대전제 아래, 인간의 사고 및 학습과정에 대한 체계적이고 통합적인 접근을 하고 있다. 그리고 뇌의 각종 기능 및 구조에 대한 과학적 이해를 바탕으로 학습자의 뇌를 효율적으로 활용할 수 있는 최적의 교수/학습 환경을 디자인하고자 하는 실용적 목표를 설정하고 있다. 뇌 기반 학습과학은 학제간 접근방식이므로 신경과학과 교육학을 비롯하여 심리학, 인지과학, 컴퓨터과학 등의 다양한 분야의 협력 연구가 필수적이다. 인간의 뇌, 마음, 컴퓨터를 연결하는 이러한 통합적 접근은 학습 상황에서의 뇌와 마음에 대한 신경과학적 이해를 바탕으로 컴퓨터를 활용하여 학습자 개인의 특성에 따른 개별화된 최적의 학습 환경을 제공하는 데 그 의의가 있다.

현재 뇌 기반 학습과학 분야에서 활발하게 진행되고 있는 연구는 주로 특정 학습 과제를 수행하는 동안 뇌의 변화를 살펴봄으로써, 학습, 기억, 언어, 주의, 및 수학 등의 다양한 영역에서의 개인차(발달적 차이, 영재 및 특수아) 원인을 규명하여 각종 학습 장애를 진단하고 치료하는 데 이미 많은 도움을 주고 있다. 만약 학습자 개인의 학습 양식이나 인지 과정 및 학습 전략 사용에서의 개인차를 측정하고 평가할 수 있다면, 개인의 뇌/인지 기능을 극대화하는 개별화된 교육/훈련/학습 전략 프로그램 등의 개발과 영재 교육을 비롯한 각종 개인 맞춤형 교육 프로그램의 개발에도 중요한 공헌을 할 수 있을 것이다. 또한 현재의 교과목 구분의 한계를 벗어나 동일한 뇌 영역의 활성화를 수반하는 다양한 학습 내용을 연계하는 새로운 형태의 통합 교과과정의 개발 등에도 뇌 기반 학습과학은 많은 기여를 할 것으로 예상할 수 있다.

5 로봇과 보이지 않는 컴퓨터와 친구가 되는 세상

세계는 지난 십수 년 동안의 정보통신 분야의 획기적 발전을 통하여 제3차 산업혁명이라 부르는 지식 기반 경제로의 거대한 흐름을 이루고 있다. 특히 유비쿼터스 컴퓨팅 인프라가 갖춰지면서 생활환경의 지능화가 가장 눈에 띄는 변화이다. 휴대폰으로 집을 관리하거나 원격으로 작업을 처리하고, 사용자의 개입 없이도 기기들이 자동으로 최적화되기도 한다. 앞으로는 우리 주위의 물체, 공간 및 환경이 인간과 유사하게 스스로 감지, 인식, 판단하고 행동할 수 있는 기능이 더 커질 것이며, 이를 통해 인간에 대한 서비스가 극대화될 것이다. 그 중에서도 융합과학기술과 인지과학을 통해 가장 사회를 많이 변화시킬 수 있는 분야가 로보틱스 분야이다.

지능형 로봇과 인지과학은 동전의 양면과 같다고 할 수 있다. 지능형 로봇은 인지과학이 추구하는 지능의 구현을 목표로 추구하고 있으며 이를 로봇이라는 기계에 실현하려고 한다. 인지과학은 지능 로봇에 과학적 기본 원리를 제공하고 지능 로봇은 이의 기계적 실현을 통하여 인지과학을 검증하는 상호 시너지 효과를 가져온다. 초기의 로봇은 컴퓨터와 기계의 결합에 의하여 다양한 작업을 프로그램할 수 있는 일반 용도의 조작기의 의미를 가지고 출발했다. 이에 따라 종래의 기계 이론과 컴퓨터 이론이 결합된 공학 원리에 따라 로봇이 발전되었고 이의 결과는 공장 자동화에 기여하는 산업용 로봇의 성공적 개발과 응용으로 이어지게 되었다. 그러나 산업용 로봇은 정형화된 환경을 필요로 하여 그 기능에 제한이 있다. 그렇기 때문에 비정형화된 일반 환경에서 인간에게 서비스할 수 있는 서비스 로봇으로의 발전을 위해서는 감지, 인식 및 이해, 추론 등 로봇 지능이 필요하게 되었다. 하지만 기존의 방식으로는 수요에 맞는 로봇을 개발하기 힘들다는 사실을 곧 알게 되었다. 그래서 새로운 인지과학적인 시도를 하게 되었다. 예를 들어 알레인 버토즈Alain Berthoz 박사는 그의 책 〈정서와 이성 *Emotion and Reason*〉(Oxford Univ. Press, 2007)을 통하여 신경과학 측면에서 로봇 관련 인식과 행위를 고찰하면서 의심의 확률적 결정 과정을 중요 인지과학적인 원리로 제시하고 있다. 제프 호킨스 박사는 저서 〈생각하는 뇌, 생각하는 기계*On Intelligence*〉(멘토르, 2010)에서 인간의 두뇌 구조 및 활동을 분석한 결과로서 상부 지식의 계층적 피드백에 의한 예측이 인식을 위한 중요한 인지과학적인 원칙임을 끄집어내고 있다. 앞으로 인지과학과의 융합에 의하여 많은 지능형 로봇의 풀리지 않는 문제들이 해결될 것이다. 그리고 이를 통해 지능형 로봇이 미래에 생활환경의 지능화를 위한 총아로서 대두될 수 있는 가교가 될 것이다.

미래 사회에서는 로봇을 마치 친구처럼 두게 될 것이다. 로봇이 단순한 기계가 아닌 인간의 동반자partner로 그 개념이 바뀌고 있다. 이와 관련해서 대표적인 연구로는 미국 MIT의 '키즈메트KIZMET 프로젝트'가 있다. 이 프로젝트는 인간과의 효과적인 상호작용을 위한 요소로서 여러 인지 중에서 특히 정서적 코드를 맞춰 인간과의 자연스러운 커뮤니케이션이 가능한 로봇을 구현하는 것이 목적인 프로젝트이다. 이 프로젝트는 유아의 사회성 발달에 대한 연구, 심리학, 인류학, 진화론 등 다양한 분야의 연구 결과를 통합해서 구현하고 있으며, 표정 인식에서 음성 인식을 통한 정서 상태 모니터링 및 정서적 반응에 이르는 모든 과정 자체가 이미 인지과학이 응용된 융합 과학기술로서의 특징을 보이고 있는 것으로 평가할 수 있다.

특히 '키즈메트KIZMET'에서 가장 중요한 인공지능 시스템 부분은 발달심리학과 인공지능, 마음의 발달에 대한 진화심리학 등을 포괄한 인지과학의 전반적 이론을 통합시켜 구현하고 있다. 이런 프로젝트를 통해 기계가 무조건 인간을 위해 서비스하는 그런 종속적인 관계의 시스템을 설계하는 것이 아니라, 동료로서 서로의 부족한 점을 향상시켜 '공진화Man-Machine Coevolution'하기 위해서 인간/기계 상호작용을 최적화하는 방안을 찾는 응용인지과학의 전개 방향을 확인할 수 있다.

로봇 공학 권위자로 꼽히는 MIT의 로드니 브룩스Rodney Brooks 교수의 예측에 따르면 로봇은 곧 폭발적인 발전을 이룩하게 될 것이라고 말했다.

"현재 로봇은 1975년의 PC와도 같은 상황이다."

또한 씽크탱크인 테크캐스트TechCast는 2018년 30퍼센트의 가정이 로봇과 함께 살게 될 것이라고 전망했다. 이때의 로봇은 단순한 청소 로봇이 아니라, 관리인이나 요양 도우미 역할을 하는 정서적 상호작용이 가능한 지능형 로봇을 말한다. 하지만 아직은 지능형 로봇 친구가 될 수는 없는 수준이다. 다만 앞으로 로봇이 인간의 사고력이나 커뮤니케이션 능력을 키워줄 수 있는 도구가 되거나 아예 동료로서의 역할도 할 수도 있는 미래상을 내다보게 하는 아주 작은 단초를 마련하고 있는 실정이다. 우리는 대인관계를 고민했던 것처럼 대 로봇 관계를 진지하게 고민해야 하는 시점에 와 있다. 노령 인구가 급속도로 증가하는 시점에서 24시간 사람과 함께 할 수 있는 로봇을 통해 개인의 삶을 좀 더 풍요롭고 행복하게 만들 수 있다. 만약 그렇게 된다면 전체 사회가 효율적으로 복지 서비스를 누리는 이상향에 가까운 모습을 하게 될 것이다.

인지과학의 응용을 통해 도출될 미래에 대한 비전을 미국 과학재단NSF은 2009년 보고서를 통해 다음과 같이 구체적으로 열거하고 있다.

• 인간의 두뇌와 기계 사이의 직접적인 폭넓은 인터페이스의 출현으로 인하여 생산업체에서의 작업과, 교통수단의 제어와, 군사적 작전 능력의 우위를 가능하게 하고, 새로운 스포츠가 가능하게 하며, 새로운 형태의 예술과 새로운 형태의 인간 상호작용을

가능하게 한다.

• 몸에 부착할 수 있는 편안한 센서와 컴퓨터는 각자의 건강 상태, 환경, 화학 위험 물질, 잠재적 위험, 관심이 갈 만한 근처 업체에 대한 정보, 자연 자원 등에 대하여 인식력을 향상시킨다.

• 로봇과 소프트웨어 에이전트 등이 인류를 위하여 더 유용하게 되고, 인간의 인지적 능력과 과제의 목표와, 개인의 행동 패턴 및 성격에 부합되는 그러한 원리에 의하여 작동하게 된다.

• 인간의 신체는 더욱 건강해지고, 내구성을 지니며, 보다 활력적이며, 보다 쉽게 손상된 것을 보수 가능하며, 수많은 스트레스나 생물에서 비롯되는 질병의 위협이나 노령화 과정에 보다 더 저항력이 생긴다.

• 가정에서부터 비행기에 이르기까지 모든 종류의 기계와 구조물이 바람직한 속성을 보다 정확하게 가지게 되고 변화하는 환경상황에 적응하며, 에너지 효율성이 있고, 환경 친화적인 그러한 속성을 가지게 된다.

• 과학기술과 실용적 치료 및 대처를 통하여 수많은 신체적, 심리적 장애가 보완, 보정되고 그동안 수백만의 사람들을 괴롭혀 왔던 어떤 장애/핸디캡 상황이 완전히 제거될 수도 있을 것이다.

• 학교에서건, 직장에서건, 집에서건 모든 배경의 사람들, 여러층의 능력을 지닌 사람들이 보다 더 쉽게, 더 빨리, 보다 더 신뢰성 있고 안정된 방법으로 새로운 가치 있는 지식을 학습하게 된다.

• 서로 다른 지역에 살거나, 아니면 서로 다른 문화, 언어, 전문직종, 연령 등의 차이로 인하여 거리감이 있고 서로 의사소통이나

협동이 안 되던 사람들과 집단 사이에서 보다 더 효율적으로 그리고 서로 이익이 되도록 커뮤니케이션과 협동이 이루어지며, 그로 인하여 그룹, 조직의 효율성과 국제적 동반자 관계가 증대된다.

• 유비쿼터스 컴퓨팅ubiquitous computing을 통해 세계 어느 곳에서, 시간에 상관없이, 한 개인이 필요로 하는 정보(학술 정보이건 실용 정보이건)를 그 개인이 가장 효율적으로 사용할 수 있도록 맞춤 형태로 즉각적으로 접근 가능하게 된다.

• 다양한 새로운 도구의 개발과 인간 창의성의 본질에 대한 개선된 이해를 통하여 엔지니어, 예술가, 건축가, 디자이너 등이 매우 확장된 창의적 능력을 지니게 된다.

• 인간, 동물, 농작물의 유전자 특성에 대한 이해와 제어력의 개발을 통하여 인간 복지가 크게 개선된다. 그 과정에서 이와 관련된 윤리적, 법적, 도덕적 문제에 대한 널리 공유된 의견의 합일이 구축될 것이다.

• 국가 안보 측면에서, 가볍고 인포메이션 중시의 전투시스템, 무인-다능력 수행 전투차량, 가변적 응용 가능한 스마트 물질들, 공략 불가능한 데이터 네트워크, 최상의 정보수집시스템, 그리고 각종의 생물 공격, 화학 공격, 방사능 공격, 핵 공격 등에 대한 효율적 대처 시스템(인지시스템 포함)을 통하여 국방 능력이 상당히 향상되리라고 본다.

• 필요한 정보의 빠르고 신뢰할 수 있는 커뮤니케이션에 바탕을 둔 조직 구조와 경영 원리가 경영, 교육, 정부 기관의 행정요원들의 효율성을 크게 증대시킨다.

• 미래의 공장은 융합 과학적 기술 중심으로 조직화되고 '인텔리전트 환경'과 같은 인간-기계 능력의 증대로 인하여 최대한의 대량 생산과 소비자 맞춤 디자인을 극대화하게 된다.

• 정책 결정자는 물론, 보통 사람들도 자신의 삶에 작용하는 인지적, 사회적, 생물적 요인의 힘을 상당히 잘 이해하게 되어, 작업과 생활에서 보다 더 잘 적응하며, 창의적이고, 의사결정을 잘하게 된다.

• 농업과 식품산업은 식물, 동물, 농장 제품 등의 상태와 필요한 바를 항상 잘 모니터링하는 보다 저렴하고 스마트한 센서들의 네트워크를 통하여 생산이 늘어나고 불필요한 쓰레기가 감소한다.

• 인접 과학에서 개척된 접근을 도입함으로써 과학자들의 연구에 변혁이 일어날 것이다. 예를 들어 유전학 연구에 자연 언어 처리 원리가 도입되고, 문화 연구에 유전학 원리가 도입될 수 있을 것이다.

• 자연계를 나노 스케일의 자연계로부터 우주적 스케일에 이르기까지의 포괄적이고 위계적인 구조를 지닌 통합 틀과 다양성이 조합된 패러다임에 기초를 둔 교과 과정을 구성함으로써 교육이 크게 변모한다.

• 과학기술의 수렴은 단순히 기술의 수렴에 그치지 않고 사람들을 하나의 전체적 연결 틀로 수렴되게 하는 틀이 될 수 있다. 인류 자체가 마치 하나의 분산적 연결망을 지닌 하나의 뇌와 같이 될 수 있는 것이다. 이러한 연결을 통해 개인의 역할 자체가 더 중요하게 되고 사회적 생산성을 높이며 각 개인이 자신의 목표를 도

달할 수 있는 더 많은 기회를 가질 수 있게 될 것이다.

6 진실을 만들 수 있는 사회

정치가들은 자신에게 비난이 쏟아질 경우 "홍보가 부족해서"라고 하며 문제가 되는 정책을 더 강하게 밀어붙이며 홍보에 힘쓰고, 기업은 많은 광고비를 들이며 광고를 하고, 다른 사람에게 뭔가를 얻어내려는 사람은 문지방이 닳도록 드나들면 똑같은 요구를 반복해서 결국 설득을 하고 만다. 왜 이런 일이 일어나는 것일까? 사람들은 객관적으로 정보의 진실 여부를 판단하는 것이 아니라, 단지 친숙성에 바탕을 두고 진실 여부를 판단하는 경향이 강하기 때문이다. 이런 경향을 '진실 착각 효과 Illusion-of-truth effect'라고 한다. 즉 사람은 진실 여부를 친숙하게 따지는 것이 아니라, 친숙하지 않은 말보다 친숙한 말을 사실이라고 믿는다.

미국 템플 대학 심리학과의 린 헤셔Lynn Hasher와 데이비드 골드스타인David Goldstein 박사 등은 1977년 연구에서 실험 참가자들에게 60개의 진술문을 격주로 읽도록 했다. 그리고 그 진술문의 타당성을 평가하도록 했다. 그런데 어떤 진술문들은 참인데 반해, 다른 진술문들은 거짓이었다. 그리고 해당 진술문들은 각기 다른 시기에 한 번 이상 제시하여 참가자들의 평가가 어떻게 달라지는지를 연구자들은 측정하고자 했다. 실험 결과 참가자들은 진술문 자체의 타당성을 분석해서 정확히 평가를 내린다기보다는 진술문의 제시 빈도에 따라 평가가 달라지는 패턴을 보였다. 즉 예전에 본 진술문이라면 실제 참/거짓에 관계 없이 참이라고 평가를 내리는 확률이 더 커졌다.

그런데 중요한 것은 정작 실험 참가자 본인들이 해당 진술문을 예전에 보았던 기억이 없는 데도 이런 결과가 나온다는 것이다. 캐나다의 맥마스터 대학 심리학과의 이안 벡Ian M. Begg, 앤 아나스Ann Anas와 수잔 파리나치Suzanne Farinacci 박사의 1992년 연구에서는 심지어 진술문이 거짓이라고 예전에 이야기했음에도 불구하고 나중에 평가를 할 때 친숙성에 바탕을 두고 사실이라고 판단한 것이다. 이런 연구 결과는 사람들이 자기도 모르는 사이에 반복적인 광고나 선전을 통한 메시지에 따라 판단이 좌우될 수 있음을 시사하고 있다. 따라서 명백한 근거에 따라 판단하는 것이 아니라, '왠지'라며 판단하는 경우에는 더욱 더 조심해야 한다. 그러나 문제는 명시적으로 떠올릴 수 있는 기억이 아니라, 암묵적인 기억도 이런 판단에 영향을 미친다는 것이다.

'진실 착각 효과'는 정치에 잘 활용된다. 정부는 비판을 많이 받는 정책일수록 "올바른 홍보가 부족해서 그렇다"며 기를 쓰고 홍보한다. 사람들은 해당 메시지에 반복적으로 노출된다. 그러면 시간이 지날수록 여론은 호전된다. 현실을 개선시키는 것은 힘들어도 현실을 개선시켰다는 착각을 심어주는 것이 훨씬 더 쉽다는 것을 아는 정치가들은 홍보에 열을 올린다. 의혹이 사실이 아님이 드러났어도 계속 언급을 한다. 일단 찔러본 다음에 아니면 말고 하는 식이 아니라, 지속적으로 의혹을 제기하면 이미 그 말을 듣는 사람들이 단지 그 이야기가 친숙하다는 이유로 사실이라고 여긴다. 연예인이 간통 혐의로 기소되어 나중에 재판을 통해 무죄인 것이 드러나도 사람들의 기억 속에서 그 연예인은 혐의를 벗지 못하는 경우가 많이 있는 것도 친숙성이 작용하기 때문이다. 기업 이미지 광고도 마찬가지이다. 단지 반복을 많이 했다는 이유로 해당 기업이 '만들면 다르다'는 생각이 심어지거나, 그 기업이 '진정으로 글로벌'하다는 생각을 하게 된다. 남녀 사이이든 채무 관계이든 설득하기 위해서 계속 조르고 매달리면 대부분 성공하는 이유도 반복 효과가 있기 때문이다. 사람들은 사실 여부를 꼼꼼히 따지기보다는 (비록 자신은 나름의 근거가 있어 내린 결정이라고 믿어도) 자신에게 익숙한 메시지에 따라 판단을 내린다.

그런데 왜 이런 현상이 생기는 것일까? 모든 정보를 처리를 하는 데에는 제한된 인간 인지의 특성 때문에 부담이 된다. 새로운 환경에 노출되면 사람들이 스트레스를 받는 이유 중의 하나도 모든 자극에 대해서 예민하게 처리를 해야 되기 때문이다. 그런데 새로운 환경에서 익숙한 물건을 보면 해당 물건이 뭔지 대번 알아챈다. 왜냐하면 다른 자극과 다르게 정보처리가 상대적으로 빠르기 때문이다. 일단 예전에 처리한 정보는 해당 정보처리 경로가 활성화된 경험이 남아 있기 때문에 처리 용량에 부담이 상대적으로 적다. 정보가 반복될수록 처리 경로는 활성화되고 속도도 빨라진다. 그래서 내부적으로 해당 정보를 처리하는 것이 편해져서 긍정적인 평가를 내리게 된다.

'진실 착각 효과'의 원리는 실제 진실을 무시하게 하는 결과를 낳기도 한다. 가령 진실이기는 하지만 해당 진실을 이해하는 데 많은 정보를 처리해야 하거나 부담스러운 노력을 들여야 한다면, 사람들은 그저 받아들이기 편한 것을 진실이라고 생각하며 진짜 진실은 무시한다. 만약 어떤 사회적 지도자가 진실한 마음으로 우리 사회가 변할 수 있는 대책을 이야기했는데 그것이 실행하기 힘들거나 이해하는 데 어렵거나 자신이 실행하기 힘들다는 판단이 들면 그저 듣기 좋은 다른 사람의 말이 더 사실이라고 여긴다. 그러다 그 사람이 부정부패를 일으키거나 실망스러운 모습을 보이면 자신의 선택을 후회한다. 하지만 마음을 바꿔 진실을 있는 그대로 받아들이라고 한 사람에게 가는 것은 힘들다. 때로는 거짓이라도 달콤하게 계속 반복해서 이야기해주는 사람이 더 좋다. 그래서 그런 사람에게 의지한다. 덕분에 사회는 변화가 더디고 좀처럼 나아지지 않게 된다. 진실이라 믿을 수 있는 거짓들은 기하급수적으로 만들어지며 더 화려하게 사람들을 유혹한다. 안타깝지만 이것이 사실이다. 낯선 진실이라서 믿기 힘든 사실인 것이다.

독자 여러분 중에는 진실을 외면하는 다른 사람들을 떠올리며 혀를 차는 사람이 있을 수 있다. 그러나 이것에도 무서운 진실이 숨어 있다. 인간은 자신이 편향을 범하고 있는지 본인은 잘 알지 못한다. 즉 '인지 편향에 대한 인지 편향'에 사로잡혀 있다. 이것을 '편향 맹점bias blind spot'이라고 부른다. 이 용어는 인간의 시각이 인지하지 못하는 영역, 즉 시각적 맹점이 있는 것처럼 인지적 맹점이 있다는 뜻으로 프린스턴 대학의 사회심리학자인 에밀리 프로닌Emily Pronin 박사의 연구팀에 의해서 만들어졌다. 그들은 '편향 맹점'을 알아보기 위해 2002년 다음과 같은 연구를 진행했다.

프로닌 연구팀은 자신이 평균 이상이라고 생각하는 우월성 편향과 같은 일반적으로 사람이 범하기 쉬운 인지적 편향들을 실험 참가자에게 설명해주었다. 그런 다음 각 편향과 관련된 질문을 넌지시 참가자들에게 던졌다. 예를 들어 자기 긍정 편향 관련 질문으로 성격 특성 중 "당신은 성실한가?"라고 물으면 평균 이상으로 자신은 성실하다고 참가자들은 답했다. 그리고 부정적인 성향이 있냐고 물었을 때는 해당 성향은 보통 사람들보다 적다고 대답했다. 바로 이전에 설명을 들은 자기 긍정 편향 내용 그대로의 편향을 실험 참가자들이 보인 것이지만 본인들은 자신들이 편향을 범하고 있다고 생각하지 않았다. 즉 남들은 그런 편향을 갖고 있다는 것을 이해했으면서도 자기 자신의 생각에는 그런 편향이 작용하고 있는 것을 인지하지 못해 스스로 생각을 교정하지 못했다.

'맹점 편향'은 그 내용을 이해한다고 해도 편향의 특성상 자기 자신이 빠져 나가기 힘들다는 면에서 최악의 편향으로 손꼽히기도 한다. 일상생활에서 사람들은 다른 사람들이 갖가지 편견에 빠져 판단을 내리는 것을 못마땅해 한다. 예를 들어 어떤 대학생이 "어느 도 사람들은 다 어떠해"라는 부모의 말을 들으면 구태의연한 지역감정에 빠져 그 개인의 특성을 제대로 보지 못하고 있다고 생각할 수 있다. 하지만 그 대학생도 후배의 특정 행동 하나를 보면서 대뜸 "요즘 신입생들은 하나같이 어떠해"라고 생각할 수 있다. 어느 도 사람이 신입생으로 바뀌었을 뿐 생각하는 구조는 똑같다. 하지만 그 대학생에게 물어보면 근거 없이 말하는 부모와 완전히 다른 정확한 사고 패턴으로 그렇게 말한 것이라며 갖가지 이유를 대며 정당화할 것이다. 하지만 부모에게 물어봐도 구구절절 갖가지 사례와 근거는 들을 수 있다.

사회문제를 보면 마치 세대간 다른 견해를 갖고 있어 대립하고 있거나, 어느 한 쪽이 더 올바른 것처럼 보이지만, 실상은 똑같은 편향에 빠져 서로 상처를 주고 있는 것일 수 있다. 이러한 '맹점 편향'에서 벗어나려면 자신의 편향을 더 종합적이고 객관적으로 살펴볼 수 있는 반추의 시간을 가져야 한다. 그러나 경쟁을 강조하는 사회에서는 반추의 시간은 실패를 의미한다. 그래서 계속 앞만 보고 달리게 한다. 덕분에 편향은 더 심각해지고, 갈등은 더 커지게 된다. 결국 갈등을 해결하기 위한 사회적 비용은 증가하지만 근본 원인인 인지적 오류에 대한 부분은 제대로 찾지 못하고 해당 비용을 투입시키느라 다른 곳에 쓰일 재원이 부족해져 다시 갈등의 씨앗이 불붙는 악순환의 덫에 놓이기 쉽다. 사회가 성숙하기 위해 사회 구성원이 인지과학을 어느 정도 알아야 하는 이유도 이 때문이다.

CHAPTER VI

인지과학의 미래

1 권태로운 행복을 선택한 생존자

2033년 한국의 김명근 박사가 법정에 기소되었다. 최고의 소프트웨어 개발자로 이름이 높았던 그가 불명예스럽게 법정에 기소될 것이라고 생각한 사람은 많지 않았다. 2032년 최고의 발명품으로 전 세계에서 각광을 받았던 '해피넷HappyNet' 서비스가 출시 1년 만에 전 세계적인 혼란을 가져 올 줄은 예상치 못했다. 가장 놀란 것은 김명근 박사 자신이었다. '해피넷'은 사용자의 마음을 스캔해서 우울을 느끼기 전에 유전자 알고리즘을 통해 맞춤형으로 찾은 긍정적 정보를 모바일 통신을 통해 계속 사용자의 뇌에 업데이트해주는 획기적 기술이었다. 뇌와 통신모듈을 연결시키는 BCI도 나노기술을 통해 눈에 보이지 않게 뇌에 이식해서 사용 거부감도 없애는 등 많은 기술적 노력을 기울인 덕분이었다.

사용자들의 처음 반응은 열광적이었다. 20세기와 21세기 초반 자살이 선진국에서 모든 연령대의 5대 사망 원인 안에 우울증이 들어온 상황에서 뚜렷한 치유책이 없었는데, 이것이야말로 효과적인 대책이라며 반겼다. 시간을 많이 들여 정신 상담을 받으며 우울증 치료를 하는 것보다, 우울증 약을 먹어 치료하는 것이 더 효율적이라는 생각을 하던 사람들은 약보다도 부작용이 없고 긍정적인 경험과 기억을 만들어주는 새로운 정보 서비스야 말로 21세기 정보 사회에 맞는 창의적 대안이라며 행복해했다. 초기 시술 비용을 투자하고 월정액을 부담할 수만 있으면 행복한 경험을 잠을 자는 시간을 포함해서 24시간 제공받을 수 있었다. 20세기 인간들은 휴가를 얻어서 휴양지를 찾거나 취미생활을 하는 식으로 자기 취향에 맞게 긍정적인 경험을 축적했다. 그 경험을 얻자고 여러 성가신 예약과 대기 시간과 다른 사람과의 상호작용에서 오는 불편함 등을 감내해야 했다. 하지만 '해피넷' 사용자는 언제든 자신이 원하는 때 '해피넷'에 접속해서 자신이 원하는 모드를 선택하면 곧바로 해당 경험의 엑기스라고 할 수 있는 상황으로 바로 이동해서 실제 감각까지 직접 뇌가 느끼게 조작된 기술에 의해 생동감 있고 경제적으로, 곧바로 얻을 수 있었다. 일부 사용자에게는 마치 '19금' 서비스를 하는 것처럼 현실에서 경험하려면 비윤리적이거나 불법적이어서 제한이 많은 경험까지도 제공했다. 바야흐로 상상할 수만 있으면 곧바로 실제로 경험하며 즐길 수 있는 서비스가 실현된 것이다. 기억하는 총량도 오히려 아날로그적인 경험보다 더 많았으며 질도 좋았다. 기존에 축적한 경험은 새로운 정보로 잠을 잘 때 업데이트를 자동으로 해주는 서비스까지 출시되어 '해피넷' 서비스는 계속 승승장구할 것 같았다.

그런데 출시 1년 만에 전 세계적으로 사용자들이 자살하기 시작했다. 김명근 박사는 당황했다. 이사진들과 상의해서 처음에는 기기 이상이나 사용 부주의라며 소송을 막았다. 하지만 정상기기에서 접속 횟수가 많은 충성도 높은 사용자일수록 자살 확률이 높다는 통계가 나오자 사용을 전면적으로 중지할 수밖에 없었다. 그러자 기존 사용자 중의 일부는 서비스 재개를 요구하는 목소리를 높였다. 마치 금단 현상에 빠진 마약 환자들처럼 파괴적으로 바뀌어 일탈 행동을 했다. 불과 며칠 전까지 '해피넷' 서비스로 가장 여유롭고 풍요로운 삶을 살던 사람들의 모습이 아니었다. 좀비들이 마지막 발악을 하는 모습, 그 자체였다.

일부 전문가는 회사가 수익을 위해 일부러 자살의 위험을 방조했다며 비난의 강도를 높였다. 전문가들과 피해자 가족은 집단 소송을 제기했다. 법정에 대리인을 출석시키며 두문불출하던 김명근 박사는 결국 사회적 압력에 굴복해서 자리에 나오게 되었다.

원고 측 변호사가 김명근 박사에게 질문했다.

"정말 사태가 이렇게 될 것을 전혀 예상하지 못하셨나요?"

김명근 박사는 착잡한 표정으로 대답했다.

"사회적 책임을 다하기 위해 여기까지 나온 이 마당에 발뺌을 하기 위해 하려는 말이 아니라, 정말 예상하지 못했습니다. 소송을 제기한 분들처럼 저 역시 이 분야의 전문가입니다. 단순히 돈만 많이 벌자고 '해피넷' 서비스를 만든 것은 아닙니다. 저희 서비스 소개문을 통해 익히 다 아시게 되었겠지만, 인간은 일종의 정보처리 기계입니다. 외부의 정보를 제한된 처리 용량에서 나름대로 해석하고 저장하고 활용하는 기계이지요. 그렇다면 그 제한된 용량을 가급적 긍정적인 정보로 채우게 하면 어떨까 생각했습니다. 행복이라는 것도 결국 주관적 안녕감이니까, 그 안녕감을 느낄 수 있도록 전 세계의 현실을 바꿀 수는 없어도 해당 사용자의 뇌에서 처리하는 정보만큼은 긍정적으로 바꾸는 것은 가능하지요. 그런 식으로 모든 사람에게 행복을 이식시키고 싶었습니다. 그러면 결국 이 세상도 행복한 사람들로 가득하게 되고, 실제로도 긍정적인 세상이 될 수 있다고 생각했습니다."

"그러니까 의도는 아주 순수했다는 것을 강조하시려는 거군요."

"저는 기본 알고리즘에는 문제가 없다고 생각했기 때문에 서비스를 진행시켰습니다. 이렇게 자살자들이 생기는 상황이 일종의 프로그램 버그라면 그 버그를 수정해서 문제가 없다고 증명이 되면 다시 사용자에게 서비스를 할 생각입니다. 만약 이런 소송이 그 버그를 밝히는 데 도움이 된다면 제가 굳이 책임 회피를 하거나 숨기려 할 필요가 없지요. 오히려 제가 다 보상을 해드리고 거꾸로 정보를 얻어서 더 많은 분들에게 안정적인 서비스를 해드리는 것이 제 주된 관심사입니다."

"그러니까 잘못을 증명할 책임은 피해자인 저희에게 있는 것이군요. 더구나 그 목적 역시 김명근 박사의 이익을 위해서이고요."

"저의 이익이 아니라, '해피넷' 서비스를 바라는 많은 사람들의 행복을 위해서입니다. 변호사님이나 저나 인간으로서 모두 불행보다는 행복을 바라고 있지 않습니까?"

변호사는 잠시 미소를 지은 다음에 김명근 박사에게 물었다.

"그렇다면 오늘 법정에 오시기 전에 '해피넷' 서비스를 이용하시고 오셨나요?"

"현재 서비스 중단 상태라서 이용하지 못했습니다."

"그렇다면 만약 서비스 중단이 되지 않았다면 서비스를 이용하셨을 것인가요?"

"네, 그랬을 것입니다."

"그러고 나서 여기 법정에서 이런 경험을 하시게 되었다면 정말 행복하셨을까요?"

김명근 박사는 잠시 생각에 잠겼다. 그리고 입을 열었다.

"아니요."

"정확히 말하면 피고는 대조 효과에 의해 더 불행한 감정을 느꼈을 것입니다. 자살한 다른 피해자들처럼 말입니다. 행복은 순간적인 쾌락과는 다른데도 피고는 둘을 혼동해서 서비스를 생각한 듯하네요. 누전이 생기면 차단기가 내려가는 것처럼 불행한 일을 당해 행복 스위치가 내려가면 끊임없이 다시 누전차단기를 다시 올려서 행복의 불을 켜놓으려는 정말 안이한 생각으로 서비스를 출시한 것은 책임을 져야 한다고 생각합니다."

"어쨌든 불만 꺼뜨리지 않으면 되는 것은 아닌가요? 책임감은 느끼지만, 저는 지금 사회적 문제를 일으키거나 서비스 중단 때문에 자살을 하는 사람들의 숫자가 여기 소송을 건 피해자의 숫자보다 많다는 말씀을 꼭 드리고 싶습니다. 사람들은 차단기가 자주 내려가더라도 행복의 불이 계속 켜지는 것을 바랍니다. 아예 그런 기회가 없는 것이야말로 절망인 것이지요."

"피고의 미필적 고의에 의한 처벌의 근거는 이제 확실해졌습니다. 아까도 말씀드렸듯이 대조 효과가 문제입니다. 피고는 인간의 인지적 특징을 이해해서 서비스를 설계했다고 했지만, 행복을 쉽게 얻게 되면서 원래 중립적이었던 일상적인 경험조차 실제보다 과장되게 부정적인 것으로 볼 수 있는 면은 살피지 못했습니다. 피해자들은 지극히 정상적인 사람들로 '해피넷'의 엄격한 경제적, 정서적, 인지적 가입 기준도 통과한 사람들이었습니다. 그런 사람들이 1년 만에 자살에 이른 것은 아까 말씀드린 대조에 의해 인지적 왜곡이 일어난 것으로 설명할 수 있다고 생각합니다. 이 부분에 대해서는 아까 제출한 증거 자료 3-5번을 참고하시면 됩니다. 피고가 자신이 주장하는 대로 전문가라면 이 자료에 실린 내용을 모를 리 없습니다. 아니 알면서도 무시했을 수 있지요. 첨단 기술의 구현에 정신이 팔려 마음의 본질에 대한 고민을 덜한 것입니다. 그러면서도 마치 행복에 대한 깊은 성찰과 사회적 영향력에 대한 고민을 한 듯한 자세로 사용자를 현혹하고 서비스를 마케팅한 것도 모자라, 바로 이 법정에서까지 자신의 잘못을 진정 뉘우치지 않은 점은 공분을 사기에 충분합니다."

법정 공방은 결국 마음의 본질과 행복에 대한 인문학적 성찰 논쟁으로 바뀌었다. 행복한 사람의 뇌에서 보이는 도파민과 세로토닌이 사용자의 뇌에서 보이면 그것이 곧 그가 행복한 것이라고 판단한다면 행복이 곧 뇌의 호르몬 작용인 것인지, 반대로 인간이 겪는 고통은 특정 뇌세포의 활성화로 충분히 설명이 될 수 있는 것인지, 삶의 본질에서 행복과 고통이 차지하는 역할이 무엇인지, 자아 정체성에 있어 고통의 의미가 무엇인지, 긍정적인 사건을 그대로 겪어 행복한 것과 고통을 이겨내서 얻는 행복의 차이는 무엇인지 등등에 대한 성찰이 사회적 이슈가 되었다. 그리고 그 중심에는 늘 정말 행복을 느끼는 마음이라는 것은 무엇이냐는 질문이 자리 잡고 있었다.

진정한 인지과학적 통찰이 없이 만든 것들은 엄청난 파장을 몰고 왔다. 포스트휴먼은 기존 인간들을 노예 부리듯이 착취했다. 일부 회사의 로봇은 무소불위의 지위를 부여받아 인간을 통제하며 자신의 사용자만을 위해 충성했다. 해당 로봇을 가진 사람들은 굳이 포스트휴먼이 되지 않아도 신분 피라미드의 최상위를 유지할 수 있음에 행복해했다. 그리고 이런 복잡한 문제를 잊고자 하는 사람들을 위한다며 출시된 '해피넷' 서비스는 세상에 나오지 않는 것이 더 나았을 괴물이 되어 문제를 해결하기는커녕 더 큰 문제를 만들었다.

'해피넷' 서비스가 큰 이슈가 된 사이 어떤 해커가 보안망을 뚫고 '해피넷' 시스템에 접근해 서비스를 공개해 버렸다. 사람들은 전문가의 권고를 무시하고 '해피넷' 서비스의 해킹 버전을 다운로드 받았다. 마약보다 더한 정보 질병은 일순간에 세상을 집어 삼켰다. 집에서 서비스의 접속 버튼을 누르는 사람만 많을 뿐, 땀 흘리며 행복한 경험을 하려는 사람이 눈에 띄게 줄면서 실물 경제는 정지했다. 핵전쟁이나 외계인 침략을 받은 것처럼 거리는 금방 쇠락했다. 사람들은 24시간 계속 즐거운 경험을 하지만 권태로움에 몸부림치는 모순된 상황에 빠졌다. 권태는 치명적인 긍정성으로 가득 찬 사람들의 뇌를 변화시켰다. 회복 불가능할 정도로 그렇게 사람들은 죽어갔다. 행복과 생존의 반대는 불행이나 자살이 아니라, 권태라는 실존주의자들의 경고도 소용이 없었다. 지구 전체가 이미 디스토피아의 블랙홀로 빨려 들어갔기 때문이었다.

2 마음의 종합과학이 지나온 길

마음이 정말 무엇이냐는 오랜 학문적 역사를 갖고 있는 질문이었다. 인간의 마음을 이해하기 위해 역사적으로 다양한 분야의 학자들이 연구에 뛰어들었다. 고대의 무당과 철학자, 중세의 종교인, 근대의 각 분과 학문의 학자 등 시대에 따라 마음의 본질을 보는 관점은 계속 변화했다. 그러다가 20세기 중반에 들어서 컴퓨터가 급격히 발전하면서 마음에 대한 패러다임의 전환이 이뤄지게 되었다. 인간의 마음을 어떻게 하면 객관화시켜 과학적으로 연구할 수 있을까를 고민하던 학자들의 지적인 관심은 결국 하나의 흐름으로 모아졌다. 인지과학이 태동하게 된 것이다.

1956년 여름, 뉴햄프셔 주의 코네티컷 강 계곡에 위치한 하노버에서 어떤 모임이 열렸다. 이 모임에는 당시 하버드 대학에 있었던 마빈 민스키, 벨 연구소의 클로드 섀논Claude Shannon, IBM의 나다니엘 로체스터Nathaniel Rochester, 다트머스 대학 수학 교수였던 존 맥카시John Macarthy, 이후 노벨 경제학상을 받은 심리학자인 허버트 사이먼 등 쟁쟁한 과학자들과 기업 관련자들이 참여했다. 이들은 '컴퓨터가 어떻게 언어를 사용할까?', '기계가 스스로 발전할 수 있을까?', '인간의 인지력을 기계에서 구현이 가능할까?' 등에 관한 논의를 했다. 당시에는 컴퓨터 발달이 몰고 올 파장이 최대의 관심사였다. 1948년에 컴퓨터의 심장부에 해당하는 진공관을 대신해서, 트랜지스터가 출현하면서 컴퓨터가 상당히 소형화될 수 있었다. 그리고 예전과는 다른 계산력을 갖게 되어 예전에는 엄두도 내지 못했던 기능을 처리하게 되었다. 계산기에 가까웠던 컴퓨터가 지능을 논하는 정보처리 체계로서 대접받기 시작한 것이다. 중국 송나라에서 12, 3세기에 주판이 발명되어 널리 보급되고, 1842년 프랑스의 파스칼이 겨우 덧셈 기계를 만들어낼 수 있었던 것을 생각하면 획기적인 변화가 불과 몇 년 사이에 세계를 강타하게 된 것이다. 과학자들은 흥분했고 다른 관점에서 자신의 연구 결과를 살펴보게 되었다. 하지만 하나의 통일된 틀 안에서 연구 결과를 집적하지는 못했다.

그러다가 1956년 9월 11일 MIT에서 개최된 '정보이론 심포지엄Symposium of Information Theory'을 계기로 새로운 과학적 패러다임이 형성된다. 이 심포지엄에는 세 개의 중요한 논문이 발표된다. 하나는 허버트 사이먼과 앨런 뉴웰Allen Newell이 공동 개발한 최초의 인공지능 프로그램인 'LT'(Logic Theorist)에 대한 것이었다. 그리고 두 번째는 28세의 소장 학자인 노엄 촘스키가 기존의 패러다임이었던 행동주의를 강력히 비판하는 내용의 자신의 박사 논문을 발표한 것이다. 그리고 조지 밀러George Miller가 인간의 정보처리 용량의 제한을 밝힌 기억 연구 논문을 발표했다. 당시 MIT 심포지엄에는 심리학자, 언어학자, 수학자, 전기공학자, 신경과학자, 정보이론가 등이 참석하고 있었다. 저마다 분야가 다르지만 놀랍게도 그들은 '마음이란 본질적으로 정보처리의 문제이며, 이는 여러 상이한 학문들이 공통적/협동적으로 접근할 수 있으며, 마땅히 그렇게 접근해야 한다'는 데 입을 모았다. 원래 모임을 가질 때 의도한 바는 아니지만, 새로운 종합과학으로서의 인지과학이 탄생하게 된 것이다. 하지만 이때만 해도 새로 태어난 과학에 이름을 붙여주는 이가 없었다. 인지과학이라는 이름은 나중에서야 붙여졌다.

인지과학이라는 명칭은 1973년에 로구엣 히긴스C. Longuet-Higgins라는 학자가 처음 사용했다. 그리고 많은 학자들이 그에 동의하면서 현재의 학문 이름이 되었다. 인지과학은 기본적으로 앎의 과학이다. 그런데 앎이 인간의 마음의 작용에서부터 비롯되는 것이기 때문에 인지과학을 좀 더 넓게 정의한다면 '마음의 과학the science of mind'이 된다. 그런데 컴퓨터나 동물과 같은 행위체agency도 인간의 앎, 마음과 유사한 지능intelligence을 보인다. 그래서 조금 달리 정의한다면, 마음과 지知에 대한 다학문적인 학제적 연구가 인지과학이라고 할 수 있다.

인지과학자들이 다양한 여러 학문에서부터 다른 입장과 강조점을 가지고 인지과학에 합류하다보니, 인지과학은 여러 학문이 연결된 다학문적인, 즉 학제적學際的 inter-disciplinary 학문이라는 점에는 의견에 일치를 보이지만, 학자에 따라서 학문의 정의가 조금씩 다르다. 하지만 컴퓨터과학과 심리학과 연계된 철학자였던 폴 사가드Paul Thagard는 저서 〈마음: 인지과학 개론*Mind: Introduction to*

Cognitive Science〉(MIT Press, 1996)에서 다음과 같이 인지과학의 정의를 소개했다. 폴 사가드의 정의가 가장 일반적이라 평가할 수 있다.

> 인지과학은 심리학, 철학, 인공지능, 신경과학, 언어학, 인류학을 포괄하여 마음과 지능을 연구하는 제 학문이다.
>
> Cognitive science is the interdisciplinary study of mind and intelligence, embracing psychology, philosophy, artificial intelligence, neuroscience, linguistics, and anthropology.

폴 사가드는 인지과학의 핵심인 제 학문적인 특징을 강조하며 주요 학문을 소개했다. 한편 학부 및 대학원에 인지과학 학과를 가장 먼저 세운 미국의 UC 샌디에이고를 보면 좀 더 자세히 인지과학이 정의되어 있다.

> 인지과학은 뇌, 행동, 컴퓨테이션이라는 세 개의 넓은 영역을 통합하는 다 학문적 분야이다: 사람이(자연히 동물 및 컴퓨터〔로봇〕도 연결된다) 어떻게 생각하고, 행동하고, 배우는가를 연구하는 분야이다. 인지과학은 마음과 뇌를 이해하기 위하여 신경과학, 심리학, 언어학, 인류학, 철학, 컴퓨터과학 등의 연구 방법과 연구 결과를 연결하는 학문인 것이다.
>
> Cognitive science is a diverse field unifying three broad categories: the brain, behavior and computation. It's the study of how people, animals and computers think, act and learn. In order to understand the

mind/brain, cognitive science brings together the methods and discoveries from neuroscience, psychology, linguistics, anthropology, philosophy and computer science.

이렇게 인지과학을 정의한다면 왜 구태여 '인지'라는 말을 써야 하는가라는 의문이 든다. 인지과학에서 인지認知라는 개념은 앎을 뜻한다. 인문학에서, 그리고 일반적으로 상식적으로 사용해온 인식認識이란 개념과는 다소 다른 뉘앙스를 지닌다. 인식이란 용어는 사용하는 용법에 따라서 다소 수동적 수용 과정을 지칭한다고 볼 수 있으며, 의지意志 등의 능동적 지적 과정들을 다 포괄하지 못하는 좁은 의미의 개념적 뉘앙스를 지니고 있다고 하겠다. 따라서 보다 능동적 과정의 의미를 강조하며 지적 과정 전체를 포괄하는 심리적 과정이라는 의미에서 '인지'라는 표현을 사용한다.

인지과학은 '인간은 어떻게 아는가?', '인간의 지知는 어떠한 본질적인 특성을 가지고 있고, 각종 앎을 가능하게 하는가?' 하는 물음에 중점을 두고 마음과 마음이 환경의 각종 대상들과 상호작용하며 빚어내는 각종 현상의 문제들을 설명하려고 하는 것이다.

자연과학은 무생물뿐만 아니라 생물을 그 연구 대상으로 한다. 동물인 미생물의 삶의 특성들을 밝히는 것이 자연과학의 연구 대상 현상인 것과 마찬가지로 동물의 하나인 인간의 행동을 비롯한 특성을 밝히는 것은 당연히 자연과학적 연구가 된다. 인지과학은 다른 자연 현상과 마찬가지로 인간의 뇌, 마음, 행동 현상을 자연화하여 과학적으로 연구할 수 있고, 또 연구하여야 한다는 자연주의적 입장을 지니고 있다. 이런 입장과 관련해서 다음과 같은 질문을 할 수도 있다.

"뇌는 물질이니 자연과학인 생물학에서 연구하던 방법을 적용하여 연구하면 되는데, 인간의 마음과 행동은 어떻게 자연화하여 과학적으로 연구할 수 있을까?"

인지과학은 인간의 마음의 핵심 특성을 앎이라고 보고, 앎의 내용과 과정, 곧 지식과 지적 과정을 정보와 정보처리의 개념으로 바꾸어 접근하려고 한다. 앎의 과정과 내용을 정보와 연관된 개념으로 표현할 수 있으며, 이를 논리학, 수학, 컴퓨터과학에서 논하는 술어predicate 논리나 프로그래밍 언어라든가 정보 흐름도information flow diagram나 자료 구조도data structure diagram와 같은 형식화된 개념적 도구를 사용하여 분석하고, 기술할 수 있다고 본다. 또한 이렇게 분석된 정보처리의 구조와 과정에 상응되는 마음의 내용이나 과정을 실험실 실험을 통해 경험적으로 관찰하거나, 컴퓨터 시뮬레이션을 통해 논리적, 이성적으로 분석함으로써 과학적 연구를 할 수 있다고 생각한다. 그리고 마음이 작동하는 생물학적 자리인 뇌의 신경생물학적, 신경생리학적 과정과 연결 지워 관찰하고 이론화함으로써 객관성과 경험적 증거라는 과학적 방법의 기준을 충족시킬 수 있다고 생각한다. 그래서 종합과학으로서의 인지과학적 특성을 가질 수밖에 없는 것이다.

역사적으로 볼 때, 단순화하여 이야기한다면 1980년대 중반까지의 인지과학은 신경과학이 소홀히 된 채, 인지심리학, 인공지능학 중심으로 전개되어 왔다고 볼 수 있다. 인공지능학이 보다 더 핵심 위치를 차지하여 왔다고 하여도 무리가 아니다. 그러나 1980년대에 들어오면서 상황은 달라졌다. 신경망적 접근PDP(Parallel Distributed Processing)과 뇌 연구를 중심으로 신경과학의 중요성이 부각되면서 1990년대 이후에는 인지과학은 신경과학(뇌과학)이 필수적으로 연결되어 중심 위치를 차지하게 되었다. 이에 따라서 '인지과학-뇌과학'을 분리할 수 없는 한 용어로 사용하는 경향이 증가되고 있다. 그리고 신경과학(뇌과학)이 인공지능 연구를 대신하여 인지과학의 미래에서 차지할 위상이 점차 증가하고 있다.

3 인지과학의 현재와 주변 학문

인지과학은 앞서 언급했던 것처럼 제학문적 성격을 띠고 있다. 즉 여러 주변 학문의 도움을 받아 발전을 하고 있다. 현재 인지과학에 공헌하고 있는 학문들을 소개하자면 다음과 같다.

마음의 비밀을 밝히려는 인지과학에 가장 영향을 주는 것은 역시 마음을 다루는 심리학이다. 그리고 그중에서도 인지심리학 Cognitive Psychology이 가장 큰 영향을 주고 있다. 인지심리학은 대중서나 신문기사에 자주 인용되는 사람의 정신적 상처를 치유하고 문제 해결을 도모하는 상담심리학이나, 사회적 행동의 특성을 연구하는 사회심리학처럼 잘 알려진 분야는 아니다. 인지심리학은 마음의 구조와 과정을 밝히는 분야로서 마음이 작동하는 기제를 설명하고자 하는 다른 심리학의 기본적 원리를 제공한다고 할 수 있다. 인지심리학이 다루는 내용만 봐도 이런 특성을 확인할 수 있다. 인지심리학은 지각perception, 주의attention, 학습learning, 기억memory, 언어 이해 및 산출understanding and production of language,

사고thinking, 문제 해결problem solving, 판단과 결정deciding, 창의성creativity, 지능intelligence 등을 다룬다. 그리고 이러한 세부 주제를 연구하기 위해 실험뿐만 아니라, 시뮬레이션, 언어 보고protocol 분석, 내용 분석, 두뇌 활동 관찰 등 이공계의 연구 방법론과 언어학 등의 인문학, 사회과학 등의 연구 방법론을 사용하여 인간의 마음을 연구한다. 이러한 종합적 연구 방법론은 마음이라는 주제적 공통점 이외에 접근 방법론으로서의 공통점으로 인지과학에 큰 공헌을 하고 있다.

컴퓨터과학Computer Science 혹은 전산학은 초기 인지과학에서부터 인지과학에 큰 공헌을 하고 있는 학문 분야이다. 인지과학은 1956년 이후 1980년대까지 뇌와 마음과 컴퓨터가 본질적으로 기호를 조작하는 것에서는 동일한 추상적 원리를 구현하는 정보처리 체계들이라는 생각을 중심으로 발전했다. 특히 인공지능Artificial Intelligence 연구는 인간의 마음을 컴퓨터에 유추해서 설명하려고 하려고 했을 뿐만 아니라, 컴퓨터 시뮬레이션으로 직접 인간의 마음을 관찰 가능할 수 있도록 모사하기도 했다. 여기에 앨런 뉴웰과 허버트 사이먼 등의 범용적 알고리즘 접근이 커다란 영향을 주었으며, 컴퓨터과학 자체의 발전과 인지과학의 발전을 도모하게 되었다. 1980년대에 신경과학과의 교류를 통해 뇌의 은유Brain Metaphor도 받아들여 이른바 연결주의Connectionism과 병렬 처리 분산 모형PDP이 발전하게 되었다. 하지만 현재는 연결주의가 복잡하면서 추상적인 인간의 마음을 모사하기에는 단순하고 모호한 개념을 사용하고 있는 문제점이 지적되어 새로운 시도가 나오고 있다. 즉 현재는 모든 문제를 일반적으로 해결하는 범용 문제 해결자General Problem Solver로서의 알고리즘을 개발하거나 정보의 병렬적 처리나 분산적 중복 저장을 강조하는 시스템을 제안하기보다는 그동안의 연구 결과를 종합하여 영역 특수적인 지식이 도입된 세부 영역별로 다양한 컴퓨터 모형이 나오고 있다. 현재 애플이나 구글 등 IT 업계의 선두주자들이 입을 모아 강조하고 있는 인간이 사용하기 편한 소프트웨어 개발도 넓게 보면 인지과학과 컴퓨터과학의 접점에서 만들어진다고 평가할 수 있으며, 컴퓨터과학의 현재 인지과학과의 관련성이 무엇인지를 드러내는 사례로 이해할 수 있다.

신경과학Neuro Science은 인지심리학적 주제이기도 한 감각, 지각, 기억, 언어, 사고 등의 인지 과정을 다룬다. 그러나 개념적인 논의나 인간을 하나의 개체로서 실험하는 것이 아니라, 의학적 관점에서 해당 인지 과정의 이상과 관련된 신경계의 조직과 기능, 신경적 과정들을 실험, 시뮬레이션, PET이나 MRI 등의 뇌 조영술brain imaging 등을 활용하여 세포 단위에서 연구하는 점에서 큰 차이가 있다. 신경과학적 연구 방법론으로 밝혀낸 결과를 인지심리학이나 철학적 이론이 해석틀을 제공해주면서 인지과학 발전에 도움을 주고 있다. 즉 신경과학은 인지심리학, 인공지능, 심리철학 등과 같은 인지과학 핵심 분야 연구에 대해 생물학적인 관점에서 경험적 기초를 제공하는 한편, 실제 이론이 맞는지 여부를 검증하는 역할도 담당하고 있다. 신경과학에는 신경생물학, 신경심리학, 의학심리학, 신경학, 시각과학Visual Sciences 등이 있는데, 모두 인지과학과 관련이 될 수 있으며, 최근 일반 대중들의 뇌과학에 대한 관심에서도 확인할 수 있듯이 신체적 정신적 건강과도 깊이 관련되어 있다. 신경세포 단위의 연구를 하고 있지만, 신경과학자의 본의는 아니더라도 때로는 인간이 세포 수준으로 모든 것이 설명될 수 있는가, 인간이란 과연 무엇인가, 인간의 마음은 결국 세포의 활동으로 환원되어 설명하는 것이 가장 적절한가 등과 같은 본질적 질문을 인지과학자에게 제기하고 있다.

언어학Linguistics은 언어의 문법적 구조, 언어와 인지와의 관계를 밝히는 데 본질적인 문제 제기를 하는 한편, 프로토콜 분석, 담화 분석, 시뮬레이션 등 구체적인 방법론도 제공하는 등 큰 공헌을 하고 있다. 언어학은 구문론syntax, 의미론semantics, 화용론pragmatics, 자연어 처리Natural Language Processing 등의 세부 연구 주제를 통해 인지심리학과 인공지능 그리고 철학이나 커뮤니케이션학 등의 기타 학문의 교량적 역할을 하며 인지과학에 영향을 주고 있다. 현재 넓게 퍼지고 있는 음성 인식 소프트웨어가 그 한 예가 될 수 있다. 인공지능이 기술적으로 발전해도 언어학 연구가 밑받침되지 않는다면 음성을 인식해서 해당 신호가 어떤 의미를 갖고 있는지 분석한 후 적절하게 반응하는 시스템을 만들 수 없다.

철학은 모든 학문의 개념적 기초를 담당하는 학문이다. 인지과학도 예외가 아니다. 그런데 철학 중에서도 인식론은 '앎의 본질을 다루는 학문'으로서 인지과학에 큰 영향을 주고 있다. 인식론은 감각질qualia의 문제, 지향성intentionality, 마음과 두뇌(물질)와의 관계와 같은 심신론뿐만 아니라 언어철학, 표상 의미의 파생, 각종 심리 기능의 분화와 통일성, 인지과학의 과학철학적 기초 등의 문제를 제기하며 인지과학의 발전에 공헌하고 있다.

지금까지 살펴본 인지심리학, 컴퓨터과학, 신경과학, 언어학, 철학이 인지과학에 가장 큰 영향을 주는 주변 학문이라면, 약간 멀리 떨어져 있지만 인지과학과 연결될 수 있는 분야로는 다음과 같은 것이 있다. 인류학은 인지인류학, 인지(지식)사회학 등의 분야를 통해 거시적인 측면에서 종과 사회와 문화가 인간과 동물의 인지 양식과 표상 구조에 미치는 영향을 연구한다는 점에서 인지과학에 공헌하고 있다. 수학은 심리적 현상을 포함한 모든 현상이 수학적으로 표현할 수 있다는 가정에서 출발하여 인지과학의 수리적 모델을 세우는 데 큰 영향을 주고 있다. 또한 각종 이론에 대한 수리적 기초 및 구체적 구현 모델 설정 등과 관련하여 인지과학 발달에 공헌하고 있다. 물리학은 두뇌의 세포가 다른 물질과 마찬가지로 물리 법칙의 지배를 받는다는 기본적 사실에서부터 의식 현상을 최신 이론물리학의 틀을 적용하여 설명하려 하고 있다.

인지과학의 응용적 측면에서 관련을 맺고 있는 분야로는 다음과 같은 것이 있다. 경제학은 최근 큰 관심을 받고 있는 행동경제학의 예에서도 확인할 수 있듯이 개인적, 집단적, 정책적 선택과 의사결정의 문제의 연구를 통해 인지과학 발전에 공헌하고 있다. 경영학은 기업 상황에서 개인적, 집단적 판단과 의사결정 및 선택, 정보 관리(정보의 제시 양식, 사람들 간의 정보의 분산 표상 이의 활용 과정 등 포함), 인사 관리, 소비자를 유혹하는 마케팅 전략 등의 측면에서 관련된 연구가 진행되며 인지과학과 교류하고 있다.

교육학은 일반 학습 모델 등의 인지 교수cognitive instruction방법과 관련되어 인지과학적 연구를 하고 있으며, 최근에는 뇌 기반 학습과학의 틀에서 많은 응용적 연구를 하며 인지과학에 공헌하고 있다.

법학은 법정 증인의 기억과 이해의 정확성 문제, 배심원의 의사결정 문제, 배심원 선정 문제, 검사-변호사-판사의 증거 및 법 조문 선택과 판단 결정의 인지 과정 문제, 법정에서의 설득이 이루어지는 사회적 인지 과정 문제, 검사-변호사-판사의 언급 내용에 대한 원고인 및 피고인의 이해와 기억의 문제 등에서 연관되어 인지과학적 연구를 하고 있다고 평가할 수 있다. 행정학은 행정적, 정치적 체제와 구조 내에서 판단과 의사결정이 이루어지는 과정, 정보의 분산, 인식(왜곡 포함), 저장, 활용 과정 등의 문제, 집단과 집단, 또는 집단(체제)과 개인 간의 상호작용(인식, 태도, 신념) 등의 문제와 관련하여 인지과학적 연구와 연결된다.

문학은 인간의 삶과 각종 인지, 자아관 등이 본질적으로 넓은 의미의 이야기narratives 또는 텍스트text를 형성하고 해석하는 것이라는 관점에서 문학(비평) 이론이 인간의 마음, 문화적 활동과 과정 등에 대한 하나의 인지적 설명과 기술의 틀을 제시해준다는 점에서 인지과학과 연결된다. 미학은 심미적 감각과 지각, 표현, 이의 이해의 문제와 관련하여 인지적 모델이 제시되고 이론적, 경험적 연구가 인지과학 틀에서 진행되고 있다. 한편 교육학과 전혀 성질이 다른 건축학까지도 인간의 심미적 감흥과 효율성, 편리성, 쾌적성, 유용성을 목표로 하는데, 이는 본질적으로 인간의 인지적, 정서적 속성들에 의하여 결정된다는 점에서 인지과학과 관련된다. 이 밖에도 인간의 마음의 구조와 과정에 대한 설명들이 필요한 각종 학문 분야에서 인지과학은 관련되어 있다. 즉 인지과학은 거의 모든 학문의 영역을 확장시키는 응용 접점이다.

4 마음에 대한 종합과학이 나아갈 길

인지과학의 미래는 인지과학이 왜 필요한가에 대한 답을 찾는 것으로 예상해볼 수 있다. 인지과학이 필요하지 않다면 미래도 없을 것이기 때문이다. 인지과학이 왜 필요할까? 굳이 왜 인지과학을 해야 할까?

인지 패러다임을 바탕으로 한 인지과학의 태동 이후 60년대 심리학의 주도권은 행동주의에서 인지주의로 넘어가게 된다. 그리고 미국 심리학에서 마음의 연구는 탄력을 받게 되고 70년대에는 인지과학의 연구가 본격화되었다. 미국의 슬로언 재단Sloan Foundation이 내놓은 2천만 달러의 연구비가 인지과학 발달에 큰 촉매제가 되었다. 1971년 1월에 인지과학을 다루는 전문 잡지가 미국에서 최초로 창간되었고, 1979년에는 미국의 인지과학협회가 창립되었다. 이후 지속적 발전을 하던 인지과학은 1990년대 말 새로운 전환점을 만나게 된다. 융합 과학기술Converging Technology의 시대가 본격적으로 도래한 것이다. 현재 인지과학은 새로운 미래 사회를 건설하는 융합 기술의 한 주축으로 그 위상을 당당히 확보하고 있다.

미국의 융합 과학 관련 프로젝트인 NBIC 프로젝트 책임자인 윌리엄 베인브리지William Bainbridge와 미카일 로코Michail Roco가 발간한 〈나노-바이오-정보-인지 혁신 관리*Managing Nano-Bio-Info-Cogno Innovations: Converging Technologies in Society*〉(Springer, 2006)을 보면 융합 과학으로서의 인지과학의 위상을 쉽게 확인할 수 있다. 이 보고서를 보면 융합 과학기술의 목표인 '인간의 수행능력 향상'을 중심으로 NBIC의 4가지 축이 자리를 잡고 있으며, 각각 주된 연구 토대를 하나씩 갖고 있다. 나노기술은 새로운 물질을 만들어낼 수 있는 '원자'를, 정보기술은 정보의 최소단위인 '비트'를, 바이오 기술은 유전자를, 인지기술은 마음의 자리인 뇌를 구성하는 세포인 뉴런을 각각 연구의 기본 토대로 갖고 있다. 그런데 바이오 기술에 뉴런이 들어가는 것이 아님에 주의해야 한다. 중요한 것은 뉴런의 생물학적인 활성화 여부를 물리적으로 확인하는 것이 아니다. 그와 연관된 인지적 기능과 구조에 대한 해석으로 전체적인 인지적 지도를 그리는 작업이 더 의미 있는 작업이다. 그리고 그런 작업을 주로 담당하는 분야가 인지과학이다. 국내에서 오해하고 있는 것처럼 신경과학에 인지과학이 포함되는 것이 아니라, 인지과학의 하나의 접근 방법으로 신경과학이 있는 것으로 보는 개념적 틀은 융합 과학기술과 인지과학의 선진국인 미국 과학재단NSF의 2006년 공식 NBIC 보고서에서도 확인할 수 있다.

인지과학이 국내에서 아직 낯설다고 하지만 인지과학 관련 기술은 이미 우리 삶에 들어와 있다. 인간과 컴퓨터의 상호작용HC(Human Competer Interaction)으로 대변되는 분야가 그것이다. 사용하기 편한 웹사이트, 기기, 서비스 등을 구현하기 위해 인지과학의 기술이 응용되고 있다. 이렇게 세부 기술이 변하면서 그것을 쓰는 인간도 바뀌게 되어 있다. 그런데, 특히 인지과학 기술은 인간 자신에 대한 이해와 함께 그것을 바탕으로 좀 더 편한 시스템을 만들어내게 해서 결국 우리 인간의 삶을 더할 나위 없이 좋은 수준까지 발달시킬 것이다.

인지과학은 다른 학문들과 수렴되어 융합 과학기술로 발전할 경우에, 미국과학재단NSF이 제시한 미래 융합 과학기술의 주요 4개 영역에서 각각 중요한 기여를 할 수 있다. 즉 인간 인지와 커뮤니케이션 기능 확장, 인간 신체적 건강과 능력 향상, 집단과 사회적 산출 결과 향상, 국가 안전 증진(인지적으로 효율적이고 지능적인 병사, 병기, 커뮤니케이션 시스템 개발), 그리고 개개인의 각종 학습과정을 과학적 기초에 올려놓는 학습 과학기술 향상의 네 영역에서 인지과학이 본래 지니고 있는 자연과학과 인문사회과학을 수렴시키는 특성 때문에 다른 과학기술들을 이어주는 연결고리 역할을 할 수 있다. 구체적으로 어떤 연결고리가 될 수 있을까?

현재 과학은 인간 유전자 지도를 밝혀낸 게놈Genome 프로젝트에 버금가는 프로젝트가 필요하다. 과학의 마지막 비밀이라고 할 수 있는 인간의 마음의 기능과 구조에 대한 지도를 구성하면 어떨까? 즉 마음의 구조와 작동 방식을 밝혀내는 이른바 코그넘 프로젝트 Cognome project를 통해 인지적 지도가 완성이 된다면 단순히 기억력 증진이나 마비 환자의 컴퓨터 제어 수준을 뛰어넘어 아예 외부에서 새로운 정보를 뇌에 업로드해서 새로운 능력을 부가할 수도 있다. 프로젝트의 영향력에 대해서 진지하게 생각해보자. 마음의 인지적, 정서적, 동기적, 성격적, 사회적 기능과 구조에 대한 지도를 구성해낸다면 이것은 단순히 인지과학을 넘어서서 인간의 정보처리와 적응 양식에 바탕하고 있는 정보과학기술, 생명과학기술, 문화과학기술, 사회 조직 일반에 크나큰 영향을 주고 변혁을 가져올 것이다. 인간이 자기 자신을 보다 더 잘 이해하게 되고 그에 의하여 환경의 각종 인공물(컴퓨터, 의료기기, 사회체제 등)들과의 인터페이스 및 상호작용의 효율성, 편리성에 획기적인 변화가 이루어져서 각종 생활, 직업 장면에서의 인간의 수행 정도performance를 향상시키리라고 전망할 수 있다.

인지과학의 미래를 전망한다는 것은 새로운 과학 혁명을 이야기하는 것과 같다. 인문사회과학과 자연과학의 연결고리로서의 인지과학의 역할이 늘어나며, 특이점이 올 가능성의 의의가 진지하게 고려하게 되며, 인간의 마음-뇌-인공물(인지 시스템 등)이 경계가 없이 하나의 결합체로 이해되는 개념적 틀의 변혁이 이루어지리라 본다. 이에 따라 트랜스휴먼니즘 시대에 대한 논의와 대비의 문제가 대두할 것이다. 특이점 개념의 대두와 더불어 인간과 기계(인공물)의 경계가 무너지는 가능성은 응용 인지과학 기술의 중요성을 부각시킬 것이며 인간의 신체적, 심리적(인지적), 사회적 능력을 향상시킬 수 있는 다차원적 기술의 융합적 수렴 노력도 증가할 것이다. 이러한 시도를 통하여 자연, 인간, 인공물, 과학기술의 통합적, 융합적, 수렴적 이해를 위한 노력이 증대할 것이다.

구체적으로는 과거의 인공지능AI 개념 틀이 인지컴퓨팅CC(Cognitive Computing) 틀로 대체될 것이다. 현재 신경과학과 인지과학의 연결점에서 사회적 측면과 정서적 측면이 강조되고 있다. 이른바 SCAN(Social, Cognitive, & Affective Neuroscience) 분야가 급격히 발달하고 있어 자연과학으로서의 신경과학/인지과학과 사회과학의 새로운 연결과 결합의 가능성이 더 커지고 있다. 또한 인지과학과 로보틱스와의 밀접한 연결의 필요성이 늘어날 것이며, 기존의 인지과학, 로보틱스, 인지신경과학을 재 개념화한 인지컴퓨팅의 분야의 빠른 발전이 BCI(Brain-Computer Interface) 발전과 BRI(Brain-Robot Interface) 발전을 가져올 것이다.

만약 인지과학에 대한 올바른 이해와 적정한 대응을 하면 미래 사회는 유토피아가 될 가능성이 더 크다. 니체의 개념이기도 한 '즐거운 과학gaya scientia'을 통해 인간의 행복이 극대화되는 사회를 만드는 것은 과학자의 공통된 꿈이다. 꿈을 자라게 하는 것은 헛된 기대가 아니라 노력이다. 꿈이 자랄 수 있는 자양분을 만드는 지혜가 필요하다. 인지과학이라는 마음을 찾는 마음의 그물이 미래에 결국 마지막 남은 신비를 건져 올려 과학이 새로운 전환점을 맞을 수 있느냐에 대한 추상적 논의만으로는 다가올 미래를 만들 수 없다. 현재 우리가 어떤 자양분을 인지과학에 대고 있느냐에 미래에 대한 답이 나와 있다.

기술은 구석기시대와 신석기시대, 그리고 그 후의 모든 문명에서 사회의 형성과 유지에 결정적인 역할을 했다. 그렇다면 인지과학 기술은 어떤 역할을 할 것이며, 어떤 사회를 만들 것인가?

국내 인지과학 권위자인 이정모 교수에 따르면 인지과학 기술이 지향하는 미래 사회는 유토피아에 가깝다. 개개인과 인류가 창조한/창조할 각종 인공물(특히 디지털 인공물)과 함께 협동, 수렴, 결합되며, 인지생태학적으로 인지적 정보처리의 부담이 최적인 쾌적한 환경에서, 행위적으로, 심리적(인지적)으로 끊임없이 최상의 수행performance을 내는 상태로, 계속 학습하고 행위하며 진화하는 사회가 될 가능성이 크다. 이기적이고 타인과 괴리되어 억지로 지어내는 인지와 행위의 사회가 아니다. 타인이나, 인공물과 함께 협동적으로 학습하고, 새로운 지식을 만들고 키우고 나누는 인지적으로 최적화된 사회이다. 그래서 인지가 작동하는 원리에 부합되게, 환경과 인공물을, 그리고 인간의 마음(인지)을 디자인하도록 하는 인지과학 발전이 필수적일 수밖에 없는 것이다.

반대로 디스토피아적인 시나리오가 있다. 캐나다와 유럽의 융합 과학기술 관련 보고서에서 지적했던 것처럼 오용될 경우 생태계 전체가 되돌리기 힘든 끔찍한 참상이 벌어질 수 있다. 인지 향상을 꾀하는 약이나 시술을 받은 사람들은 영속적으로 우월한 지위를 보장받을 수 있는 영구 신분제 사회가 될 수도 있다. 핵무기가 전 인류의 생명을 좌우할 수 있는 현재보다 더 간악하게 전투로봇에 의해 인간이 멸종 직전까지 갈 수도 있다. 과학기술이 만드는 국가 경쟁력에서도 암울한 전망을 할 수 있다.

융합 과학기술의 특성상 여러 과학 분야가 동시에 발달을 하는 것이 중요하다. 그래서 과학 선진국과 과학 후진국의 차이는 더욱 극명하게 벌어져 국가 경쟁력 차이는 완전히 뒤집을 수 없을 정도로 고착화될 수도 있다. 한국의 경우 아직 과학 선진국에 진입하지 못한 상태이기에 더욱 심각하다.

어쩌면 허탈하게도 인지과학이 중심이 된 융합 과학기술로 별다른 변화를 이뤄내지 못할 수도 있다. 역사적인 경험을 놓고 보면, 마치 분자 수준에서 설명하면 모든 것이 다 해결될 것 같았지만, 원자와 쿼크 수준으로 내려가도 여전히 미진한 영역이 남아 있는 것처럼 예기치 못한 문제가 나올 가능성은 얼마든지 있다. 그런 불확실성 가능한 영역이 바로 미래다.

그러나 확실한 것이 있다. 미래 융합 과학기술이나 응용 인지과학 모두 어떤 형태가 되었든 고도화된 지식 사회에 기여하는 과학기술로서 역할을 하는 식으로 발전하게 될 것이다. 고도화된 지식 사회란 정보 그 자체의 양보다도 그것을 문제 해결을 위한 최적의 대안으로 조합해내는 능력, 즉 '창의성'이 중요해지는 시대를 의미한다. 이 책에 소개된 프로젝트는 창의성을 발휘해서 나온 것이다. 그것이 디스토피아의 화약고를 겨냥하고 있든, 유토피아의 태양을 향하고 있든 말이다.

물론 이왕이면 인지과학의 발전이 유토피아를 향해야 한다. 그런데 디스토피아가 생길지도 모른다는 이유만으로 아예 창의성을 발휘하지도 않고 지레 추상적 논의만 행하려는 것은 경계해야 한다. 세계의 선진국이 인문학적 통찰을 바탕으로 한 기술적 구현을 하는 사이에 추상적 논의만 하는 것으로는 아무것도 얻을 수 없다는 사실을 명심해야 한다.

인지과학이 촉진하는 창의적 지평에 일단 서고 나서 보자. 그리고 그 다음에 진지하게 논의를 계속 해야 할 것이다. 그래야 2030

년대에 '돛단배에 타고 있으면서, 지나가는 기선 위의 사람들을 보는' 상황에 처하지 않고, 그 변화의 기선 위에서 당당히 시원한 바람을 맞으며 행복한 시간을 즐길 수 있다.

찾아보기

ㄱ

ㄴ

ㄷ

ㄹ

ㅁ

ㅂ

ㅅ

마음의 비밀을 밝히는 마음의 과학

초판 1쇄 인쇄일 | 2012년 2월 24일
초판 1쇄 발행일 | 2012년 3월 2일

발행처 지호출판사
발행인 장인용
출판등록 1995년 1월 4일
등록번호 제10-1087호
주소 경기도 고양시 일산동구 호수로 662 삼성라끄빌 1319호
전화 031-903-9350
팩시밀리 031-903-9969
이메일 chihobook@naver.com

ISBN 978-89-5909-061-7